国家科学技术学术著作出版基金资助出版

数据挖掘技术及其在恒星光谱分析中的应用研究

刘忠宝◎著

電子工業出版社
Publishing House of Electronics Industry
北京·BEIJING

内 容 简 介

本书针对当前恒星光谱分析面临的主要问题，利用数据挖掘方法，对恒星光谱分类、稀有天体光谱自动发现、天文大数据挖掘等方面的内容展开研究。本书将定性与定量研究、理论与实证研究相结合，融合多个学科的研究成果，在研究方法和手段上有所创新。本书既有翔实的理论阐述，又有系列的公式推导，严谨可信，具有较高的理论研究价值；同时，本书提出的一些新型模型和理论框架具有较高的应用价值。

本书对天文信息学领域的专家具有一定借鉴价值，适合作为天文信息学、数据挖掘、人工智能等研究方向的科研人员和研究生的参考用书。

图书在版编目（CIP）数据

数据挖掘技术及其在恒星光谱分析中的应用研究/刘忠宝著. —北京：电子工业出版社，2021.5
ISBN 978-7-121-35167-9

Ⅰ. ①数…　Ⅱ. ①刘…　Ⅲ. ①数据处理－应用－恒星光谱－光谱分析　Ⅳ. ①P144.1-39

中国版本图书馆 CIP 数据核字（2018）第 229538 号

责任编辑：朱雨萌　　特约编辑：王　纲
印　　刷：涿州市京南印刷厂
装　　订：涿州市京南印刷厂
出版发行：电子工业出版社
　　　　　北京市海淀区万寿路 173 信箱　　邮编：100036
开　　本：720×1 000　1/16　印张：12.5　字数：239 千字
版　　次：2021 年 5 月第 1 版
印　　次：2021 年 5 月第 1 次印刷
定　　价：89.00 元

凡所购买电子工业出版社图书有缺损问题，请向购买书店调换。若书店售缺，请与本社发行部联系，联系及邮购电话：（010）88254888，88258888。

质量投诉请发邮件至 zlts@phei.com.cn，盗版侵权举报请发邮件至 dbqq@phei.com.cn。

本书咨询联系方式：zhuyumeng@phei.com.cn。

前　言

随着大型天文观测设备的建成和持续运行，人们获得了数以亿计的光谱。传统人工或半人工的处理方式已经不能满足实际需求，研究高效而准确的光谱处理方法成为一个迫切且实际的任务。国内外很多的研究人员在相关领域展开研究，开始尝试利用数据挖掘算法来处理这些光谱数据。这种尝试在一定程度上降低了人工参与度，在部分研究中取得了较好的效果，但一个不容忽视的事实是，大多数已有数据挖掘算法的适用范围均存在一定的局限性，直接将其应用于天体光谱数据，工作效率难以保证。因此，有必要研究适用于天文数据挖掘的新算法。

本书是在上述背景下撰写的，是对作者近年来科研成果的总结和提炼。本书针对恒星光谱分析过程中面临的技术和应用问题，利用数据挖掘方法，对恒星光谱分类、稀有天体光谱自动发现、天文大数据挖掘等方面的内容展开研究。针对当前主流数据挖掘方法面临的挑战，提出了一系列优化方法，在一定程度上提高了数据挖掘效率；针对数据挖掘方法在恒星光谱分析中的应用问题，围绕恒星光谱分类方法、稀有天体光谱自动发现方法、天文大数据挖掘等方面的内容展开研究。

本书利用交叉研究方法，将数据挖掘的最新研究成果应用于恒星光谱分析，部分研究成果可以应用于天文学的相关课题，从而提高数据的利用效率，促进天文学的科学产出。本书为天体演化、密度分布、宇宙结构等问题的研究提供了有力的技术支持，为天文信息学的发展开拓了新的思路。

数据挖掘是一个前沿的研究方向，发展快，涉及面广。由于作者水平有限，书中肯定有不少疏漏、不妥甚至错误的地方，恳请读者批评指正。

目　录

第 1 章　数据挖掘研究进展

随着科学技术的不断发展，互联网在各行各业得到广泛应用，新的数据采集和获取技术不断涌现，网络数据呈现爆炸式增长的态势。面对海量数据，传统的数据处理方法已远远不能满足实际需求，出现了所谓的“数据丰富，信息贫乏”的问题。如何从历史数据中预测未来的发展趋势，以及从海量数据中快速发现有价值的信息，变被动的数据为主动的知识？这个问题迫使人们寻找新的、更为有效的数据分析方法来对各种数据资源进行有效的挖掘，以发挥其应用潜能。数据挖掘（Data Mining，DM）正是在这样的需求背景下应运而生的[1]。它的出现为智能地把海量数据转化为有用信息和知识提供了可能。数据挖掘作为一门新兴的交叉学科，涉及数据库技术、人工智能、机器学习、人工神经网络、统计学、模式识别、知识库工程、信息检索、高性能计算技术、可视化等领域[2]。多学科的相互交融和相互促进，使这一学科得以蓬勃发展，而且已初具规模。

本章主要介绍数据挖掘基本理论、存在的问题及研究现状。

1.1　数据挖掘基本理论

1. 数据挖掘产生的背景

自 20 世纪 60 年代开始，数据库及信息技术就逐步从基本的文件处理系统发展为功能更强大的数据库系统。20 世纪 70 年代，数据库系统的研究与发展，促进了关系数据库系统、数据建模工具、索引与数据组织技术的迅速发展，在线事务处理的出现也极大地推动了关系数据库的普及，尤其是在大规模数据存储、检索和管理的应用领域。自 20 世纪 80 年代中期开始，关系数据库得到了普遍应用，新一轮的研究与开发新型数据库系统悄然兴起，并出现了众多先进的数据模型（扩展关系模型、面向对象模型、演绎模型等）及应用数据库系统（空间数据库、时序数据库、多媒体数据库等）。目前，异构数据库系统和基于互联网的全球信息系统已经在信息工业中扮演重要角色。

数据库存储量的不断增长，已远超人类分析和处理的能力。这样，存储在数据库中的数据就形成了“数据坟墓”，即这些数据极少被访问，许多重要的决策不是基于这些数据而是依靠决策者的直觉制定的。其中的原因很明显，这些决策的制定者没有找到合适的工具帮助其从数据中抽取所需的知识。数据挖掘可以从大量数据中发现存在的特定模式和规律，从而为商业活动、科学探索和医学研究等诸多领域提供所需的知识。数据与知识之间的巨大差距迫切需要系统地开发数据挖掘方法，以便将“数据坟墓”中的数据转化为知识财富。

2. 数据挖掘的定义

自 20 世纪 90 年代以来，数据挖掘的发展速度很快，加之它是多学科综合的产物，因此目前还没有一个统一的定义，人们提出了多种数据挖掘的定义[3]。

SAS 研究所（1997）：数据挖掘是在大量相关数据的基础上进行数据探索和建立相关模型的先进方法。

Bhavani（1999）：数据挖掘是使用模式识别技术、统计和数学技术，在大量数据中发现有意义的新关系、模式和趋势的过程。

Hand 等人（2000）：数据挖掘就是在大型数据库中寻找有意义、有价值的信息的过程。

数据挖掘的定义可归纳为，数据挖掘是一个从不完整的、不明确的、大量的，并且包含噪声、具有很大随机性的数据中，提取隐含在其中、事先未被获知的潜在有用知识或模式的过程[4]。数据挖掘的定义包含以下 4 层含义。

（1）数据源必须是真实、大量、含噪声的。

（2）发现的是用户感兴趣的知识。

（3）发现的知识要可接受、可理解、可运用，最好能用自然语言表达发现结果。

（4）并不是要发现放之四海皆准的知识，也不是要发现崭新的自然科学定理和纯数学公式，更不是机器定理证明，所发现的知识都是相对的，是有特定前提和约束条件、面向特定领域的。

从技术角度看，数据挖掘利用一系列相关算法和技术，从大量数据中提取人们所需的信息和知识，所提取的知识表示形式可以为概念、模式、规律和规则等；它可以通过对历史数据和当前数据的分析，帮助决策人员提取隐藏在数据背后的潜在关系与模式等，进而协助其预测未来可能出现的状况和即将产生的结果。

3. 数据挖掘的理论框架

目前，关于数据挖掘的理论基础，还没有发展到完全成熟的地步，但是分析它的发展，有助于加深对数据挖掘概念的理解。系统的理论是研究、开发、评价数据挖掘方法的基石。经过多年的探索，一些重要的理论框架已经形成，并且吸引着众多研究人员进一步开展研究，向着更深入的方向发展。

数据挖掘方法可以是基于数学理论的，也可以是非数学的；可以是演绎的，也可以是归纳的。1997 年，Mannila 对当时流行的数据挖掘的理论框架做出了综述[5]。结合最新的研究成果，下面一些重要的理论框架有助于准确地理解数据挖掘的概念与技术特点。

1）模式发现（Pattern Discovery）架构

在这种理论框架下，数据挖掘被认为是从源数据集中发现知识模式的过程[6]。这是对机器学习方法的继承和发展，是目前比较流行的数据挖掘研究与系统开发架构。按照这种架构，可以针对不同的知识模式的发现过程进行研究。目前，在关联规则、分类/聚类模型、序列模式（Sequence Model）及决策树（Decision Tree）归纳等模式发现的技术与方法上取得了丰硕的成果。近几年，也已经开始进行多模式知识发现的研究。

2）规则发现（Rule Discovery）架构

Agrawal 等人综合利用机器学习与数据库技术，将分类、关联及序列作为一个统一的规则发现问题来处理[7]。他们给出了统一的挖掘模型和规则发现过程中的几个基本运算，解决了如何将数据挖掘问题映射到模型及通过基本运算发现规则的问题。这种基于规则发现的数据挖掘架构，是目前数据挖掘研究的常用方法。

3）基于概率和统计理论

在这种理论框架下，数据挖掘被看作从大量源数据集中发现随机变量的概率分布情况的过程[8]。目前，这种方法在数据挖掘的分类和聚类研究及应用中取得了很好的成果，这些技术和方法可以看作概率理论在机器学习方面的发展和提高。统计学作为一个古老的学科，已经在数据挖掘中得到了广泛应用，如传统的统计回归法在数据挖掘中的应用，特别是近十年，统计学已经成为支撑数据仓库、数据挖掘技术的重要理论基础。实际上，大多数理论框架都离不开统计方法的介入，统计方法在概念形成、模式匹配及成分分析等众多方面都是基础中的基础。

4）微观经济学观点（Microeconomic View）

在这种理论框架下，数据挖掘被看作一个问题的优化过程[9]。1998 年，Kleinberg 等人建立了在微观经济学框架里判断模式价值的理论体系。他们认为，如果一种知识模式对一个企业是有效的，那么它就是有趣的。有趣的模式发现是一个新的优化问题，可以根据基本的目标函数，对“被挖掘的数据”的价值提供一个特殊的算法视角，导出优化的企业决策。

5）基于数据压缩（Data Compression）理论

在这种理论框架下，数据挖掘被看作数据压缩的过程[10]。按照这种观点，关联规则、决策树、聚类等算法实际上都是对大型数据集的不断概念化或抽象化的压缩过程。按 Chakrabarti 等人的描述，最小描述长度（Minimum Description Length，MDL）原理可以评价一个压缩方法的优劣，即最好的压缩方法应该保证概念本身的描述及把它作为预测器的编码长度均最小。

6）基于归纳数据库（Inductive Database）理论

在这种理论框架下，数据挖掘被看作对数据库的归纳问题[11]。一个数据挖掘系统必须具有原始数据库和模式库，数据挖掘的过程就是归纳的数据查询过程。这种构架也是目前研究者和系统研制者倾向的理论框架。

7）可视化数据挖掘（Visual Data Mining）

1997 年，Keim 等人对可视化数据挖掘的相关技术进行了综述[12]。虽然可视化数据挖掘必须结合其他技术和方法才有意义，但是以可视化数据处理为中心来实现数据挖掘的交互式过程已经成为数据挖掘的一个重要方面。

当然，上面的理论框架并不是孤立的，更不是互斥的。对于特定的研究和开发领域来说，它们是相互交叉，并且有所侧重的。由以上论述可以看出，数据挖掘的研究是在相关学科充分发展的基础上提出并不断发展的，它的概念和理论仍在发展中。为了弄清相关的概念和技术路线，人们必须不断探索和尝试。

4. 数据挖掘的功能

数据挖掘通过预测未来趋势及行为，做出提前的、基于知识的决策。数据挖掘的目标是从数据中发现隐含的、有意义的知识，主要有以下 5 类功能[13]。

1）自动预测趋势和行为

数据挖掘自动在大型数据库中寻找预测性信息，以往需要进行大量手工分析的问题如今可以迅速、直接由数据本身得出结论。一个典型的例子是市场预测问题，数据挖掘使用过去有关促销的数据来寻找未来投资中回报最大的用户。其中，可预测的问题包括预测破产，以及认定对指定事件最可能做出反应的群体。

2）关联分析

数据关联是数据库中存在的一类重要的、可被发现的知识。若两个或多个变量的取值之间存在某种规律性，就称为关联。关联可分为简单关联、时序关联、因果关联。关联分析的目的是找出数据库中隐藏的关联网。有时并不知道数据库中数据的关联函数，即使知道也是不确定的，因此关联分析生成的规则带有可信度。

3）聚类

将数据按照某种规则划分为若干有意义子集的过程就是聚类。聚类增强了人们对客观世界的认识，是概念描述和偏差分析的先决条件。聚类分析主要包括传统的模式识别方法及数学分类学。20 世纪 80 年代初，Mchalski 提出的概念聚类的要点是，在划分对象时不仅考虑对象之间的距离，还要求划分的类具有某种内涵描述，从而避免传统技术的某些片面性。例如，将申请者分为高度风险申请者、中度风险申请者、低度风险申请者。

4）概念描述

概念描述是对某类对象的内涵进行的描述，并概括这类对象的主要特征。概念描述分为特征性描述和区别性描述，前者描述某类对象的共同特征，后者描述不同类对象之间的区别。生成一个类的特征性描述只涉及该类对象中所有对象的共性。生成区别性描述的方法有很多，如决策树方法、遗传算法等。

5）偏差检测

数据库中的数据常有一些异常记录，从数据库中检测这些偏差很有意义。偏差包含很多潜在的知识，如分类中的反常实例、不满足规则的特例、观测结果与模型预测值的偏差、量值随时间的变化等。偏差检测的基本方法是，寻找观测结果与参照值之间有意义的差别。

5. 数据挖掘的工作流程

在进行数据挖掘之前，首先要做的是定义问题，清晰地定义问题和目标任务，确定数据挖掘的目的。在明确挖掘目的的基础上，按照数据挖掘的基本步骤进行知识的发现。

数据挖掘的整个过程可以大致归纳为 3 个阶段：数据准备阶段、数据挖掘阶段、结果的解释和评价阶段[14]。其中，数据准备阶段包括数据清理、数据集成、数据选择、数据变换等步骤。

1）数据清理

对不完整的、不明确的、大量的，并且包含噪声的、具有很大随机性的实际应用数据进行清洗，包括清除噪声、推导计算填补缺失和不完整数据、修正异常数据和清除重复数据。该步骤需要领域知识的判断，并选择恰当的清洗方法。

2）数据集成

对来源不同、格式不同、特点和性质也不尽相同的数据进行物理上或逻辑上的有机集成，为后续的一系列数据处理做好准备。该步骤需要处理好数据类型不同、数据所在平台不同、操作系统不同所造成的数据格式上的差异。

3）数据选择

根据任务目标，从集成好的、包含大量数据的数据集中发现与选择相关数据集，将其抽取出来，得到具体挖掘任务的相应操作对象。

4）数据变换

数据变换是指将数据转换成适合被挖掘的数据形式。例如，将离散值型数据转换为连续值型数据以利于进行神经网络计算，或者将连续值型数据转换成离散值型数据以便进行符号归纳操作。数据变换还有一个重要的目的就是数据降维，即找出真正有用的特征或变量表示数据。

5）数据挖掘

数据挖掘方法种类繁多，其原因在于数据挖掘在研究和发展过程中不断将各学科领域的知识、技术和研究成果融入其中。从统计学角度看，目前统计分析领域主要使用的数据挖掘方法有回归分析、最近序列分析、时间序列分析、非线性分析、线性分析、最近邻算法分析、多变量分析、单变量分析、聚类分析等。通过使用这些方法能够找出表现异常的数据，再使用一系列数学或统计模型对其进行解释，揭示隐含在这些数据中的规律、模式和知识。

6）模式评估

使用某种手段对数据挖掘发现的模式进行度量和识别，对其有效性和可用性进行评估，即按照某种兴趣度度量，以找出表示知识的真正有价值的模式。

7）知识表示

对挖掘的知识进行解释，将其转换成能够最终被用户理解的知识，其表示方法可以是可视化和知识表示技术。

完成了整个数据挖掘过程，用户可以得到他们需要的有价值的知识。运用知识是发现知识的最终目的，合理地运用知识同样十分重要。运用知识有两种方法：一种是发现的知识本身就已经描述清楚了所要得到的结果或关系，从而能够直接提供决策支持；另一种是把已发现的知识运用到新的数据中，可能会出现新的问题，所以有必要进行更深入的研究。

一个数据挖掘过程通常会反复执行上述操作，其中任何一个步骤出现了与预期目标不一致的情况，都必须回到先前的步骤进行调整，再重新执行。

6. 数据挖掘的工具

1）基于神经网络的工具

由于具有对非线性数据的快速建模能力，基于神经网络的数据挖掘工具现在越来越流行。其工作流程是：首先将数据聚类，然后分类计算权值。神经网络适用于非线性数据和含噪声数据，所以在数据库的分析和建模方面应用广泛。

2）基于规则和决策树的工具

大部分数据挖掘工具采用规则发现或决策树分类技术来发现数据模式和规则，其核心是某种归纳算法。这类工具通常对数据库中的数据进行挖掘，发现规则并构建决策树，然后对新数据进行分析和预测。这类工具的主要优点是规则和决策树都是可读的。

3）基于模糊逻辑的工具

这类工具应用模糊逻辑进行数据查询、排序等，实现知识发现。这类工具利用模糊概念和“最近”搜索技术，可以让用户指定目标，然后对数据库进行搜索，找出接近目标的所有记录，并对结果进行评估。

4）综合多种方法的工具

不少数据挖掘工具采用了多种挖掘方法，这类工具一般规模较大，适用于大型数据库。这类工具挖掘能力很强，但价格昂贵，并且要花很长时间进行学习。

7. 数据挖掘的分类

数据挖掘在发展过程中融合了多个学科的知识和成果，所以产生了种类繁多的数据挖掘方法。为方便用户选择数据挖掘方法，有必要对其进行分类，目前有以下几种分类方法[3]。

1）按挖掘的数据库类型分类

由于数据库自身就可以按照数据类型的不同、数据模型的不同和应用场景的不同等进行分类，并且每类都可能需要不同的数据挖掘技术，所以按数据库类型进行分类是概念明晰的。按照数据模型进行分类，包括关系型、对象–关系型、事务型和数据仓库型等。按照数据类型进行分类，则包括时间型、空间型、流数据型、文本型、异构型、多媒体和 Web 型。

2）按挖掘的知识类型分类

按挖掘的知识类型进行分类，也就是按数据挖掘的功能进行划分，包括相关性分析、关联分析、演变分析、特征化、分类、聚类、预测及离群点分析。数据挖掘还能够按照抽象层次或所需挖掘知识的粒度分类，例如，可分为高抽象层（挖掘广义知识）、原始数据层（挖掘原始层知识），以及同时考虑多个抽象层（挖掘多层知识）。优秀的数据挖掘方法通常能够完成多个抽象层的知识发现。数据挖掘也可以按照其规则性（呈现出的模式）和奇异性（检测出噪声）进行分类。通常来说，数据的规则性可以通过相关性分析、关联分析、概念描述、聚类、分类和预测等方法挖掘，也具有检测和排除噪声的功能。

3）按所用的技术类型分类

数据挖掘采用的技术种类繁多，如机器学习、模式识别、统计学、面向数据库或面向数据仓库的技术、神经网络和可视化等。根据用户采用的数据分析方法不同可以将其分成遗传算法、人工神经网络、聚类（最近邻技术）、规则推导和决策树等。大型数据挖掘系统往往综合利用多种挖掘技术，或者使用一些集成化的方法，从而发挥多种方法的优势。

4）按应用分类

数据挖掘可以按照应用分类，包括金融业、交通业、通信业、股票市场、生物医学界等。特定的应用场景往往需要集成专门针对该应用的数据挖掘方法。要找到一个广泛适用于各种不同应用的数据挖掘方法在目前来说几乎是不可能的。

1.2 数据挖掘存在的问题

尽管数据挖掘有很多优点，但其也面临着许多问题，这也为数据挖掘的发展提供了更大的空间。

（1）数据挖掘的基本问题是数据的数量和维度。如何进行维度约减，选择哪些特征或变量，是首先要解决的问题。

（2）面对海量数据，现有的统计方法遇到了问题，一个直接的对策是对数据进行抽样，那么怎么抽样，抽取多大的样本，又怎样评价抽样的效果，这些都是值得研究的问题。

（3）既然数据是海量的，那么数据中就会隐含一定的变化趋势，在数据挖掘中也要对这种趋势做应有的考虑和评价。

（4）各种不同的模型如何应用，其效果如何评价。不同的人对同样的数据进行挖掘，可能产生不同的结果，甚至差异很大，这就涉及可靠性问题。

（5）当前互联网发展迅速，如何进行互联网的数据挖掘，以及文本、图像等非标准数据的挖掘，引起了人们的广泛关注。

（6）数据挖掘中数据的私有性和安全性问题。

（7）数据挖掘的结果是不确定的，要和专业知识相结合才能对其做出判断。

数据挖掘要求对期望解决问题的领域有深刻的认识，理解数据，并且了解其过程，才能对数据挖掘的结果做出合理的解释。

1.3　数据挖掘研究现状

随着互联网技术的不断发展，网上的数据量日益增长，人们往往在数据海洋中迷失了方向。如何对海量数据进行分析并发现有用知识成为时下人们关注的热点问题。数据挖掘技术的出现为人们解决上述问题提供了可能。数据挖掘是指通过对海量数据进行有目的的提取、分拣、归类，挖掘出有用信息，为行业领域提供决策支持。当前主流的数据挖掘技术主要包括特征降维、智能分类和聚类分析。

1.3.1　特征降维

真实世界中的很多数据是高维的，即数据包含很多属性或特征。尽管高维数据比低维数据拥有更多的信息量，但在实际应用中对高维数据进行直接操作非常困难。首先，“维数灾难”[15,16]会导致分类学习所需的有标记样本计算量随着维数的增加呈指数级增长，部分算法在极高维空间中甚至无法工作；其次，人们在低维空间中形成的一些直觉在高维空间中可能会失效。例如，对于二维空间中的单位圆和单位正方形，两者的面积相差不多；对于三维空间中的单位球和单位立方体，两者的体积也差不多；然而随着维数的增加，在高维空间中超球的体积相对于超立方体的体积会迅速变小。

为了解决高维数据所面临的问题，一种有效的方法是对其进行降维。笼统地说，降维是指为高维数据获取一个能忠实反映原始数据固有特性的低维表示。降维有特征选择和特征提取两种方式[17-19]。

特征选择的基本原则是选择类别相关的特征而排除冗余的特征。它是根据某种准则从一组数量为 D 的特征中选择出数量为 d（$D>d$）的一组最优特征的过程。特征选择通过降低原始数据的相关性和冗余性，在一定程度上解决了“维数灾难”问题。特征选择主要分 3 类[20-23]：①过滤法，设计一个评分函数对每个特征评分，按分数高低将特征排序，并将排名靠前的特征作为特征子集；②封装法，把学习机作为一个黑箱并通过验证样本的正确率来衡量特征子集的性能，一般采用向前或向后搜索的方法生成候选特征子集；③嵌入式方法，该方法是一种结合学习机评价特征子集的特征选择模型，具有封装法的精度和过滤法的效率。近年来，众多学者从事特征选择研究，并取得了一些成果。Kira 和 Rendell 提出的 Relief[24]算法根据特征值在同类实例中及相近不同类实例中的区分能力来评价特征的相关度；Nakariyakui 和 Casasent 提出的分支跳跃法[25]通过对解决方案树中某些节点不必要评价函数的计算来提高搜索速度；Brodley 提出的 FSSEM 算法[26]根据最大化的期望值来选择特征子集；Whiteson 等人提出的 FS-NEAT 算法[27]通过特征集合搜索和拓扑网络学习解决特征选择问题。

特征提取是指原始特征空间根据某种准则变换得到低维投影空间的过程。与特征选择相比，特征提取的降维效率更高[28]。特征提取可分为线性方法和非线性方法两类。经过几十年的发展，研究人员提出了多种线性特征提取方法：非负矩阵分解（Non-negative Matrix Factorization，NMF）[29]通过将原始特征空间低秩近似来保证降维后的特征非负；因子分析（Factor Analysis）[30]通过降低原始特征空间的相关性实现降维；奇异值分解（Singular Value Decomposition，SVD）[31]通过考察奇异值的贡献率实现降维；主成分分析（Principal Component Analysis，PCA）[32]通过对原始特征空间方差的研究得到一组正交的主成分；独立成分分析（Independent Component Analysis，ICA）[33]利用原始特征空间的二阶和高阶统计信息，进一步提高了 PCA 的降维效率；线性判别分析（Linear Discriminant Analysis，LDA）[34]通过最大化类间离散度和类内离散度的广义 Rayleigh 熵实现特征变换。线性特征提取方法不能保持原始特征空间的局部信息，没有充分考虑数据的流形结构。鉴于此，近年来出现了众多非线性特征提取方法：核主成分分析（Kernel Principal Component Analysis，KPCA）[35]和核 Fisher 线性判别分析（Kernel Linear Fisher Discriminant Analysis，KLFDA）[36,37]分别在 PCA 和 LDA 的基础上引入核方法，将 PCA 和 LDA 的适用范围从线性空间推广到非线性空间；多维缩放（Multi-dimensional Scaling，MDS）[38]通过保持数据点间的相似性实现降维；ISOMAP（Isometric Mapping）的主要思想是利用数据间的测地线距离代替欧氏距离，然后利用 MDS 来求解；局部线性嵌入（Locally Linear Embedding，LLE）[39]利用稀疏矩阵算法实现降维；拉普拉斯特征映射（Laplacian Eigenmap，LE）[40]利用谱技术实现降维。此外，近年来还出现了一系列基于流形学习的算法，如局部切空间排列（Local Tangent Space Alighment，LTSA）[41]、海森特征谱（Hessian Eigenmap，HE）[42]、保局投影（Locally Preserving Projection，LPP）[43]、近邻保持映射（Neighborhood Preserving Projection，NPP）[44]等。这些算法本质上都是非线性降维方法，并没有利用样本的类别信息。鉴于此，研究人员提出了有监督非线性降维方法，如判别近邻嵌入（Discriminant Neighborhood Embedding，DNE）[45]、最大边缘投影（Maximum Margin Projection，MMP）[46]等。DNE 算法基于不同类别拥有不同低维流形这一假设，为每个类别分别建立流形结构，然后通过最大化不同类别间近邻样本距离、最小化相同类别近邻样本距离得到最终的子空间。MMP 则是一种半监督学习方法，其考虑到现实中获得样本的标记比较困难，所以对于获得的样本，如果有标记则尽量区分不同的流形结构，如果没有标记则尽量发现其所在的流形结构。MMP 将 LPP 和 DNE 结合，通过求解广义特征值问题得到子空间。流形学习在数据可视化领域得到了广泛应用。然而，由于流形学习隐式地将数据从高维空间向低维空间映射，所以其不足之处在于无法得到新样本在低维子空间的分布。流形学习在描述邻域结构时还存在邻域选择、邻域权重设置等问题。

上述降维方法无法解释各变量对数据表示和分类的影响。鉴于此，研究人员提出了基于稀疏表示的特征提取方法。稀疏表示由傅里叶变换和小波变换等传统的信号表示扩展而来，目前在模式识别、计算机视觉、信号处理等领域得到成功的应用。迄今为止，基于稀疏表示的降维方法的典型代表有[47]稀疏主成分分析（Sparse PCA，SPCA）、稀疏线性判别分析（Sparse LDA，SLDA）、稀疏表示分类器（Sparse Representation-based Classification，SRC）、稀疏保持投影（Sparsity Preserving Projection，SPP）等。SPCA 没有考虑样本的类别信息，因此不利于后续的分类任务。SLDA 可以用于解决二分类问题，但对于多分类问题，并不能像

LDA 那样进行直接扩展。SRC 在流形稀疏表示的框架下保持数据的局部属性，该方法被成功地应用于人脸识别。SPP 将稀疏表示的稀疏性作为一种自然鉴别信息引入特征提取中，并在人脸数据集上证明了其有效性。然而，稀疏表示在寻找子空间的过程中会牺牲类内的同一性，因为它对单个样本分别获取它们的稀疏表示，因此缺乏对数据全局性的约束，无法准确地描述数据的全局结构。当数据包含大量噪声或有损坏时，会使算法的性能明显下降。

1.3.2 智能分类

智能分类是数据挖掘的另一项重要内容，分类技术的核心是构造分类器。分类器一般具有良好的泛化能力，能够准确地预测未知样本的类别。分类器工作一般会经历训练和测试两个阶段。训练阶段根据训练数据集的特点得到分类标准，测试阶段完成新进数据类属判定的任务。按照不同的标准，可对分类器进行如下分类。

（1）根据工作原理，可将分类器分为概率密度模型、决策边界学习模型和混合模型。概率密度模型在估计每类概率密度函数的基础上，用贝叶斯决策规则实现分类；决策边界学习模型在学习过程中最优化一个目标函数，该函数表示训练样本集上的分类错误率、错误率的上界或与分类错误率相关的损失；混合模型先对每类模型建立一个概率密度模型，然后用判别学习准则对概率密度模型的参数进行优化。

（2）根据表达形式，可将分类器分为区分模型和生成模型。区分模型通过对训练样本的学习生成分类标准，生成模型根据概率依赖关系构造分类模型。

（3）根据求解策略，可将分类器分为基于经验风险最小化模型和基于结构风险最小化模型。早期的分类器求解算法基本上基于经验风险最小化模型，结构风险最小化模型基于权衡经验风险和置信范围。

近年来，智能分类受到中外学者的极大关注，在数据挖掘、机器学习、情报分析等领域取得了令人振奋的成果。在决策树分类方面，Quinlan 提出的 ID3 算法[48]在信息论互信息的基础上建立树状分类模型；针对 ID3 的不足，有研究者先后提出 C4.5[49]、PUBLIC[50]、SLIQ[51]、RainForest[52]等改进算法。在基于关联规则分类方面，Liu 等人提出的关联分析算法（Classification Based on Association，CBA）[53]采用经典的 Apriori 算法发现关联规则；Li 等人提出的多维关联规则分类算法（Classification Based on Multiple Class Association Rules，CMAR）[54]利用 FP-Growth 算法挖掘关联规则；Yin 等人提出的预测性关联规则分类算法（Classification Based on Prediction Association Rules，CPAR）[55]采用贪婪算法直接从训练样本中挖掘关联规则。在支持向量机方面，Vapnik 等人提出支持向量机（Support Vector Machine，SVM），由于最优化问题中有一个惩罚参数 C，因此也称 C-SVM[56−58]；由于参数 C 没有确切含义且选取困难，Scholkopf 等人提出 ν-SVM[59]，其中，参数 ν 用来控制支持向量的数目和误差且易于选取；通过扩展 SVM 最大间隔的思想，Scholkopf 在前人工作的基础上提出单类支持向量机（One Class Support Vector Machine，OCSVM）[60]，该方法通过构造超平面来划分正常数据和异常数据；针对单类问题，Tax 等人提出支持向量数据描述（Support Vector Data Description，SVDD）[61]的概念，该方法采用最小体积超球约束目标数据达到剔除奇异点的目的；Tsang 等人提出基于最小包含球（Minimum Enclosing Ball，MEB）的核心向量机（Core Vector Machine，CVM）[62]，该方法有效地提高了 SVM 求解二次规划问题的效率。此外，常见的SVM变种还有最小二乘支持向量机（Least Squares Support Vector Machine，LSSVM）[63]、Lagrange 支持向量机（Largrangian Support Vector Machine，LSVM）[64]、简约支持向量机（Reduced Support Vector Machine，RSVM）[65]、光滑支持向量机（Smooth Support Vector Machine，SSVM）[66]等。在贝叶斯分类方面，Kononenko 提出的半朴素贝叶斯分类器（Semi-naive Bayesian Classifier）[67]采用穷尽搜索的属性分组技术实现分类；Langley 等人提出的基于属性删除的选择性贝叶斯分类器（Selective Bayesian Classifier Based on Attribute Deletion）[68]通过删除冗余属性来提高分类精度；Kohavi 通过将朴素贝叶斯分类器和决策树相结合，提出朴素贝叶斯树型学习机（Naive Bayesian Tree Learner）[69]；Zheng 等人提出的基于懒惰式贝叶斯规则（Lazy Bayesian Rule，LBR）的学习算法[70]将懒惰式技术应用到局部朴素贝叶斯规则的归纳中；Friedman 等人提出的树扩张型贝叶斯分类器（Tree Augmented Bayesian Classifier）[71]通过构造最大权生成树实现分类。此外，还有神经网络分类算法、K 近邻分类法、基于粒度和群的分类算法等。

上述分类方法各有特点和适用范围，它们之间互相渗透。经过几十年的发展，智能分类方法显现出强大的生命力，其理论体系不断完善，应用领域不断扩大，受关注程度不断提高。随着相关理论和技术的逐步完善，智能分类理论和方法必将不断发展。

1.3.3 聚类分析

聚类分析是将一个数据集依据某种规则分成若干子集的过程，这些子集由相似元素构成。聚类分析是一种典型的无监督学习方法，它在进行分类与预测时无须事先学习数据集的特征，具有更优的智能性。聚类分析在 Web 资源开发与利用中发挥着重要作用。

当前主流的聚类算法包括以下几类：层次聚类算法、划分聚类算法、基于密度和网格的聚类算法及其他聚类算法。

层次聚类算法利用数据的连接规则，通过层次架构的方式反复将数据分裂或聚合，以便形成一个层次序列的聚类问题的解。典型代表有：Gelbard 等人提出的正二进制（Binary-positive）方法[72]，该方法将待聚类数据存储在由 0 和 1 组成的二维矩阵中，其中，行表示记录，列表示属性值，1 和 0 分别表示记录是否存在对应的属性值；Kumar 等人提出的基于不可分辨粗聚合的层次聚类算法（Rough Clustering of Sequential Data，RCOSD）[73]，该算法适用于挖掘连续数据的特征，可以帮助人们有效地描述潜在 Web 用户组的特征。此外，基于 Quartet 树的快速聚类算法[74]及 Hungarian 聚类算法[75]也具有一定的代表性。层次聚类算法的最大优势在于无须事先给定聚类数量，可以灵活地控制聚类粒度，准确表达聚类簇间关系；主要的不足在于其无法回溯处理已形成的聚类簇。

划分聚类算法需要事先给出聚类数量或聚类中心，为了确保目标函数最优，不断迭代，直至目标函数值收敛时，可得聚类结果。典型代表有：MacQueen 提出的 K-means 算法[76]，该算法试图找到若干个聚类中心，通过最小化每个数据点与其聚类中心之间的距离之和来构建最优化问题；为了提高 K-means 算法的普适性，Huang 提出了面向分类属性数据的 K-modes 聚类算法[77]；Chaturvedi 等人提出面向分类属性数据的非参数聚类方法 K-modes-CGC[78]；Sun 等人在 K-modes 算法的基础上提出迭代初始点集求精 K-modes 算法[79]；Ding 等人将统计模式识别中的重要概念——最近邻一致性应用到聚类分析中，提出一致性保留 K-means 算法[80]；Ruspini 将模糊集理论与聚类分析有机结合起来，提出模糊聚类算法（Fuzzy C-means，FCM）。划分聚类算法的优点在于收敛速度快，缺点是需要事先指定聚类数量。

基于密度的聚类算法利用数据密度发现类簇，基于网格的聚类算法通过构造一个网格结构实现模式聚类。上述两类算法适用于空间信息处理，常合并在一起使用。典型代表有：Zhao 等人提出的网格密度等值线聚类算法（Grid-based Density Isoline Clustering）[81]；Ma 提出的基于移位网格的非参数型聚类算法（Shifting Grid Clustering，SGC）[82]；Pileva 等人提出的面向高维数据的网格聚类算法[83]；Micro 等人提出的基于密度的自适应聚类方法[84]，该方法适用于移动对象轨迹数据处理。该类方法对处理形状复杂的簇具有明显的优势。其他一些常见的聚类算法有：

Tsai 等人提出的一种新颖的具有不同偏好的蚁群系统[85]，该系统用以解决数据聚类问题；基于最大 θ 距离子树的聚类算法、GBR（Graph-based Relaxed Clustering）算法，以及基于 dominant 集的点对聚类算法。

1.4　研究思路

本书针对恒星光谱分析面临的技术和应用问题，利用数据挖掘方法，对恒星光谱分类、稀有天体光谱自动发现、天文大数据挖掘等方面的内容展开研究。研究思路如下。

（1）针对当前主流数据挖掘方法面临的主要问题，提出一系列优化方法，以期提高数据挖掘的效率。研究内容包括数据降维和智能分类两部分。详见本书第 2～4 章。

（2）在恒星光谱分类方面，在梳理天文数据挖掘研究现状的基础上，重点研究基于支持向量机及其变种的恒星光谱分类方法，以及近年来新提出的恒星光谱分类方法。详见本书第 5、第 6、第 8 章。

（3）在稀有天体光谱自动发现方面，分别将熵理论、互信息及模糊理论应用于分类模型，先后提出基于熵的单类学习机、基于互信息的非平衡分类方法、模糊大间隔最小球分类模型，并将这些模型应用于稀有天体光谱自动发现。详见本书第 7 章。

（4）在天文大数据挖掘方面，围绕天文大数据处理关键技术和天文大数据机器学习两方面的内容展开研究。详见本书第 9 章。

第 2 章　特征降维方法研究

特征降维是数据挖掘领域对高维数据分析的重要预处理步骤之一。在信息时代的科学研究中，不可避免地会遇到大量的高维数据，如人脸检测与识别、文本分类和微阵列数据基因选择等。在实际应用中，为了避免所谓的“维数灾难”问题，根据某些性质，将高维数据表示的观测点模拟成低维空间中的数据点，这一过程就是降维。总的来说，降维的目的是在保留数据的大部分内在信息的同时，将高维空间的数据样本嵌入一个相对低维的空间。经过适当的降维后，诸如可视化、分类等工作可以在低维空间中方便地进行。

目前，降维方法得到了业界的广泛关注并取得了众多卓有成效的研究成果。其中，线性判别分析（LDA）和保局投影算法（LPP）分别是线性降维和非线性降维的典型方法，它们在实际应用中均取得了较好的效果，但仍面临一些挑战。LDA 面临两大问题：小样本问题和秩限制问题。LPP 在特征降维时仅关注数据的局部特征，往往忽略全局特征，因而降维效率有限。鉴于此，本章针对上述降维方法的不足展开研究，研究内容包括两部分：①LDA 优化方法研究；②融合全局特征和局部特征的降维方法研究。

本章 2.1 节介绍背景知识；2.2 节～2.4 节分别利用多阶矩阵组合[86]、标量化方法[87]及矩阵指数[88]等数学知识对线性判别分析的优化方法展开研究；2.5 节提出基于图的数据降维方法[89]；2.6 节对融合全局和局部特征的特征提取方法进行研究[90]；2.7 节提出基于 Fisher 准则的半监督数据降维方法[91]；2.8 节从 Parzen 窗估计角度对特征提取方法进行重新解读[92]。

2.1　背景知识

2.1.1　线性判别分析

线性判别分析从高维特征空间中提取最具鉴别能力的低维特征，使得在低维空间里不同类别的样本尽量分开，同时每个类内部样本尽量密集。

设有 d 维样本 $\boldsymbol{X}=[\boldsymbol{x}_1,\boldsymbol{x}_2,\cdots,\boldsymbol{x}_N]\in\boldsymbol{R}^{n\times N}$，其中 $\boldsymbol{x}_i(i=1,\cdots,N)\in\boldsymbol{R}^n$ 表示第 i 个样本，N 表示样本总数。设 $\boldsymbol{x}_i=[\boldsymbol{x}_{i1},\boldsymbol{x}_{i2},\cdots,\boldsymbol{x}_{iN_i}]$ 是一个 $n\times N_i$ 的矩阵，每个列向量表示第 i 类的一个 n 维样本。其中，$\boldsymbol{x}_{ij}\in\boldsymbol{R}^n(i=1,\cdots,c;j=1,\cdots,N_i)$ 表示第 i 类中的第 j 个样本，N_i 表示第 i 类样本个数，c 表示样本类别总数。所有样本的均值 $\overline{\boldsymbol{x}}=\frac{1}{N}\sum_{i=1}^{N}\boldsymbol{x}_i$ 。设第 i 类的样本均值为 $\overline{\boldsymbol{x}}_i(i=1,\cdots,c)$，则有 $\overline{\boldsymbol{x}}=\sum_{i=1}^{c}\frac{N_i}{N}\overline{\boldsymbol{x}}_i$ 。

Fisher 准则函数定义如下：

$$J(\boldsymbol{W}_{\mathbf{opt}})=\max_{\boldsymbol{W}}\frac{\boldsymbol{W}^{\mathrm{T}}\boldsymbol{S}_{\mathbf{B}}\boldsymbol{W}}{\boldsymbol{W}^{\mathrm{T}}\boldsymbol{S}_{\mathbf{W}}\boldsymbol{W}} \tag{2.1.1}$$

其中，类间离散度矩阵 $\boldsymbol{S}_{\mathbf{B}}$ 和类内离散度矩阵 $\boldsymbol{S}_{\mathbf{W}}$ 分别定义为

$$\boldsymbol{S}_{\mathbf{B}}=\sum_{i=1}^{c}\frac{N_i}{N}(\overline{\boldsymbol{x}}_i-\overline{\boldsymbol{x}})(\overline{\boldsymbol{x}}_i-\overline{\boldsymbol{x}})^{\mathrm{T}}$$

$$\boldsymbol{S}_{\mathbf{W}}=\sum_{i=1}^{c}\sum_{j=1}^{N_i}\frac{1}{N}(\boldsymbol{x}_{ij}-\overline{\boldsymbol{x}}_i)(\boldsymbol{x}_{ij}-\overline{\boldsymbol{x}}_i)^{\mathrm{T}}$$

由线性代数理论不难发现 $\boldsymbol{W}_{\mathbf{opt}}$ 是满足等式

$$\boldsymbol{S}_{\mathbf{B}}\boldsymbol{W}=\lambda\boldsymbol{S}_{\mathbf{W}}\boldsymbol{W}$$

的解。

线性判别分析面临两大挑战。

1．秩限制问题

下面考察类间离散度矩阵 $\boldsymbol{S}_{\mathbf{B}}$ 的秩，由前面的定义有

$$\begin{aligned}\boldsymbol{S}_{\mathbf{B}}&=\sum_{i=1}^{c}\frac{N_i}{N}(\overline{\boldsymbol{x}}_i-\overline{\boldsymbol{x}})(\overline{\boldsymbol{x}}_i-\overline{\boldsymbol{x}})^{\mathrm{T}}\\&=\frac{1}{N}[N_1(\overline{\boldsymbol{x}}_1-\overline{\boldsymbol{x}}),\cdots,N_c(\overline{\boldsymbol{x}}_c-\overline{\boldsymbol{x}})][N_1(\overline{\boldsymbol{x}}_1-\overline{\boldsymbol{x}}),\cdots,N_c(\overline{\boldsymbol{x}}_c-\overline{\boldsymbol{x}})]^{\mathrm{T}}\end{aligned}$$

则类间离散度矩阵 $\boldsymbol{S}_{\mathbf{B}}$ 的秩为

$$\mathrm{rank}(\boldsymbol{S}_{\mathbf{B}})\leqslant\mathrm{rank}([N_1(\overline{\boldsymbol{x}}_1-\overline{\boldsymbol{x}}),\cdots,N_c(\overline{\boldsymbol{x}}_c-\overline{\boldsymbol{x}})])\leqslant c-1 \tag{2.1.2}$$

式（2.1.2）表明 LDA 最多只能求 $c-1$ 个非零特征向量，即 LDA 至多只能求 $c-1$ 个判别方向，从而限制了更多判别信息的获得，进而造成分类性能的局限，

这就是所谓的秩限制问题。

2．小样本问题

当样本总数大于样本维数时，类内离散度矩阵 $\boldsymbol{S}_{\mathrm{W}}$ 通常是非奇异的；否则，$\boldsymbol{S}_{\mathrm{W}}$ 是奇异的。此种情况称为小样本问题。

2.1.2 保局投影算法

保局投影算法（LPP）最初由浙江大学何晓飞教授提出。LPP 作为一种重要的特征提取方法，更注重样本的局部流形结构。LPP 有效地克服了非线性方法的不足，在特征提取时很好地保留了原始样本之间的非线性结构。LPP 的基本思想是保证原始空间相邻的样本在特征提取后相对关系尽量不变。

LPP 的算法流程如下。

Step1：定义 ε 邻域或 k 邻域，构造邻接图 $\boldsymbol{G}$。

（1）ε 近邻：如果样本 $\boldsymbol{x}_i$ 和 $\boldsymbol{x}_j$ 满足 $\left\|\boldsymbol{x}_i-\boldsymbol{x}_j\right\|^2<\varepsilon$，则 $\boldsymbol{x}_i$ 和 $\boldsymbol{x}_j$ 相邻并将两者连接起来。

（2）k 近邻：如果样本 $\boldsymbol{x}_i$ 是样本 $\boldsymbol{x}_j$ 的 k 个近邻之一，则将两者连接起来，其中 k 为事先给定的参数。

Step2：计算邻接图 $\boldsymbol{G}$ 中边的权重。相似度函数描述样本 $\boldsymbol{x}_i$ 和 $\boldsymbol{x}_j$ 的相似度，其定义为

$$S_{ij}=\begin{cases}\exp(-\left\|\boldsymbol{x}_i-\boldsymbol{x}_j\right\|^2/t), & \boldsymbol{x}_i\text{和}\boldsymbol{x}_j\text{相邻}\\ 0, & \text{其他}\end{cases}$$

其中，t 为常数。

Step3：求投影矩阵。最优化表达式如下：

$$\min_{\boldsymbol{W}}\sum_{i,j}(\boldsymbol{W}^{\mathrm{T}}\boldsymbol{x}_i-\boldsymbol{W}^{\mathrm{T}}\boldsymbol{x}_j)^2S_{ij} \tag{2.1.3}$$

$$\text{s.t.}\sum_i\boldsymbol{W}^{\mathrm{T}}\boldsymbol{x}_iD_{ii}\boldsymbol{x}_i^{\mathrm{T}}\boldsymbol{W}=1 \tag{2.1.4}$$

其中，$\boldsymbol{W}$ 为投影矩阵，S_{ij} 为相似度函数，$D_{ii}=\sum_j S_{ij}$。

上述最优化问题可转化为如下形式：

$$\min_{W} \ \boldsymbol{W}^{\mathrm{T}}\boldsymbol{XLXW} \tag{2.1.5}$$

$$\text{s.t.} \ \boldsymbol{W}^{\mathrm{T}}\boldsymbol{XDX}^{\mathrm{T}}\boldsymbol{W}=1 \tag{2.1.6}$$

其中，$\boldsymbol{L}=\boldsymbol{D}-\boldsymbol{S}$。

不难看出，LPP 在进行特征提取时关注的是样本的局部结构，其试图保持样本的局部结构在特征提取前后不变。然而，LPP 特征提取效率并非最优，原因在于其在特征提取时并未考虑样本的全局特征。

鉴于 LDA 和 LPP 的不足，本章将对数据降维方法展开研究，以期进一步提高 LDA 和 LPP 的降维效率。

2.2　基于多阶矩阵组合的 LDA

传统 LDA 面对小样本问题时，样本类内离散度矩阵 $\boldsymbol{S}_{\mathrm{W}}$ 奇异。根据线性几何理论，存在这样的向量 $\boldsymbol{W}$ 使得 $\boldsymbol{W}^{\mathrm{T}}\boldsymbol{S}_{\mathrm{W}}\boldsymbol{W}=0$ 且 $\boldsymbol{W}^{\mathrm{T}}\boldsymbol{S}_{\mathrm{B}}\boldsymbol{W}\neq0$。如果两式同时成立，则 Fisher 准则函数值无穷大。在 $\boldsymbol{W}^{\mathrm{T}}\boldsymbol{S}_{\mathrm{W}}\boldsymbol{W}=0$ 条件下，计算满足 $\boldsymbol{W}^{\mathrm{T}}\boldsymbol{S}_{\mathrm{W}}\boldsymbol{W}=0$ 的低维空间。若该空间不存在，说明类间离散度矩阵非奇异，则可用传统 LDA 求最佳投影方向；否则，在样本类内离散度的零空间里，寻找使类间离散度最大的投影方向。为了提取类内离散度矩阵 $\boldsymbol{S}_{\mathrm{W}}$ 零空间中的鉴别信息，提出基于多阶矩阵组合的 LDA 算法（Modified LDA Based on Linear Combination of K-order Matrics，MLDA）。该算法将传统 LDA 中的类内离散度矩阵 $\boldsymbol{S}_{\mathrm{W}}$ 替换为 $\boldsymbol{S}_{\mathrm{W}}$ 多次点乘方的线性组合，有效地解决了传统 LDA 由于 $\boldsymbol{S}_{\mathrm{W}}$ 奇异而无法求解的问题。

基于以上分析，将传统 LDA 中的类内离散度矩阵 $\boldsymbol{S}_{\mathrm{W}}$ 重新定义为

$$\boldsymbol{S}_{\mathrm{W}}^{*}=\lambda_1\boldsymbol{S}_{\mathrm{W}}+\lambda_2\boldsymbol{S}_{\mathrm{W}}\cdot\text{^}2+\lambda_3\boldsymbol{S}_{\mathrm{W}}\cdot\text{^}3+\cdots \tag{2.2.1}$$

参数 $\lambda_i(i=1,2,\cdots)$为常数，反映了各次点乘方对 $\boldsymbol{S}_{\mathrm{W}}^{*}$的贡献，它们的取值直接影响特征识别的效果。

Fisher 准则重新定义为

$$J(\boldsymbol{W}_{\mathrm{opt}})=\max_{W}\frac{\boldsymbol{W}^{\mathrm{T}}\boldsymbol{S}_{\mathrm{B}}\boldsymbol{W}}{\boldsymbol{W}^{\mathrm{T}}\boldsymbol{S}_{\mathrm{W}}^{*}\boldsymbol{W}} \tag{2.2.2}$$

设传统 LDA 中类内离散度矩阵 $\boldsymbol{S}_{\mathrm{W}}$ 为 n 行 m 列矩阵。在小样本情况下，$\boldsymbol{S}_{\mathrm{W}}$ 的秩 $\mathrm{rank}(\boldsymbol{S}_{\mathrm{W}})<n$，即 $\boldsymbol{S}_{\mathrm{W}}$ 非满秩。

在一般情况下，$\boldsymbol{S}_{\mathrm{W}}$ 第 i 行 L_i（$i=1,2,\cdots,n$）的元素不全相同。设当 $\boldsymbol{S}_{\mathrm{W}}$ 非满秩

时，$\boldsymbol{S}_{\mathrm{W}}$ 的第 i 行 L_i 与 L_j（i,j=1,2,⋯,n 且 $i \neq j$）线性相关，可表示为

$$L_i = kL_j \ (k\text{ 为常数}) \tag{2.2.3}$$

式（2.2.3）两边分别点乘 p 次方（L_i 和 L_j 中的每个元素分别自乘 p 次方）运算后得

$$L_i \cdot\hat{}\, p \neq kL_j \cdot\hat{}\, p \ \ (p = 2,3,\cdots)$$

此时，$\boldsymbol{S}_{\mathrm{W}}$ 的第 i 行 L_i 与第 j 行 L_j 线性无关。

此外，$\boldsymbol{S}_{\mathrm{W}}$ 中任意不相关的两行分别点乘 p 次方运算后仍不相关。

综上所述，$\boldsymbol{S}_{\mathrm{W}}\cdot\hat{}\, p$（$p$=2,3,⋯）的秩 rank($\boldsymbol{S}_{\mathrm{W}}\cdot\hat{}\, p$)可达到最大值 n。由式（2.2.1）可知，rank($\boldsymbol{S}_{\mathrm{W}}^{*}$)也可达到最大值 n。

这样从理论上证明了 MLDA 在小样本情况下的有效性，它不仅避免了传统 LDA 中由于 $\boldsymbol{S}_{\mathrm{W}}$ 奇异而无法求解的问题，而且解决了传统 LDA 秩限制问题。

2.3 标量化的线性判别分析算法

标量化的线性判别分析算法（Scalarized LDA，SLDA）的优势在于它将 LDA 的矢量运算变为标量运算，计算效率进一步提升。如图 2.1 所示，在解决实际问题时，SLDA 和其他 LDA 改进算法共同作用可得到理想结果：当提取小于或等于 c−1 维最优鉴别向量时，用其他 LDA 改进算法和 SLDA 同时对该问题求解，结果取两解之最优；当提取大于 c−1 维最优鉴别向量时，SLDA 能达到较理想的效果。

SLDA 对样本类内离散度和类间离散度进行标量化处理，通过求解样本各维的权值得到降维的结果。这样不仅可以突破 LDA 对于 c 类问题只能利用 c−1 个投影特征（向量）的限制，获取更多的鉴别特征，而且有效地解决了 LDA 中类内离散度矩阵的奇异性问题。此外，SLDA 有效地降低了运算量，提高了运算效率。

类间离散度标量和类内离散度标量分别定义为

$$S_{\mathrm{B}}{}^{\beta} = \sum_{i=1}^{c}\sum_{k=1}^{d}\frac{N_i}{N}(\overline{x}_i{}^{k} - \overline{x}^{k})^{\beta} \ \ (\beta>0) \tag{2.3.1}$$

$$S_{\mathrm{W}}{}^{\alpha} = \sum_{i=1}^{c}\sum_{j=1}^{N_i}\sum_{k=1}^{d}\frac{1}{N}(x_{ij}{}^{k} - \overline{x}_i{}^{k})^{\alpha} \ \ (\alpha>0\text{ 且 }\alpha\neq 2) \tag{2.3.2}$$

其中，k 表示样本空间的维度。

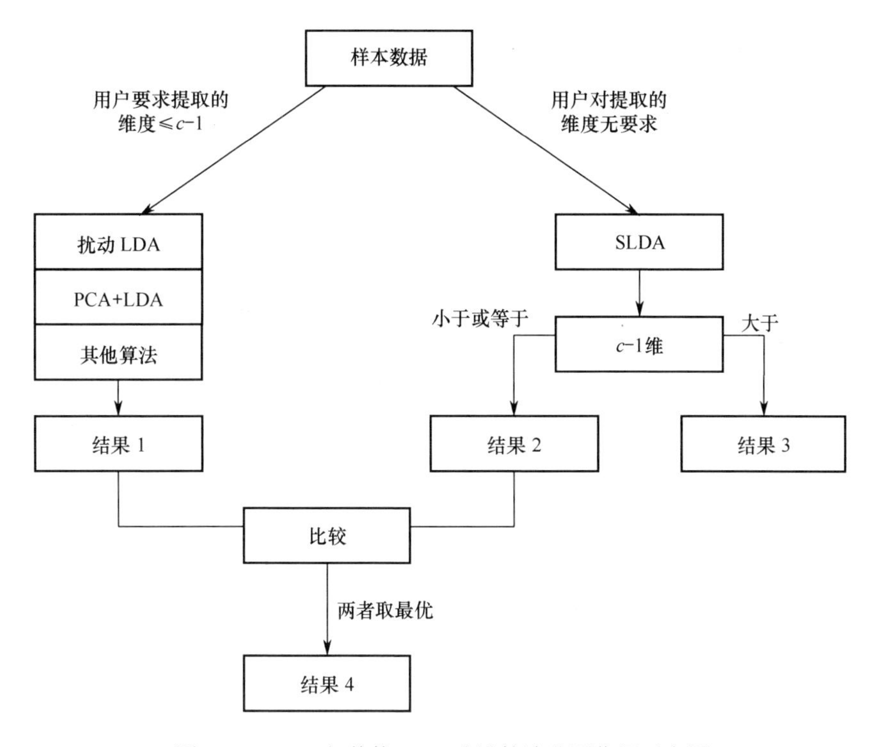

图 2.1　SLDA 与其他 LDA 改进算法共同作用示意图

式（2.3.1）和式（2.3.2）分别进行加权处理后得

$$ {}^{\omega}S_{\mathrm{B}}{}^{\beta} = \sum_{i=1}^{c}\sum_{k=1}^{d}\frac{N_i}{N}w_k^{\beta}(\overline{x}_i{}^{k} - \overline{x}^{k})^{\beta} \tag{2.3.3} $$

$$ {}^{\omega}S_{\mathrm{W}}{}^{\alpha} = \sum_{i=1}^{c}\sum_{j=1}^{N_i}\sum_{k=1}^{d}\frac{1}{N}w_k^{\alpha}(x_{ij}{}^{k} - \overline{x}_i{}^{k})^{\alpha} \tag{2.3.4} $$

其中，w_k（k=1,2,⋯,d）为样本空间各维的权重。SLDA 的主要工作就是求 w_k。

由 Fisher 准则得

$$ y = \max\frac{{}^{\omega}S_{\mathrm{B}}{}^{\beta}}{{}^{\omega}S_{\mathrm{W}}{}^{\alpha}} \tag{2.3.5} $$

式（2.3.5）等价于 $y=\max({}^{\omega}S_{\mathrm{B}}{}^{\beta})$且 ${}^{\omega}S_{\mathrm{W}}{}^{\alpha}=1$，由 Lagrange 乘子法得

$$ y = {}^{\omega}S_{\mathrm{B}}{}^{\beta} + \lambda(1 - {}^{\omega}S_{\mathrm{W}}{}^{\alpha}) \tag{2.3.6} $$

将式（2.3.6）对 w_k 的各维度求偏导，并令

$$\frac{\partial y}{\partial w_k}=0 \tag{2.3.7}$$

可求得

$$w_k=\left[\frac{\beta\sum_{i=1}^{c}N_i(\overline{x}_i^k-\overline{x}^k)^{\beta}}{\lambda\alpha\sum_{i=1}^{c}\sum_{j=1}^{N_i}\left(x_{ij}^k-\overline{x}_i^k\right)^{\alpha}}\right]^{\frac{1}{\alpha-\beta}} \tag{2.3.8}$$

由于 ${}^{\omega}S_{\mathrm{W}}{}^{\alpha}=1$，由式（2.3.4）得

$$\lambda=\left(\frac{1}{N}\right)^{\frac{\alpha-2}{\alpha}}\left[\sum_{k=1}^{d}\left(\frac{2\sum_{i=1}^{c}N_i(\overline{x}_i^k-\overline{x}^k)^{\beta}}{\alpha\sum_{i=1}^{c}\sum_{j=1}^{N_i}\left(x_{ij}^k-\overline{x}_i^k\right)^{\beta}}\right)^{\frac{\alpha}{\alpha-2}}\right]^{\frac{\alpha-2}{\alpha}} \tag{2.3.9}$$

将式（2.3.9）代入式（2.3.8），并去掉常数项得

$$w_k=\left\{\frac{\sum_{i=1}^{c}N_i(\overline{x}_i^k-\overline{x}^k)^{\beta}}{\left[\sum_{k=1}^{d}\left(\sum_{i=1}^{c}N_i(\overline{x}_i^k-\overline{x}^k)^{\beta}\Big/\sum_{i=1}^{c}\sum_{j=1}^{N_i}\left(x_{ij}^k-\overline{x}_i^k\right)^{\beta}\right)^{\frac{\alpha}{\alpha-\beta}}\right]^{\frac{\alpha-\beta}{\alpha}}\left[\sum_{i=1}^{c}\sum_{j=1}^{N_i}\left(x_{ij}^k-\overline{x}_i^k\right)^{\alpha}\right]}\right\}^{\frac{1}{\alpha-\beta}} \tag{2.3.10}$$

这样就得到样本空间各维的权重。在实际应用中，根据需要选取若干权重较大维度对应的向量（集）作为降维后新的样本空间。

2.4　基于矩阵指数的线性判别分析算法

基于矩阵指数的线性判别分析算法（Matrix Exponential LDA，MELDA）的优势在于能同时提取类内离散度矩阵 $\boldsymbol{S}_{\mathrm{W}}$ 的零空间和非零空间中的信息。

传统 LDA 可表示为

$$J(\boldsymbol{W}_{\text{opt}})=\max_{\boldsymbol{W}}\frac{\boldsymbol{W}^{\text{T}}\boldsymbol{S}_{\text{B}}\boldsymbol{W}}{\boldsymbol{W}^{\text{T}}\boldsymbol{S}_{\text{W}}\boldsymbol{W}}=\max_{\boldsymbol{W}}\frac{\boldsymbol{W}^{\text{T}}(\boldsymbol{\Phi}_{\text{B}}^{\text{T}}\boldsymbol{\Lambda}_{\text{B}}\boldsymbol{\Phi}_{\text{B}})\boldsymbol{W}}{\boldsymbol{W}^{\text{T}}(\boldsymbol{\Phi}_{\text{W}}^{\text{T}}\boldsymbol{\Lambda}_{\text{W}}\boldsymbol{\Phi}_{\text{W}})\boldsymbol{W}} \tag{2.4.1}$$

其中，$\boldsymbol{\Phi}_{\text{B}}$、$\boldsymbol{\Lambda}_{\text{B}}$ 分别为 $\boldsymbol{S}_{\text{B}}$ 对应的特征向量和特征值，$\boldsymbol{\Phi}_{\text{W}}$、$\boldsymbol{\Lambda}_{\text{W}}$ 分别为 $\boldsymbol{S}_{\text{W}}$ 对应的特征向量和特征值。

MELDA 基于以下定理提出。

定理 2.1[93]**：**设 $\boldsymbol{\Phi}$、$\boldsymbol{\Lambda}$ 分别为 n 阶方阵 $\boldsymbol{A}$ 对应的特征向量和特征值，则 $\exp(\boldsymbol{A})$ 的特征向量仍为 $\boldsymbol{\Phi}$，特征值为 $\exp(\boldsymbol{\Lambda})$。

在小样本情况下，传统 LDA 无法提取类内离散度矩阵 $\boldsymbol{S}_{\text{W}}$ 对应特征值为 0 的鉴别特征。为有效地提取类内离散度矩阵 $\boldsymbol{S}_{\text{W}}$ 零空间中的信息，在定理 2.1 的基础上提出了基于矩阵指数的线性判别分析算法（MELDA）。该算法将式（2.4.1）中的 $\boldsymbol{\Lambda}_{\text{B}}$、$\boldsymbol{\Lambda}_{\text{W}}$ 分别替换为 $\exp(\boldsymbol{\Lambda}_{\text{B}})$、$\exp(\boldsymbol{\Lambda}_{\text{W}})$，则式（2.4.1）变为

$$J(\boldsymbol{W}_{\text{opt}})=\max_{\boldsymbol{W}}\frac{\boldsymbol{W}^{\text{T}}(\boldsymbol{\Phi}_{\text{B}}^{\text{T}}\exp(\boldsymbol{\Lambda}_{\text{B}})\boldsymbol{\Phi}_{\text{B}})\boldsymbol{W}}{\boldsymbol{W}^{\text{T}}(\boldsymbol{\Phi}_{\text{W}}^{\text{T}}\exp(\boldsymbol{\Lambda}_{\text{W}})\boldsymbol{\Phi}_{\text{W}})\boldsymbol{W}}=\max_{\boldsymbol{W}}\frac{\boldsymbol{W}^{\text{T}}\exp(\boldsymbol{S}_{\text{B}})\boldsymbol{W}}{\boldsymbol{W}^{\text{T}}\exp(\boldsymbol{S}_{\text{W}})\boldsymbol{W}} \tag{2.4.2}$$

式（2.4.2）的最佳投影方向可通过求解矩阵 $[\exp(\boldsymbol{S}_{\text{W}})]^{-1}\exp(\boldsymbol{S}_{\text{B}})$ 的特征向量得到。

式（2.4.2）实际包含以下两种情况。

情况 1：

$$J(\boldsymbol{W}_{\text{opt}})=\max_{\boldsymbol{W}^{\text{T}}\exp(\boldsymbol{S}_{\text{W}})\boldsymbol{W}=1}\boldsymbol{W}^{\text{T}}\exp(\boldsymbol{S}_{\text{B}})\boldsymbol{W} \tag{2.4.3}$$

式（2.4.3）中的 $\boldsymbol{W}^{\text{T}}\exp(\boldsymbol{S}_{\text{W}})\boldsymbol{W}=1$ 等价于传统 LDA 中的 $\boldsymbol{W}^{\text{T}}\boldsymbol{S}_{\text{W}}\boldsymbol{W}=0$。在此情况下，MELDA 能有效地提取 $\boldsymbol{S}_{\text{W}}$ 零空间中的信息。

情况 2：

$$J(\boldsymbol{W}_{\text{opt}})=\max_{\boldsymbol{W}^{\text{T}}\exp(\boldsymbol{S}_{\text{W}})\boldsymbol{W}>1}\boldsymbol{W}^{\text{T}}\exp(\boldsymbol{S}_{\text{B}})\boldsymbol{W} \tag{2.4.4}$$

式（2.4.4）中的 $\boldsymbol{W}^{\text{T}}\exp(\boldsymbol{S}_{\text{W}})\boldsymbol{W}>1$ 等价于传统 LDA 中的 $\boldsymbol{W}^{\text{T}}\boldsymbol{S}_{\text{W}}\boldsymbol{W}\neq 0$。在此情况下，MELDA 能有效地提取 $\boldsymbol{S}_{\text{W}}$ 非零空间中的信息。

MELDA 算法描述如下。

MELDA
Input：样本空间 $\boldsymbol{X}$。 **Output**：最佳鉴别方向 $\boldsymbol{W}$。 **Step1**：计算传统 LDA 中的类内离散度矩阵 $\boldsymbol{S}_{\mathbf{W}}$、类间离散度矩阵 $\boldsymbol{S}_{\mathbf{B}}$，以及 MELDA 中的类内离散度矩阵 $\exp(\boldsymbol{S}_{\mathbf{W}})$、类间离散度矩阵 $\exp(\boldsymbol{S}_{\mathbf{B}})$。 **Step2**：求解矩阵$[\exp(\boldsymbol{S}_{\mathbf{W}})]^{-1}\exp(\boldsymbol{S}_{\mathbf{B}})$对应的特征值和特征向量。 **Step3**：将特征值降序排列，将前 k（k=1,2,⋯）个特征值对应的特征向量组成的矩阵作为最佳鉴别方向 $\boldsymbol{W}$。

2.5 基于图的数据降维方法

当前主流降维方法基本上都是从样本的全局或局部特征出发，通过最大化类间差异度及最小化类内紧密度实现降维的。然而，同时反映样本的全局和局部特征并具有良好降维效果的数据降维方法相对较少。因此，提出基于图的数据降维方法（Data Dimension Reduction Based on Graph，DDRG）。

在 DDRG 中，样本用节点表示。为了建立样本间的关系，引入类内特征矩阵和类间特征矩阵。设给定训练集合 $T=\{(\boldsymbol{x}_1,y_1),\cdots,(\boldsymbol{x}_N,y_N)\}$，其中 $\boldsymbol{x}_i\in\boldsymbol{R}^d\,(1\leqslant i\leqslant N)$ 为输入样本，$\boldsymbol{y}_i$ 为类别标签，N 和 c 分别为样本数和类别数。

类内特征矩阵反映类内样本间的紧密程度，其定义如下：

$$\boldsymbol{P}_{\mathbf{W}}=\sum_i\sum_j\left\|\boldsymbol{W}^{\mathrm{T}}\boldsymbol{x}_i-\boldsymbol{W}^{\mathrm{T}}\boldsymbol{x}_j\right\|^2 S_{ij} \tag{2.5.1}$$

其中，相似权重函数 S_{ij} 定义如下：

$$S_{ij}=\begin{cases}\exp(-\left\|\boldsymbol{x}_i-\boldsymbol{x}_j\right\|^2), & y_i=y_j\\ 0, & y_i\neq y_j\end{cases} \tag{2.5.2}$$

类间特征矩阵反映类间样本的松散程度，其定义如下：

$$\boldsymbol{P}_{\mathbf{B}}=\sum_i\sum_j\left\|\boldsymbol{W}^{\mathrm{T}}\boldsymbol{x}_i-\boldsymbol{W}^{\mathrm{T}}\boldsymbol{x}_j\right\|^2 D_{ij} \tag{2.5.3}$$

其中，相异权重函数 D_{ij} 定义如下：

$$D_{ij}=\begin{cases}\exp(-\|\boldsymbol{x}_i-\boldsymbol{x}_j\|^2), & y_i\neq y_j\\ 0, & y_i=y_j\end{cases} \tag{2.5.4}$$

为了表示方便，式（2.5.1）可转化为如下形式：

$$\begin{aligned}\boldsymbol{P}_{\mathrm{W}}&=\sum_i\sum_j\left\|\boldsymbol{W}^{\mathrm{T}}\boldsymbol{x}_i-\boldsymbol{W}^{\mathrm{T}}\boldsymbol{x}_j\right\|^2 S_{ij}\\&=\sum_i\sum_j\mathrm{tr}[(\boldsymbol{W}^{\mathrm{T}}\boldsymbol{x}_i-\boldsymbol{W}^{\mathrm{T}}\boldsymbol{x}_j)(\boldsymbol{W}^{\mathrm{T}}\boldsymbol{x}_i-\boldsymbol{W}^{\mathrm{T}}\boldsymbol{x}_j)^{\mathrm{T}}]S_{ij}\\&=\sum_i\sum_j\mathrm{tr}(\boldsymbol{W}^{\mathrm{T}}(\boldsymbol{x}_i-\boldsymbol{x}_j)(\boldsymbol{x}_i-\boldsymbol{x}_j)^{\mathrm{T}}\boldsymbol{W})S_{ij}\end{aligned}$$

由于 S_{ij} 为标量，因此上式等价为

$$\begin{aligned}\boldsymbol{P}_{\mathrm{W}}&=\mathrm{tr}[\boldsymbol{W}^{\mathrm{T}}(2\boldsymbol{X}\boldsymbol{S}'\boldsymbol{X}^{\mathrm{T}}-2\boldsymbol{X}\boldsymbol{S}\boldsymbol{X}^{\mathrm{T}})\boldsymbol{W}]\\&=2\mathrm{tr}[\boldsymbol{W}^{\mathrm{T}}(\boldsymbol{X}\boldsymbol{S}'\boldsymbol{X}^{\mathrm{T}}-\boldsymbol{X}\boldsymbol{S}\boldsymbol{X}^{\mathrm{T}})\boldsymbol{W}]\\&=2\mathrm{tr}[\boldsymbol{W}^{\mathrm{T}}\boldsymbol{X}(\boldsymbol{S}'-\boldsymbol{S})\boldsymbol{X}^{\mathrm{T}}\boldsymbol{W}]\\&=2\mathrm{tr}(\boldsymbol{W}^{\mathrm{T}}\boldsymbol{X}\boldsymbol{L}\boldsymbol{X}^{\mathrm{T}}\boldsymbol{W})\end{aligned}$$

其中，$\boldsymbol{S}'=\mathrm{diag}(S_{ii})$，$S_{ii}=\sum_j S_{ij}$，$\boldsymbol{L}=\boldsymbol{S}'-\boldsymbol{S}$。

同理可得

$$\begin{aligned}\boldsymbol{P}_{\mathrm{B}}&=\mathrm{tr}[\boldsymbol{W}^{\mathrm{T}}(2\boldsymbol{X}\boldsymbol{D}'\boldsymbol{X}^{\mathrm{T}}-2\boldsymbol{X}\boldsymbol{D}\boldsymbol{X}^{\mathrm{T}})\boldsymbol{W}]\\&=2\mathrm{tr}[\boldsymbol{W}^{\mathrm{T}}(\boldsymbol{X}\boldsymbol{D}'\boldsymbol{X}^{\mathrm{T}}-\boldsymbol{X}\boldsymbol{D}\boldsymbol{X}^{\mathrm{T}})\boldsymbol{W}]\\&=2\mathrm{tr}[\boldsymbol{W}^{\mathrm{T}}\boldsymbol{X}(\boldsymbol{D}'-\boldsymbol{D})\boldsymbol{X}^{\mathrm{T}}\boldsymbol{W}]\\&=2\mathrm{tr}(\boldsymbol{W}^{\mathrm{T}}\boldsymbol{X}\boldsymbol{L}'\boldsymbol{X}^{\mathrm{T}}\boldsymbol{W})\end{aligned}$$

其中，$\boldsymbol{D}'=\mathrm{diag}(D_{ii})$，$D_{ii}=\sum_j D_{ij}$，$\boldsymbol{L}'=\boldsymbol{D}'-\boldsymbol{D}$。

为了保证降维后的样本类内紧密而类间松散，定义如下 Fisher 准则函数：

$$J=\max_{\boldsymbol{W}}\frac{\boldsymbol{P}_{\mathrm{B}}}{\boldsymbol{P}_{\mathrm{W}}} \tag{2.5.5}$$

将 $\boldsymbol{P}_{\mathrm{B}}$、$\boldsymbol{P}_{\mathrm{W}}$ 分别代入式（2.5.5），可得

$$J=\max_{\boldsymbol{W}}\frac{\mathrm{tr}(\boldsymbol{W}^{\mathrm{T}}\boldsymbol{X}\boldsymbol{L}'\boldsymbol{X}^{\mathrm{T}}\boldsymbol{W})}{\mathrm{tr}(\boldsymbol{W}^{\mathrm{T}}\boldsymbol{X}\boldsymbol{L}\boldsymbol{X}^{\mathrm{T}}\boldsymbol{W})} \tag{2.5.6}$$

由线性代数理论不难发现 $\boldsymbol{W}$ 满足等式

$$XL'X^{\mathrm{T}}W = \lambda XLX^{\mathrm{T}}W \tag{2.5.7}$$

当 XLX^{T} 非奇异时，式（2.5.7）两边同乘以 $(XLX^{\mathrm{T}})^{-1}$，则有

$$(XLX^{\mathrm{T}})^{-1}(XL'X^{\mathrm{T}})W = \lambda W$$

求解上式等价于求解一般矩阵 $(XLX^{\mathrm{T}})^{-1}(XL'X^{\mathrm{T}})$ 的特征值问题。当 XLX^{T} 奇异时，通过在矩阵 XLX^{T} 主对角线上增加很小的扰动项来实现奇异消除。

基于以上分析，DDRG 算法流程归纳如下。

DDRG
Step1：构建样本间的关系。当 x_i 和 x_j 同类时，利用式（2.5.2）建立相似权重矩阵 S；当 x_i 和 x_j 异类时，利用式（2.5.4）建立相异权重矩阵 D。 **Step2**：构建拉普拉斯矩阵 L 及 L'。其中，$L = S' - S$，$S' = \mathrm{diag}(S_{ii})$，$S_{ii} = \sum_j S_{ij}$；$L' = D' - D$，$D' = \mathrm{diag}(D_{ii})$，$D_{ii} = \sum_j D_{ij}$。 **Step3**：求解投影矩阵 W。当 XLX^{T} 非奇异时，求解矩阵 $(XLX^{\mathrm{T}})^{-1}(XL'X^{\mathrm{T}})$ 的特征值及特征向量；当 XLX^{T} 奇异时，在矩阵 XLX^{T} 主对角线上增加扰动 $\varDelta$ 的基础上，求解矩阵 $[XLX^{\mathrm{T}} + \mathrm{diag}(\varDelta)]^{-1}(XL'X^{\mathrm{T}})$ 的特征值及特征向量。以上得到的前 d 个最小非零特征值对应的特征向量构成投影矩阵 $W=[w_1,\cdots,w_d]$。 **Step4**：对于新的样本 x，计算 $x' = W^{\mathrm{T}}x$，得到降维的结果。

2.6 融合全局和局部特征的特征提取方法

以 LDA 和 LPP 为代表的传统特征提取算法，在特征提取时，前者仅考虑样本的全局特征，而后者仅关注样本的局部结构。为了充分利用样本的内在特征并有效提高特征提取效率，提出融合全局和局部特征的特征提取方法（FEM-GLC）。该方法受到 LDA 算法在 Fisher 准则基础上保证类间离散度与类内离散度之比最大，以及 LPP 保持样本的局部流形结构不变的启发。FEM-GLC 引入了两个重要概念：局部散度矩阵和全局散度矩阵。两者分别刻画样本的局部特征和全局特征，其定义如下。

定义 2.1：局部散度矩阵为

$$\boldsymbol{L}=\sum_{i=1}^{N}\sum_{j=1}^{N}\left\|\boldsymbol{x}_i-\boldsymbol{x}_j\right\|^2 S_{ij} \tag{2.6.1}$$

其中，相似权重函数 S_{ij} 定义如下：

$$S_{ij}=\begin{cases}1, & \left\|\boldsymbol{x}_i-\boldsymbol{x}_j\right\|^2<\varepsilon \\ 0, & 其他\end{cases} \tag{2.6.2}$$

其中，ε 是一个很小的正数，经验性取值为 0.001。由式（2.6.1）和式（2.6.2）可以看出，局部散度矩阵反映的是样本 x_i 和 x_j 的相似度。特征提取的目的是保证相邻样本在特征提取前后相对关系保持不变。

定义 2.2： 全局散度矩阵为

$$\boldsymbol{G}=\sum_{i=1}^{c}\sum_{j=1}^{c}(\bar{\boldsymbol{x}}_i-\bar{\boldsymbol{x}}_j)(\bar{\boldsymbol{x}}_i-\bar{\boldsymbol{x}}_j)^{\mathrm{T}} \tag{2.6.3}$$

由式（2.6.3）可以看出，全局散度矩阵反映的是异类样本中心之间的距离。特征提取的目的是保证异类样本在特征提取前后均彼此远离。

基于以上分析，所提算法 FEM-GLC 能保证找到的投影方向同时满足类间差异度和类内相似度尽可能大。

2.6.1　最优化问题

FEM-GLC 算法的最优化表达式可表示为如下 L1 和 L2 两种形式。

L1：

$$\max_{\boldsymbol{W}}\ \boldsymbol{W}^{\mathrm{T}}\boldsymbol{G}\boldsymbol{W}-k\boldsymbol{W}^{\mathrm{T}}\boldsymbol{L}\boldsymbol{W} \tag{2.6.4}$$

$$\text{s.t.}\ \ \boldsymbol{W}\boldsymbol{W}^{\mathrm{T}}=1 \tag{2.6.5}$$

其中，目标函数中的 $\boldsymbol{W}^{\mathrm{T}}\boldsymbol{G}\boldsymbol{W}$ 和 $\boldsymbol{W}^{\mathrm{T}}\boldsymbol{L}\boldsymbol{W}$ 分别表示投影后的异类数据尽可能分散，而同类数据尽可能紧密；常数 k 为平衡因子，其取值为正数，k 反映了在特征提取过程中全局特征和局部特征对最终结果的影响程度；约束条件 $\boldsymbol{W}\boldsymbol{W}^{\mathrm{T}}=1$ 将投影矩阵进行归一化处理。

上述最优化问题可通过 Lagrange 乘子法求解。定义如下 Lagrange 函数：

$$J(\boldsymbol{W},k)=\boldsymbol{W}^{\mathrm{T}}\boldsymbol{G}\boldsymbol{W}-k\boldsymbol{W}^{\mathrm{T}}\boldsymbol{L}\boldsymbol{W}-\lambda(\boldsymbol{W}\boldsymbol{W}^{\mathrm{T}}-1) \tag{2.6.6}$$

其中，λ 为 Lagrange 乘子。$\boldsymbol{J}(\boldsymbol{W},k)$ 对 $\boldsymbol{W}$ 求偏导得

$$\frac{\partial J}{\partial \boldsymbol{W}} = (\boldsymbol{G} - k\boldsymbol{L})\boldsymbol{W} - \lambda \boldsymbol{W} \tag{2.6.7}$$

令式（2.6.7）的偏导为零可得

$$(\boldsymbol{G} - k\boldsymbol{L})\boldsymbol{W} - \lambda \boldsymbol{W} = 0 \tag{2.6.8}$$

即

$$(\boldsymbol{G} - k\boldsymbol{L})\boldsymbol{W} = \lambda \boldsymbol{W} \tag{2.6.9}$$

求解式（2.6.9）等价于求解矩阵 $\boldsymbol{G} - k\boldsymbol{L}$ 的特征值问题。

为了保证投影方向同时满足类间差异度和类内相似度最大，也可做类似于LDA 基于 Fisher 准则的处理。

L2：

$$\max_{W} \frac{\boldsymbol{W}^{\mathrm{T}}\boldsymbol{G}\boldsymbol{W}}{\boldsymbol{W}^{\mathrm{T}}\boldsymbol{L}\boldsymbol{W}} \tag{2.6.10}$$

$$\text{s.t.} \quad \boldsymbol{W}\boldsymbol{W}^{\mathrm{T}} = 1 \tag{2.6.11}$$

上述优化问题求解方法类似于 LDA。上述优化问题存在矩阵 $\boldsymbol{L}$ 奇异的问题，即当矩阵 $\boldsymbol{L}$ 奇异时，$\boldsymbol{L}^{-1}$ 不存在，则无法求得投影方向 $\boldsymbol{W}$。因此，最优化问题采用 L1 形式具有更好的健壮性。

2.6.2 算法描述

Input： 训练样本集 $\boldsymbol{X} = [\boldsymbol{x}_1, \boldsymbol{x}_2, \cdots, \boldsymbol{x}_N]$，用户事先给定的降维数为 d。

Output： 降维后的样本集 $\boldsymbol{Y} = [\boldsymbol{y}_1, \boldsymbol{y}_2, \cdots, \boldsymbol{y}_N]$。

Step1： 当 $\boldsymbol{x}_i$ 和 $\boldsymbol{x}_j$ 相邻时，利用式（2.6.2）构造相似度函数。

Step2： 利用式（2.6.1）和式（2.6.3）分别计算局部散度矩阵和全局散度矩阵。

Step3： 求解投影方向 $\boldsymbol{W}$。求矩阵 $\boldsymbol{G} - k\boldsymbol{L}$ 对应的特征值和特征向量；将特征值按由大到小的顺序排列，选取最大的 d 个特征值对应的特征向量作为投影方向 $\boldsymbol{W}$。

Step4： 对于新进样本 $\boldsymbol{x}$，利用 $\boldsymbol{y} = \boldsymbol{W}^{\mathrm{T}}\boldsymbol{x}$ 可得其在投影方向 $\boldsymbol{W}$ 上的特征提取结果。

2.6.3 复杂度分析

FEM-GLC 算法解决一个具有线性约束的二次规划问题，其计算对象主要包

括 $N \times N$ 矩阵转置运算及 QP 问题求解运算。$N \times N$ 矩阵转置运算的时间复杂度为 $O[N^2 \log(N)]$，QP 问题求解的时间复杂度为 $O(N^2)$。因此，FEM-GLC 算法的时间复杂度为 $O[N^2 \log_2(N)] + O(N^2)$，由于 $O[N^2 \log_2(N)] \gg O(N^2)$，FEM-GLC 算法的时间复杂度可近似表示为 $O[N^2 \log_2(N)]$。此外，FEM-GLC 算法的空间复杂度为 $O(N^2)$。在以上复杂度计算中，N 表示训练样本总数。

2.7　基于 Fisher 准则的半监督数据降维方法

假设有 n 个样本，其中有类别标签的样本为 $\boldsymbol{x}_1, \boldsymbol{x}_2, \cdots, \boldsymbol{x}_l$，无类别标签的样本为 $\boldsymbol{x}_{l+1}, \boldsymbol{x}_{l+2}, \cdots, \boldsymbol{x}_n$。特征矩阵 $\boldsymbol{f}$ 表示为 $\boldsymbol{f}=[\boldsymbol{f}_1, \boldsymbol{f}_2, \cdots, \boldsymbol{f}_m]$，其中 m 为特征数。

基于 Fisher 准则的半监督特征提取方法（SFEM）的步骤如下。

Step1：构造类内离散度矩阵。

将每个样本 $\boldsymbol{x}_i$ 看作一个节点，如果两个节点具有相同的类属，则将两者用一条边连接；如果两者之一没有类别标签，则它们距离很近。可定义如下类内离散度矩阵 $\boldsymbol{S}_{\mathrm{W},ij}$：

$$\boldsymbol{S}_{\mathrm{W},ij} = \begin{cases} \gamma，\boldsymbol{x}_i \text{ 和} \boldsymbol{x}_j \text{同类} \\ 1，\boldsymbol{x}_i \text{ 和 } \boldsymbol{x}_j \text{无标签且 } \boldsymbol{x}_i \in kNN(\boldsymbol{x}_j) \text{或 } x_j \in kNN(\boldsymbol{x}_i) \\ 0，\text{其他} \end{cases}$$

其中，$kNN(\boldsymbol{x}_i)$ 表示与节点 x_i 最近的 k 个节点，$kNN(\boldsymbol{x}_j)$ 同理。在 $\boldsymbol{S}_{\mathrm{w},ij}$ 的定义中，常数 γ 和 k 的经验性取值分别为 $\gamma=100$ 和 $k=5$。

Step2：构造类间离散度矩阵。

如果两个节点具有不同的类别标签，则将两者用一条边连接。类间离散度矩阵 $\boldsymbol{S}_{\mathrm{B},ij}$ 定义如下：

$$\boldsymbol{S}_{\mathrm{B},ij} = \begin{cases} 1，\boldsymbol{x}_i \text{和} \boldsymbol{x}_j \text{异类} \\ 0，\text{其他} \end{cases}$$

Step3：基于 Fisher 准则构造最优化问题。

SFEM 的基本思想是，在特征提取时保证各类内的样本尽可能紧密，而类间样本尽可能分散。将上述思想表示为

$$\min_{\boldsymbol{f}} \sum_{i,j} (\boldsymbol{f}_i - \boldsymbol{f}_j)^2 \boldsymbol{S}_{\mathbf{W},ij} \tag{2.7.1}$$

$$\max_{\boldsymbol{f}} \sum_{i,j} (\boldsymbol{f}_i - \boldsymbol{f}_j)^2 \boldsymbol{S}_{\mathbf{B},ij} \tag{2.7.2}$$

为了表示方便，可将式（2.7.1）和式（2.7.2）做如下处理：

$$\begin{aligned}
&\sum_{i,j} (\boldsymbol{f}_i - \boldsymbol{f}_j)^2 \boldsymbol{S}_{\mathbf{W},ij} \\
&= \sum_{i,j} (\boldsymbol{f}_i^2 - 2\boldsymbol{f}_i \boldsymbol{f}_j + \boldsymbol{f}_j^2) \boldsymbol{S}_{\mathbf{W},ij} \\
&= \sum_{i,j} \boldsymbol{f}_i^2 \boldsymbol{S}_{\mathbf{W},ij} - 2\sum_{i,j} \boldsymbol{f}_i \boldsymbol{f}_j \boldsymbol{S}_{\mathbf{W},ij} + \sum_{i,j} \boldsymbol{f}_j^2 \boldsymbol{S}_{\mathbf{W},ij} \\
&= 2\sum_{i,j} \boldsymbol{f}_i^2 \boldsymbol{S}_{\mathbf{W},ij} - 2\sum_{i,j} \boldsymbol{f}_i \boldsymbol{f}_j \boldsymbol{S}_{\mathbf{W},ij} \\
&= 2\boldsymbol{f}^{\mathrm{T}} \boldsymbol{D}_{\mathbf{W}} \boldsymbol{f} - 2\boldsymbol{f}^{\mathrm{T}} \boldsymbol{S}_{\mathbf{W}} \boldsymbol{f} \\
&= 2\boldsymbol{f}^{\mathrm{T}} (\boldsymbol{D}_{\mathbf{W}} - \boldsymbol{S}_{\mathbf{W}}) \boldsymbol{f} \\
&= 2\boldsymbol{f}^{\mathrm{T}} \boldsymbol{L}_{\mathbf{W}} \boldsymbol{f}
\end{aligned}$$

其中，$\boldsymbol{D}_{\mathbf{W}}$ 是对角阵，且 $\boldsymbol{D}_{\mathbf{W}} = \sum_{j} \boldsymbol{S}_{\mathbf{W},ij}$；$\boldsymbol{L}_{\mathbf{W}}=\boldsymbol{D}_{\mathbf{W}}-\boldsymbol{S}_{\mathbf{W}}$。

式（2.7.1）可简化为

$$\min_{\boldsymbol{f}} \boldsymbol{f}^{\mathrm{T}} \boldsymbol{L}_{\mathrm{W}} \boldsymbol{f} \tag{2.7.3}$$

$$\begin{aligned}
&\sum_{i,j} (\boldsymbol{f}_i - \boldsymbol{f}_j)^2 \boldsymbol{S}_{\mathbf{B},ij} \\
&= \sum_{i,j} (\boldsymbol{f}_i^2 - 2\boldsymbol{f}_i \boldsymbol{f}_j + \boldsymbol{f}_j^2) \boldsymbol{S}_{\mathbf{B},ij} \\
&= \sum_{i,j} \boldsymbol{f}_i^2 \boldsymbol{S}_{\mathbf{B},ij} - 2\sum_{i,j} \boldsymbol{f}_i \boldsymbol{f}_j \boldsymbol{S}_{\mathbf{B},ij} + \sum_{i,j} \boldsymbol{f}_j^2 \boldsymbol{S}_{\mathbf{B},ij} \\
&= 2\sum_{i,j} \boldsymbol{f}_i^2 \boldsymbol{S}_{\mathbf{B},ij} - 2\sum_{i,j} \boldsymbol{f}_i \boldsymbol{f}_j \boldsymbol{S}_{\mathbf{B},ij} \\
&= 2\boldsymbol{f}^{\mathrm{T}} \boldsymbol{D}_{\mathbf{B}} \boldsymbol{f} - 2\boldsymbol{f}^{\mathrm{T}} \boldsymbol{S}_{\mathbf{B}} \boldsymbol{f} \\
&= 2\boldsymbol{f}^{\mathrm{T}} (\boldsymbol{D}_{\mathbf{B}} - \boldsymbol{S}_{\mathbf{B}}) \boldsymbol{f} \\
&= 2\boldsymbol{f}^{\mathrm{T}} \boldsymbol{L}_{\mathbf{B}} \boldsymbol{f}
\end{aligned}$$

其中，$\boldsymbol{D}_{\mathbf{B}}$ 是对角阵，且 $\boldsymbol{D}_{\mathbf{B}} = \sum_{j} \boldsymbol{S}_{\mathbf{B},ij}$；$\boldsymbol{L}_{\mathbf{B}}=\boldsymbol{D}_{\mathbf{B}}-\boldsymbol{S}_{\mathbf{B}}$。

式（2.7.2）可简化为

$$\max_{\boldsymbol{f}} \boldsymbol{f}^{\mathrm{T}} \boldsymbol{L}_{\mathrm{B}} \boldsymbol{f} \tag{2.7.4}$$

在式（2.7.3）和式（2.7.4）的基础上，利用 Fisher 准则可得如下最优化表达式：

$$\max_{\boldsymbol{f}} \frac{\boldsymbol{f}^{\mathrm{T}} \boldsymbol{L}_{\mathrm{B}} \boldsymbol{f}}{\boldsymbol{f}^{\mathrm{T}} \boldsymbol{L}_{\mathrm{W}} \boldsymbol{f}} \tag{2.7.5}$$

由线性代数理论可知，上述优化问题的解可由下式求得：

$$\boldsymbol{L}_{\mathrm{B}} \boldsymbol{f} = \lambda \boldsymbol{L}_{\mathrm{W}} \boldsymbol{f}$$

2.8　特征提取新视角：基于 Parzen 窗估计的方法

已有的特征提取方法主要从空间几何和降维误差角度进行研究。从空间几何角度看，特征提取是根据一定规则最优化缩小特征空间的过程；从降维误差角度看，特征提取的目的是保证降维前后数据的偏差最小。目前，大多数特征提取方法重点关注几何性质和降维误差，而对于降维过程中数据分布特征的变化往往重视不够。鉴于此，引入概率密度表征数据的分布特征，从数据散度变化出发，将特征提取过程看作数据分布特征保持的过程。从数据分布角度看，特征提取的目的是尽量保持低维数据在原始空间的分布特征，尽量减少降维过程中的信息损失。在众多概率密度估计方法中，核密度估计应用最为广泛。因此，本章充分利用核密度估计的性质，探讨概率密度估计与当前主流特征提取方法的关系，说明特征提取方法可统一在 Parzen 窗框架下进行研究，从一个全新的视角审视特征提取及其方法[93]。

2.8.1　Parzen 窗

核密度估计是一种从数据本身出发研究数据分布性状的方法。它不利用有关数据分布的先验知识，对数据分布不附加任何假定，因而在统计学理论和其他相关的应用领域均受到高度重视。Parzen 窗法是一种应用广泛且具有坚实理论基础和优秀性能的核密度估计方法[94]，因此用 Parzen 窗描述样本数据的分布特征。

Parzen 窗的定义如下：

$$p(\boldsymbol{x}) = \sum_{i=1}^{N} \alpha_i K_{\delta}(\boldsymbol{x}, \boldsymbol{x}_i) \tag{2.8.1}$$

$$\text{s.t.} \sum_{i=1}^{N} \alpha_i = 1 \text{，} \quad \alpha_i \geqslant 0 (i = 1, 2, \cdots, N) \qquad (2.8.2)$$

其中，$K_\delta(\boldsymbol{x}, \boldsymbol{x}_i)$ 为窗宽为 δ 的核函数，$\alpha_i (i = 1, 2, \cdots, N)$ 为系数。

核函数 K_δ 必须满足以下条件：

（1）$K(t) \geqslant 0$；

（2）$\int K(t) \mathrm{d}t = 1$。

常用的核函数有以下几种。

（1）Gaussian 核函数：

$$K(\boldsymbol{x}, \boldsymbol{y}) = \exp(\frac{-\|\boldsymbol{x} - \boldsymbol{y}\|^2}{2\delta^2}) \text{，参数 } \delta > 0$$

（2）多项式核函数：

$$K(\boldsymbol{x}, \boldsymbol{y}) = (\boldsymbol{x}^{\mathrm{T}} \boldsymbol{y} + c)^d \text{，} c \text{ 和 } d \text{ 为参数}$$

当 c=1 且 d=0 时，$K(\boldsymbol{x}, \boldsymbol{y}) = \boldsymbol{x}^{\mathrm{T}} \boldsymbol{y}$。此时，多项式核为线性核。

（3）Sigmoid 核函数：

$$K(\boldsymbol{x}, \boldsymbol{y}) = \tanh[b(\boldsymbol{x}^{\mathrm{T}} \boldsymbol{y}) + c]^d \text{，} \quad b(\boldsymbol{x}^{\mathrm{T}} \boldsymbol{y}) > 0 \text{ 且 } c < 0$$

（4）Epanechnikov 核函数：

$$K(\boldsymbol{x}) = \frac{3}{4d}(1 - \frac{\|\boldsymbol{x}\|^2}{d^2}) \text{，} \quad \|\boldsymbol{x}\|^2 / d^2 \leqslant 1 \text{，} d \text{ 为参数}$$

Sigmoid 核函数在特定参数下与 Gaussian 核函数具有相似的性能；多项式核函数参数较多，不易确定，且当阶数 d 较大时，运算可能出现溢出。因此，本节重点关注 Gaussian 核函数和 Epanechnikov 核函数，它们均为最小均方差意义下的最优核函数。通过合理地选择参数，它们可用于任意分布的数据。

2.8.2 Parzen 窗与 LPP

与前面提到的从空间几何和降维误差角度对特征提取方法进行研究不同，本节从概率密度角度对特征提取方法进行探讨。特征提取的目标是尽量保持降维前后数据分布特征的稳定性。鉴于此，提出基于 Parzen 窗的特征提取方法（Feature Extraction Method Based on Parzen Window，FEMPW）。该方法用 Parzen 窗表征数据的分布特征并保证降维前后数据分布尽量保持一致。

将 Parzen 窗重新定义为

$$p_{\delta}(\boldsymbol{x})=\frac{1}{N}\sum_{k=1}^{c}\sum_{j=1}^{N_k}\frac{1}{\sqrt{2\pi}\delta_k}\exp(\frac{-\left\|\boldsymbol{x}-\boldsymbol{x}_{kj}\right\|^2}{2{\delta_k}^2})\qquad(2.8.3)$$

其中，方差 δ_k 表明各类样本偏离其类中心的程度，也称散度。在降维过程中，方差 δ_k 的变化速度越小，则数据的分布特征变化越小。当数据服从高斯分布时，图 2.2 中的 G1 和 G2 表明降维前后数据分布的变化情况。降维后的数据在一定程度上进行了缩减，因此散度有变小的趋势。

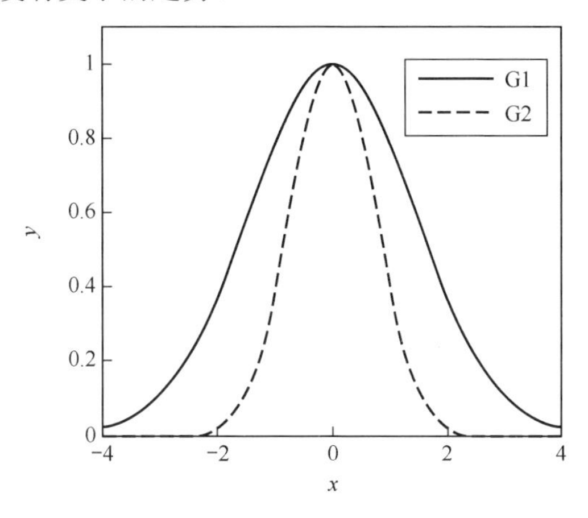

图 2.2　降维前后数据分布变化示意图

降维过程中散度的变化速度用 $\frac{\partial p_{\delta}}{\partial \delta_k}$ 表示。对式（2.8.3）求导可得

$$\frac{\partial p_{\delta}}{\partial \delta_k}=\frac{1}{N}\sum_{j=1}^{N_k}\frac{1}{\sqrt{2\pi}{\delta_k}^2}\exp(\frac{-\left\|\boldsymbol{x}-\boldsymbol{x}_{kj}\right\|^2}{2{\delta_k}^2})(\frac{\left\|\boldsymbol{x}-\boldsymbol{x}_{kj}\right\|^2}{{\delta_k}^2}-1)\qquad(2.8.4)$$

针对某类数据降维，δ_k 已知。为了表示方便，将 N_k 表示为 N，δ_k 表示为 δ。去掉式（2.8.4）中的常数项得

$$\frac{\partial p_{\delta}}{\partial \delta}=\sum_{j=1}^{N}\left\|\boldsymbol{x}-\boldsymbol{x}_j\right\|^2\exp(\frac{-\left\|\boldsymbol{x}-\boldsymbol{x}_j\right\|^2}{2\delta^2})\qquad(2.8.5)$$

令式（2.8.5）中的 $\boldsymbol{x}$ 表示训练样本，则式（2.8.5）变为

$$\frac{\partial p_{\delta}}{\partial \delta}=\sum_{i,j=1}^{N}\left\|\boldsymbol{x}_i-\boldsymbol{x}_j\right\|^2\exp(\frac{-\left\|\boldsymbol{x}_i-\boldsymbol{x}_j\right\|^2}{2\delta^2})\qquad(2.8.6)$$

为了使降维后的数据尽量保持原始空间的分布特征，投影方向 $\boldsymbol{W}$ 应满足散度的变化速度 $\dfrac{\partial p_\delta}{\partial \delta_k}$ 最小，可得如下目标函数：

$$\min_{\boldsymbol{W}} \ \boldsymbol{1}^{\mathrm{T}}\boldsymbol{W}^{\mathrm{T}}\sum_{i,j=1}^{N}\left\|\boldsymbol{x}_i-\boldsymbol{x}_j\right\|^2\exp(\boldsymbol{W}^{\mathrm{T}}(\frac{-\left\|\boldsymbol{x}_i-\boldsymbol{x}_j\right\|^2}{2\delta^2})\boldsymbol{W})\boldsymbol{W}\boldsymbol{1} \tag{2.8.7}$$

其中，$\boldsymbol{1}=[1,1,\cdots,1]^{\mathrm{T}}$。向量 $\boldsymbol{1}$ 保证式（2.8.6）投影后仍为标量。

由于 $\exp(\frac{-\left\|\boldsymbol{x}_i-\boldsymbol{x}_j\right\|^2}{2\delta^2})$ 可以反映样本点 $\boldsymbol{x}_i$ 和 $\boldsymbol{x}_j$ 之间的关系，因此为了计算方便，式（2.8.7）可简化为

$$\min_{\boldsymbol{W}} \ \boldsymbol{1}^{\mathrm{T}}\boldsymbol{W}^{\mathrm{T}}\sum_{i,j=1}^{N}\left\|\boldsymbol{x}_i-\boldsymbol{x}_j\right\|^2\exp(\frac{-\left\|\boldsymbol{x}_i-\boldsymbol{x}_j\right\|^2}{2\delta^2})\boldsymbol{W}\boldsymbol{1} \tag{2.8.8}$$

由于 $\boldsymbol{1}$ 与 $\boldsymbol{W}$ 无关，因此式（2.8.8）可表示为

$$\min_{\boldsymbol{W}} \ \boldsymbol{W}^{\mathrm{T}}\boldsymbol{X}^{\mathrm{T}}\boldsymbol{L}\boldsymbol{X}\boldsymbol{W} \tag{2.8.9}$$

$S_{ij}=\exp(\frac{-\left\|\boldsymbol{x}_i-\boldsymbol{x}_j\right\|^2}{2\delta^2})$，$D_{ii}=\sum_{j=1}^{N}S_{ij}$，$\boldsymbol{L}=\boldsymbol{D}-\boldsymbol{S}$。

$\boldsymbol{D}$ 反映样本点 $\boldsymbol{x}_i$ 附近的局部密度。$\boldsymbol{D}$ 越大，则 $\boldsymbol{x}_i$ 局部密度越大。因此，对它的约束有

$$\boldsymbol{W}^{\mathrm{T}}\boldsymbol{X}^{\mathrm{T}}\boldsymbol{D}\boldsymbol{X}\boldsymbol{W}=1 \tag{2.8.10}$$

基于上述分析，FEMPW 算法最优化问题可归纳为

$$\min_{\boldsymbol{W}} \ \boldsymbol{W}^{\mathrm{T}}\boldsymbol{X}^{\mathrm{T}}\boldsymbol{L}\boldsymbol{X}\boldsymbol{W}$$

$$\text{s.t.} \ \boldsymbol{W}^{\mathrm{T}}\boldsymbol{X}^{\mathrm{T}}\boldsymbol{D}\boldsymbol{X}\boldsymbol{W}=1$$

由 LPP 算法不难看出，当样本点 $\boldsymbol{x}_i$ 和 $\boldsymbol{x}_j$ 满足 $\left\|\boldsymbol{x}_i-\boldsymbol{x}_j\right\|^2<\varepsilon$ 时，将两点相连并计算相应权重。当 $\boldsymbol{x}$ 表示训练样本时，令 LPP 的权重函数为

$$S=\frac{1}{\sqrt{2\pi}\delta}\exp(\frac{-\left\|\boldsymbol{x}-\boldsymbol{x}_j\right\|^2}{2\delta^2}) \tag{2.8.11}$$

且满足

$$\int_{-\varepsilon}^{\varepsilon}\sum_{k=1}^{c}\sum_{j=1}^{N_i}\frac{C}{\sqrt{2\pi}\delta_k}\exp(\frac{-\left\|\boldsymbol{x}-\boldsymbol{x}_{kj}\right\|^2}{2{\delta_k}^2})\mathrm{d}x=1 \tag{2.8.12}$$

其中，C 为常数。

求解式（2.8.12）可得 $C=1/N[2\Phi(\varepsilon)-1]$，其中 $\Phi(\varepsilon)=\int_{-\infty}^{\varepsilon}\frac{1}{\sqrt{2\pi}}\exp(\frac{-\boldsymbol{x}^2}{2})\mathrm{d}x$。

对于任意给定的 ε，通过查表可求得 $\Phi(\varepsilon)$，进而得到 C 的值。当 $\varepsilon\to\infty$ 时，$C=1/N$。此时，FEMPW 算法等价于 LPP 算法。

2.8.3　Parzen 窗与 LDA

LDA 和 PCA 是特征提取中最为经典和广泛应用的方法。对于 LDA 和 PCA 的研究，本节提出的方法与已有方法最大的不同在于：①出发点不同，目前已有方法主要从空间几何和最小误差角度进行研究，而本节提出的方法从数据分布特征角度对其进行探讨；②解释模型不同，目前已有方法主要有空间几何和最小误差两种解释模型，而本节提出的方法通过 Parzen 窗建立概率密度估计与 LDA 和 PCA 的关系，从概率密度角度对其进行解释。本节提出的方法为进一步提高特征提取效率奠定了良好的基础，为特征提取的进一步研究开拓了新的思路。

从空间几何角度看，LDA 的目的是从高维特征空间中提取最具鉴别能力的低维特征，从而使得低维空间中不同类别的样本尽量分开，同时让每个类内部样本尽量密集。

样本的类间离散度矩阵和类内离散度矩阵分别定义为

$$\boldsymbol{S}_{\mathrm{B}}=\sum_{i=1}^{c}N_i(\bar{\boldsymbol{x}}_i-\bar{\boldsymbol{x}})(\bar{\boldsymbol{x}}_i-\bar{\boldsymbol{x}})^{\mathrm{T}} \tag{2.8.13}$$

$$\boldsymbol{S}_{\mathrm{W}}=\sum_{i=1}^{c}\sum_{j=1}^{N_i}(\boldsymbol{x}_{ij}-\bar{\boldsymbol{x}}_i)(\boldsymbol{x}_{ij}-\bar{\boldsymbol{x}}_i)^{\mathrm{T}} \tag{2.8.14}$$

为了使样本在低维新空间中具有较好的可分性，LDA 通常用 Fisher 准则描述。Fisher 准则函数定义为

$$J(\boldsymbol{W})=\max_{\boldsymbol{W}}\frac{\boldsymbol{W}^{\mathrm{T}}\boldsymbol{S}_{\mathrm{B}}\boldsymbol{W}}{\boldsymbol{W}^{\mathrm{T}}\boldsymbol{S}_{\mathrm{W}}\boldsymbol{W}} \tag{2.8.15}$$

由 Lagrange 乘子法可知，求解式（2.8.15）等价于求解一般矩阵 $\boldsymbol{S}_{\mathrm{W}}^{-1}\boldsymbol{S}_{\mathrm{B}}$ 的特征值问题。

以二分类问题为例，从最小误差角度解释 LDA。

1．用 Bhattacharyya 系数确定二分类问题的错误率上界

由文献[95]可知，为了使二分类问题的错误率上界尽可能小，必须保证 Bhattacharyya 系数尽可能大。用 J_{B} 表示 Bhattacharyya 系数：

$$J_{\mathrm{B}} = -\ln\int\sqrt{p(\boldsymbol{x}|\omega_1)p(\boldsymbol{x}|\omega_2)}\mathrm{d}x \tag{2.8.16}$$

假设两类样本服从正态分布：$\boldsymbol{x}|\boldsymbol{y}=0 \sim N(\boldsymbol{\mu}_1,\boldsymbol{\Sigma}_1)$，$\boldsymbol{x}|\boldsymbol{y}=1 \sim N(\boldsymbol{\mu}_2,\boldsymbol{\Sigma}_2)$，则有

$$J_{\mathrm{B}}=\frac{1}{8}(\boldsymbol{\mu}_2-\boldsymbol{\mu}_1)(\frac{\boldsymbol{\Sigma}_1+\boldsymbol{\Sigma}_2}{2})^{-1}(\boldsymbol{\mu}_2-\boldsymbol{\mu}_1)^{\mathrm{T}}+\frac{1}{2}\ln\frac{|(\boldsymbol{\Sigma}_1+\boldsymbol{\Sigma}_2)/2|}{|\boldsymbol{\Sigma}_1|^{\frac{1}{2}}+|\boldsymbol{\Sigma}_2|^{\frac{1}{2}}} \tag{2.8.17}$$

当 $\boldsymbol{\Sigma}_1=\boldsymbol{\Sigma}_2=\boldsymbol{\Sigma}$ 时，式（2.8.17）可转化为

$$J_{\mathrm{B}}=\frac{1}{8}(\boldsymbol{\mu}_2-\boldsymbol{\mu}_1)\boldsymbol{\Sigma}^{-1}(\boldsymbol{\mu}_2-\boldsymbol{\mu}_1)^{\mathrm{T}} \tag{2.8.18}$$

特别地，当 $\boldsymbol{\Sigma}=\boldsymbol{E}$ 时，则有

$$J_{\mathrm{B}}=\frac{1}{8}(\boldsymbol{\mu}_2-\boldsymbol{\mu}_1)(\boldsymbol{\mu}_2-\boldsymbol{\mu}_1)^{\mathrm{T}} \tag{2.8.19}$$

2．样本的最大似然估计

最大似然估计函数可表示为

$$\begin{aligned}L(\phi,\boldsymbol{\mu}_1,\boldsymbol{\mu}_2,\boldsymbol{\Sigma}) &= \log\prod_{i=1}^{N}p(\boldsymbol{x}_i,\boldsymbol{y}_i;\phi,\boldsymbol{\mu}_1,\boldsymbol{\mu}_2,\boldsymbol{\Sigma})\\ &= \log\prod_{i=1}^{N}p(\boldsymbol{x}_i|\boldsymbol{y}_i;\boldsymbol{\mu}_1,\boldsymbol{\mu}_2,\boldsymbol{\Sigma})p(\boldsymbol{y}_i;\phi)\end{aligned} \tag{2.8.20}$$

求导并令导数为零可得

$$\boldsymbol{\Sigma}=\sum_{i=1}^{N_1}(\boldsymbol{x}_i-\boldsymbol{\mu}_1)(\boldsymbol{x}_i-\boldsymbol{\mu}_1)^{\mathrm{T}}+\sum_{i=1}^{N_2}(\boldsymbol{x}_i-\boldsymbol{\mu}_2)(\boldsymbol{x}_i-\boldsymbol{\mu}_2)^{\mathrm{T}} \tag{2.8.21}$$

其中，$\boldsymbol{\Sigma}$ 是样本特征方差均值。

为了使错误率上界和样本散度尽可能小，投影方向 $\boldsymbol{W}$ 应满足

$$J(\boldsymbol{W})=\max_{\boldsymbol{W}}\frac{\boldsymbol{W}^{\mathrm{T}}\boldsymbol{S}_{\mathbf{B}}\boldsymbol{W}}{\boldsymbol{W}^{\mathrm{T}}\boldsymbol{S}_{\mathbf{W}}\boldsymbol{W}}$$

其中，$\boldsymbol{S}_{\mathbf{B}}=(\boldsymbol{\mu}_2-\boldsymbol{\mu}_1)(\boldsymbol{\mu}_2-\boldsymbol{\mu}_1)^{\mathrm{T}}$，$\boldsymbol{S}_{\mathbf{W}}=\sum_{i=1}^{N_1}(\boldsymbol{x}_i-\boldsymbol{\mu}_1)(\boldsymbol{x}_i-\boldsymbol{\mu}_1)^{\mathrm{T}}+\sum_{i=1}^{N_2}(\boldsymbol{x}_i-\boldsymbol{\mu}_2)(x_i-\boldsymbol{\mu}_2)^{\mathrm{T}}$。

上述最优化问题可转化为$\boldsymbol{S}_{\mathrm{W}}^{-1}\boldsymbol{S}_{\mathrm{B}}$的特征值问题求解。同理，对于 c（$c>2$）类问题，类间离散度矩阵和类内离散度矩阵的定义分别同式（2.8.13）和式（2.8.14）。

不同于上述解释，本节从概率密度角度讨论 Parzen 窗与 LDA 的关系。Epanechnikov 核函数[96]是最小均方差意义下最优的核函数之一。受 Epanechnikov 核函数的启发，采用如下核函数进行密度估计：

$$p_{\delta}(\boldsymbol{x})=1-\frac{\sum_{i=1}^{c}\left\|\boldsymbol{x}-\overline{\boldsymbol{x}}_i\right\|^2}{\delta^2}\quad\left(\frac{\sum_{i=1}^{c}\left\|\boldsymbol{x}-\overline{\boldsymbol{x}}_i\right\|^2}{\delta^2}\leqslant 1\right)\tag{2.8.22}$$

为了计算散度的变化速度，对式（2.8.22）求导可得

$$\frac{\partial p_{\delta}}{\partial\delta}=\frac{2}{\delta^3}\left\|\boldsymbol{x}-\overline{\boldsymbol{x}}_i\right\|^2\quad(i=1,2,\cdots,c)\tag{2.8.23}$$

针对某类数据降维，δ_i 已知。当 $\boldsymbol{x}$ 表示训练样本时，$\overline{\boldsymbol{x}}_i=\frac{1}{N_i}\sum_{j=1}^{N_i}\boldsymbol{x}_{ij}$（$i=1,2,\cdots,c$）。

为了保证降维前后数据分布的稳定性，投影方向 $\boldsymbol{W}$ 应满足 $\frac{\partial p_{\delta}}{\partial\delta}$ 最小。去掉与 δ 有关的常数项有

$$\min_{\boldsymbol{W}}\ \boldsymbol{1}^{\mathrm{T}}\boldsymbol{W}^{\mathrm{T}}\sum_{j=1}^{N_i}\left\|\boldsymbol{x}_{ij}-\overline{\boldsymbol{x}}_i\right\|^2\boldsymbol{W}\boldsymbol{1}\tag{2.8.24}$$

其中，向量 **1** 保证式（2.8.24）为标量。式（2.8.24）中 **1** 与 $\boldsymbol{W}$ 无关，综合考虑各类样本，可得

$$\min_{\boldsymbol{W}}\ \boldsymbol{W}^{\mathrm{T}}\boldsymbol{S}_{\mathrm{W}}\boldsymbol{W}\tag{2.8.25}$$

其中，$\boldsymbol{S}_{\mathrm{W}}=\sum_{i=1}^{c}\sum_{j=1}^{N_i}\left\|\boldsymbol{x}_{ij}-\overline{\boldsymbol{x}}_i\right\|^2$。

下面求类间离散度矩阵 $\boldsymbol{S}_{\mathrm{B}}$。对式（2.8.22）进行如下数学变换：

$$\begin{aligned}p_{\delta}(\boldsymbol{x})&=1-\frac{\sum_{i=1}^{c}\sum_{j=1}^{N_i}\left\|\boldsymbol{x}_{ij}-\overline{\boldsymbol{x}}_i\right\|^2}{\delta^2}\\&=1-\frac{\sum_{i=1}^{c}\left\|N\overline{\boldsymbol{x}}-\overline{\boldsymbol{x}}_i\right\|^2}{\delta^2}\leqslant 1-\frac{\sum_{i=1}^{c}N^2\left\|\overline{\boldsymbol{x}}-\overline{\boldsymbol{x}}_i\right\|^2}{\delta^2}\leqslant 1-\frac{\sum_{i=1}^{c}N_i\left\|\overline{\boldsymbol{x}}-\overline{\boldsymbol{x}}_i\right\|^2}{\delta^2}\end{aligned}$$

可得

$$p_\delta(\boldsymbol{x}) \leqslant 1 - \frac{\sum_{i=1}^{c} N_i \|\bar{\boldsymbol{x}} - \bar{\boldsymbol{x}}_i\|^2}{\delta^2} \tag{2.8.26}$$

为了表示方便，取式（2.8.26）的上界并求导可得

$$\frac{\partial p_\delta}{\partial \delta} = \frac{2}{\delta^3}\|\bar{\boldsymbol{x}} - \bar{\boldsymbol{x}}_i\|^2 \quad (i=1,2,\cdots,c) \tag{2.8.27}$$

为了使降维后的各类样本尽可能分开，投影方向 $\boldsymbol{W}$ 应满足各类 $\frac{\partial p_\delta}{\partial \delta}$ 最大。去掉与 δ 有关的常数项，则有

$$\max_{\boldsymbol{W}} \ \boldsymbol{1}^{\mathrm{T}} \boldsymbol{W}^{\mathrm{T}} \boldsymbol{S}_{\mathbf{B}} \boldsymbol{W} \boldsymbol{1} \tag{2.8.28}$$

其中，$\boldsymbol{S}_{\mathbf{B}} = \sum_{i=1}^{c} N_i \|\bar{\boldsymbol{x}} - \bar{\boldsymbol{x}}_i\|^2$。

由于式（2.8.28）中 $\boldsymbol{1}$ 与 $\boldsymbol{W}$ 无关，则有

$$\max_{\boldsymbol{W}} \ \boldsymbol{W}^{\mathrm{T}} \boldsymbol{S}_{\mathbf{B}} \boldsymbol{W} \tag{2.8.29}$$

综合式（2.8.25）和式（2.8.29）可得

$$J(\boldsymbol{W}) = \max_{\boldsymbol{W}} \frac{\boldsymbol{W}^{\mathrm{T}} \boldsymbol{S}_{\mathbf{B}} \boldsymbol{W}}{\boldsymbol{W}^{\mathrm{T}} \boldsymbol{S}_{\mathbf{W}} \boldsymbol{W}}$$

2.8.4 Parzen 窗与 PCA

从空间几何角度看，PCA 通过计算方差来衡量样本包含信息量的大小。PCA 称方差较大的分量为主成分。主成分反映原始变量的主要信息。

设投影方向为 $\boldsymbol{W}$，为了使投影后样本的总体离散度最大，由方差的定义可得

$$\begin{aligned} J(\boldsymbol{W}) &= \max_{\boldsymbol{W}} \frac{1}{N} \sum_{i=1}^{N} [(\boldsymbol{x}_i - \bar{\boldsymbol{x}})^{\mathrm{T}} \boldsymbol{W}]^2 \\ &= \max_{\boldsymbol{W}} \frac{1}{N} \sum_{i=1}^{N} \boldsymbol{W}^{\mathrm{T}} (\boldsymbol{x}_i - \bar{\boldsymbol{x}})(\boldsymbol{x}_i - \bar{\boldsymbol{x}})^{\mathrm{T}} \boldsymbol{W} \\ &= \max_{\boldsymbol{W}} \boldsymbol{W}^{\mathrm{T}} [\frac{1}{N} \sum_{i=1}^{N} (\boldsymbol{x}_i - \bar{\boldsymbol{x}})(\boldsymbol{x}_i - \bar{\boldsymbol{x}})^{\mathrm{T}}] \boldsymbol{W} \end{aligned}$$

令 $\boldsymbol{S}_{\mathrm{T}}=\frac{1}{N}\sum_{i=1}^{N}(\boldsymbol{x}_i-\overline{\boldsymbol{x}})(\boldsymbol{x}_i-\overline{\boldsymbol{x}})^{\mathrm{T}}$，则上式变为

$$J(\boldsymbol{W})=\max_{\boldsymbol{W}}\boldsymbol{W}^{\mathrm{T}}\boldsymbol{S}_{\mathrm{T}}\boldsymbol{W} \tag{2.8.30}$$

$\boldsymbol{W}$ 可通过求解如下特征值问题得到：

$$\boldsymbol{S}_{\mathrm{T}}\boldsymbol{W}=\lambda\boldsymbol{W} \tag{2.8.31}$$

设样本点 $\boldsymbol{x}_i$ 降维后变为 $\boldsymbol{x}_i'$，希望降维后的样本点与原样本点之间的误差尽可能小，则引入最小平方误差：

$$\min\ \sum_{i=1}^{N}\|\boldsymbol{x}_i'-\boldsymbol{x}_i\|^2 \tag{2.8.32}$$

假设 $\boldsymbol{x}_0$ 代表所有降维后的样本点：

$$\begin{aligned}J_0(\boldsymbol{x}_0)&=\sum_{i=1}^{N}\|\boldsymbol{x}_0-\boldsymbol{x}_i\|^2=\sum_{i=1}^{N}\|(\boldsymbol{x}_0-\overline{\boldsymbol{x}})-(\boldsymbol{x}_i-\overline{\boldsymbol{x}})\|^2\\&=\sum_{i=1}^{N}\|\boldsymbol{x}_0-\overline{\boldsymbol{x}}\|^2-2\sum_{i=1}^{N}(\boldsymbol{x}_0-\overline{\boldsymbol{x}})^{\mathrm{T}}(\boldsymbol{x}_i-\overline{\boldsymbol{x}})+\sum_{i=1}^{N}\|\boldsymbol{x}_i-\overline{\boldsymbol{x}}\|^2\\&=\sum_{i=1}^{N}\|\boldsymbol{x}_0-\overline{\boldsymbol{x}}\|^2-2(\boldsymbol{x}_0-\overline{\boldsymbol{x}})^{\mathrm{T}}\sum_{i=1}^{N}(\boldsymbol{x}_i-\overline{\boldsymbol{x}})+\sum_{i=1}^{N}\|\boldsymbol{x}_i-\overline{\boldsymbol{x}}\|^2\\&=\sum_{i=1}^{N}\|\boldsymbol{x}_0-\overline{\boldsymbol{x}}\|^2+\sum_{i=1}^{N}\|\boldsymbol{x}_i-\overline{\boldsymbol{x}}\|^2\end{aligned} \tag{2.8.33}$$

式（2.8.33）的第二项与 $\boldsymbol{x}_0$ 无关，可看作常数，因此最小化 $J_0(\boldsymbol{x}_0)$ 可得 $\boldsymbol{x}_0=\overline{\boldsymbol{x}}$，即 $\boldsymbol{x}_0$ 为样本均值。

设降维后的样本点可表示为

$$\boldsymbol{x}_i'=a_i\boldsymbol{W}+\overline{\boldsymbol{x}} \tag{2.8.34}$$

其中，a_i 是 $\boldsymbol{x}_i'$ 到 $\overline{\boldsymbol{x}}$ 的距离。

将式（2.8.34）代入式（2.8.32）有

$$\begin{aligned}J_1(a_1,\cdots,a_N,\boldsymbol{W})&=\sum_{i=1}^{N}\|\boldsymbol{x}_i'-\boldsymbol{x}_i\|^2=\sum_{i=1}^{N}\|(a_i\boldsymbol{W}+\overline{\boldsymbol{x}})-\boldsymbol{x}_i\|^2=\sum_{i=1}^{N}\|a_i\boldsymbol{W}-(\boldsymbol{x}_i-\overline{\boldsymbol{x}})\|^2\\&=\sum_{i=1}^{N}a_i^2\|\boldsymbol{W}\|^2-2\sum_{i=1}^{N}a_i\boldsymbol{W}^{\mathrm{T}}(\boldsymbol{x}_i-\overline{\boldsymbol{x}})+\sum_{i=1}^{N}\|\boldsymbol{x}_i-\overline{\boldsymbol{x}}\|^2\end{aligned}$$

令$\|\boldsymbol{W}\|^2=1$，对a_i求导并令导数为零有

$$a_i=\boldsymbol{W}^{\mathrm{T}}(\boldsymbol{x}_i-\overline{\boldsymbol{x}}) \tag{2.8.35}$$

将式（2.8.35）代入J_1有

$$\begin{aligned}J_1(a_1,\cdots,a_N,\boldsymbol{W})&=\sum_{i=1}^{N}a_i^2\|\boldsymbol{W}\|^2-2\sum_{i=1}^{N}a_i\boldsymbol{W}^{\mathrm{T}}(\boldsymbol{x}_i-\overline{\boldsymbol{x}})+\sum_{i=1}^{N}\|\boldsymbol{x}_i-\overline{\boldsymbol{x}}\|^2\\&=-\sum_{i=1}^{N}[\boldsymbol{W}^{\mathrm{T}}(\boldsymbol{x}_i-\overline{\boldsymbol{x}})]^2+\sum_{i=1}^{N}\|\boldsymbol{x}_i-\overline{\boldsymbol{x}}\|^2\\&=-\sum_{i=1}^{N}[\boldsymbol{W}^{\mathrm{T}}(\boldsymbol{x}_i-\overline{\boldsymbol{x}})(\boldsymbol{x}_i-\overline{\boldsymbol{x}})^{\mathrm{T}}\boldsymbol{W}]+\sum_{i=1}^{N}\|\boldsymbol{x}_i-\overline{\boldsymbol{x}}\|^2\\&=-\boldsymbol{W}^{\mathrm{T}}\boldsymbol{S}_{\mathrm{T}}\boldsymbol{W}+\sum_{i=1}^{N}\|\boldsymbol{x}_i-\overline{\boldsymbol{x}}\|^2\end{aligned}$$

其中，$\boldsymbol{S}_{\mathrm{T}}=(\boldsymbol{x}_i-\overline{\boldsymbol{x}})(\boldsymbol{x}_i-\overline{\boldsymbol{x}})^{\mathrm{T}}$。

为了保证J_1最小，必须使$\boldsymbol{W}^{\mathrm{T}}\boldsymbol{S}_{\mathrm{T}}\boldsymbol{W}$最大。引入拉格朗日乘子法可得

$$\boldsymbol{S}_{\mathrm{T}}\boldsymbol{W}=\lambda\boldsymbol{W} \tag{2.8.36}$$

$\boldsymbol{W}$可由式（2.8.36）求得。

针对某类数据降维，令$\overline{\boldsymbol{x}}_i=\overline{\boldsymbol{x}}$，则式（2.8.22）可变为

$$p_\delta(x_i)=1-\frac{\sum_{i=1}^{N}\|\boldsymbol{x}_i-\overline{\boldsymbol{x}}\|^2}{\delta^2} \tag{2.8.37}$$

对式（2.8.37）求导可得

$$\frac{\partial p_\delta}{\partial\delta}=\frac{2\|\boldsymbol{x}_i-\overline{\boldsymbol{x}}\|^2}{\delta^2}\quad(i=1,2,\cdots,N) \tag{2.8.38}$$

去掉与δ有关的常数项有

$$\frac{\partial p_\delta}{\partial\delta}=\|\boldsymbol{x}_i-\overline{\boldsymbol{x}}\|^2 \tag{2.8.39}$$

为了保证 PCA 提取的主成分包含尽可能多的信息，投影方向$\boldsymbol{W}$应保证所有样本的$\dfrac{\partial p_\delta}{\partial\delta}$尽可能大。基于上述分析可得

$$\max_{\boldsymbol{W}} \quad \boldsymbol{1}^{\mathrm{T}}\boldsymbol{W}^{\mathrm{T}}\boldsymbol{S}\boldsymbol{W}\boldsymbol{1} \tag{2.8.40}$$

其中，$\boldsymbol{S}=\|\boldsymbol{x}_i-\overline{\boldsymbol{x}}\|^2\,(i=1,2,\cdots,N)$，向量 **1** 保证式（2.8.40）为标量。式（2.8.40）中 **1** 与 $\boldsymbol{W}$ 无关，综合考虑各类样本，可得

$$\max_{\boldsymbol{W}} \quad \boldsymbol{W}^{\mathrm{T}}\boldsymbol{S}_{\mathrm{T}}\boldsymbol{W} \tag{2.8.41}$$

其中，$\boldsymbol{S}_{\mathrm{T}}=\dfrac{1}{N}\sum_{i=1}^{N}\|\boldsymbol{x}_i-\overline{\boldsymbol{x}}\|^2$。

式（2.8.41）可转化为特征值问题，则投影方向 $\boldsymbol{W}$ 由 $\boldsymbol{S}_{\mathrm{T}}$ 的特征向量组成。

2.8.5　推广性结论

本节从概率密度估计的角度出发，通过观察数据散度变化情况，试图保证降维过程中数据分布特征的稳定性，同时减少降维过程中的信息损失。通过探讨 Parzen 窗与 LPP、LDA 的关系，说明上述方法不仅可以从空间几何和降维误差的角度进行解释，而且可以从概率密度的角度进行分析。除上述方法外，其他主流降维方法，如独立成分分析（ICA）、典型相关分析（CCA）及拉普拉斯特征映射（LE）等，均可通过构建相应的 Parzen 窗函数来建立与概率密度的关系，从而由 Parzen 窗导出。

第 3 章　基于数据分布特征的智能分类方法

时至今日，智能分类方法已被广泛地应用于各行各业。智能分类方法按照工作原理可以分为三种：第一种为基于相似度的分类方法，其分类性能主要取决于相似度或距离度量的设计；第二种为基于概率密度估计的分类方法，其原理是建立基于概率密度函数的概率估计模型；第三种为基于决策边界的分类方法，其原理是训练一个最优的目标函数，该训练过程是一种获得数据空间决策边界的过程，而此目标函数则反映了决策分类的错误率和错误损失。纵观现有研究成果，与基于相似度的分类方法相比，基于概率密度估计的分类方法和基于决策边界的分类方法仍存在许多未解的难题。因此，第 3 章和第 4 章试图对上述两种方法面临的一些挑战进行探索性研究，以期进一步提高其分类能力。

本书 3.1 节介绍背景知识；3.2 节～3.5 节对基于数据分布特征的分类方法进行探讨，先后提出基于流形判别分析的全局保序学习机[97]、基于最大散度差的保序分类算法[98]、最小流形类内离散度支持向量机[99]，以及基于熵理论与核密度估计的最大间隔学习机[100]。

3.1　背景知识

3.1.1　支持向量机

假设 $X=\{(\boldsymbol{x}_1,y_1),(\boldsymbol{x}_2,y_2),\cdots,(\boldsymbol{x}_n,y_n)\}$ 表示样本集合，其中，$\boldsymbol{x}_i\,(1\leqslant i\leqslant n)$ 表示样本，$y_i\,(1\leqslant i\leqslant n)\in\{-1,1\}$ 表示类别标签。支持向量机的基本原理是在样本空间中找到一个最优分类超平面将两类分开，即支持向量机用来确定样本 $\boldsymbol{x}_i\,(1\leqslant i\leqslant n)$ 的类别标签。支持向量机的最优化问题可表示为

$$\min_{\boldsymbol{W},b}\frac{1}{2}\boldsymbol{W}^{\mathrm{T}}\boldsymbol{W}+c\sum_{i=1}^{n}\xi_i$$

$$\text{s.t.}\quad y_i(\boldsymbol{W}^{\mathrm{T}}\boldsymbol{x}_i+b)\geqslant 1-\xi_i$$

$$\xi_i \geqslant 0,\ i=1,2,\cdots,n$$

其中，$\boldsymbol{W}$ 表示分类超平面的法向量；b 表示分类超平面的偏置项；c 为惩罚因子，用于表示训练误差的重要性；ξ_i 为松弛因子。

由 Lagrange 定理可以将上述优化问题转化为如下对偶形式：

$$\min_{\alpha} \frac{1}{2}\sum_{i,j}^{n} \alpha_i \alpha_j y_i y_j \boldsymbol{x}_i^{\mathrm{T}} \boldsymbol{x}_j - \sum_{i=1}^{n} \alpha_i$$

$$\text{s.t.}\ \sum_{i=1}^{n} y_i \alpha_i = 0$$

$$\alpha_i \geqslant 0,\ i=1,2,\cdots,n$$

其中，α_i 为 Lagrange 乘子。求解上述优化问题可得到的最优解为 $\boldsymbol{\alpha}^* = [\alpha_1^*, \alpha_2^*, \cdots, \alpha_n^*]^{\mathrm{T}}$。最优分类超平面可由下式计算得到：

$$y(\boldsymbol{x}) = \sum_{i=1}^{n} \alpha_i y_i \boldsymbol{x}^{\mathrm{T}} \boldsymbol{x}_i + b$$

其中，$b = y_j - \sum_{i=1}^{n} y_i \alpha_i^* \boldsymbol{x}_i^{\mathrm{T}} \boldsymbol{x}_j$。

支持向量机的决策函数定义如下：

$$f(\boldsymbol{x}) = \mathrm{sign}(y(\boldsymbol{x}))$$

其中，$\mathrm{sign}(\bullet)$ 为符号函数。

3.1.2　支持向量数据描述

支持向量数据描述（SVDD）是受支持向量机（SVM）的启发而提出的，用于解决单类分类或数据描述问题。SVDD 的目标是找到一个以 $\boldsymbol{c}$ 为球心，R 为半径的最小包含球。SVDD 分为硬边界 SVDD 和软边界 SVDD，本章重点关注硬边界 SVDD。求最小超球的半径就是求解以下二次规划问题。

线性形式：

$$\min\ R^2$$

$$\text{s.t.}\ \ \|\boldsymbol{c} - \boldsymbol{x}_i\|^2 \leqslant R^2,\ i=1,\cdots,N$$

其中，$\boldsymbol{c}$ 为超球体球心，R 为超球体半径。

非线性形式：

$$\min \ R^2$$

$$\text{s.t.} \quad \|\boldsymbol{c}-\varphi(\boldsymbol{x}_i)\|^2 \leqslant R^2,\ i=1,\cdots,N$$

其中，$\varphi(\boldsymbol{x}_i)$ 表示从原始样本空间到高维特征空间的映射。

由 Lagrange 定理可将原问题转化为如下对偶形式：

$$\max_{\boldsymbol{\alpha}} \ \boldsymbol{\alpha}^{\mathrm{T}}\mathrm{diag}(\boldsymbol{K})-\boldsymbol{\alpha}^{\mathrm{T}}\boldsymbol{K}\boldsymbol{\alpha}$$

$$\text{s.t.} \quad \boldsymbol{\alpha}^{\mathrm{T}}1=1,\ \boldsymbol{\alpha}\geqslant 0$$

其中，$\boldsymbol{\alpha}=[\alpha_1,\cdots,\alpha_N]^{\mathrm{T}}$，$1=[1,\cdots,1]^{\mathrm{T}}$，核函数 $\boldsymbol{K}=[k(\boldsymbol{x}_i,\boldsymbol{x}_j)]=[\varphi(\boldsymbol{x}_i)^{\mathrm{T}}\varphi(\boldsymbol{x}_j)]$，$\boldsymbol{0}=[0,\cdots,0]^{\mathrm{T}}$。

3.1.3 流形判别分析

为了充分利用线性判别分析（LDA）和保局投影算法（LPP）分别在提取样本全局特征和局部特征的优势上，提出流形判别分析（Manifold-based Discriminant Analysis，MDA）[101]，该方法引入了两个重要概念：基于流形的类内离散度（Manifold-based Within-Class Scatter，MWCS）$\boldsymbol{M}_{\mathbf{W}}$ 和基于流形的类间离散度（Manifold-based Between-Class Scatter，MBCS）$\boldsymbol{M}_{\mathbf{B}}$。在 Fisher 准则的基础上，通过最大化 MBCS 与 MWCS 之比获得最佳投影方向。MDA 将 LDA 善于发现样本的全局特征，以及 LPP 保持样本的局部流形结构有机地结合起来，准确地获取样本的全局特征和局部特征，在一定程度上提高了特征提取效率。$\boldsymbol{M}_{\mathbf{W}}$ 和 $\boldsymbol{M}_{\mathbf{B}}$ 的定义如下：

$$\boldsymbol{M}_{\mathbf{W}}=\mu\boldsymbol{S}_{\mathbf{W}}+(1-\mu)\boldsymbol{S}_{\mathbf{S}}$$

$$\boldsymbol{M}_{\mathbf{B}}=\lambda\boldsymbol{S}_{\mathbf{B}}+(1-\lambda)\boldsymbol{S}_{\mathbf{D}}$$

其中，μ 和 λ 为平衡因子，$\boldsymbol{S}_{\mathbf{W}}$ 和 $\boldsymbol{S}_{\mathbf{B}}$ 分别表示类内离散度和类间离散度，$\boldsymbol{S}_{\mathbf{S}}$ 和 $\boldsymbol{S}_{\mathbf{D}}$ 分别表示同类样本和异类样本的局部流形结构。$\boldsymbol{S}_{\mathbf{W}}$、$\boldsymbol{S}_{\mathbf{B}}$、$\boldsymbol{S}_{\mathbf{S}}$、$\boldsymbol{S}_{\mathbf{D}}$ 的定义为

$$\boldsymbol{S}_{\mathbf{W}}=\sum_{i=1}^{N_1}(\boldsymbol{x}_i-\bar{\boldsymbol{x}}_1)(\boldsymbol{x}_i-\bar{\boldsymbol{x}}_1)^{\mathrm{T}}+\sum_{j=1}^{N_2}(\boldsymbol{x}_j-\bar{\boldsymbol{x}}_2)(\boldsymbol{x}_j-\bar{\boldsymbol{x}}_2)^{\mathrm{T}}$$

$$\boldsymbol{S}_{\mathbf{B}}=N_1(\bar{\boldsymbol{x}}_1-\bar{\boldsymbol{x}})(\bar{\boldsymbol{x}}_1-\bar{\boldsymbol{x}})^{\mathrm{T}}+N_2(\bar{\boldsymbol{x}}_2-\bar{\boldsymbol{x}})(\bar{\boldsymbol{x}}_2-\bar{\boldsymbol{x}})^{\mathrm{T}}$$

$$S_{\mathbf{S}} = \boldsymbol{X}(\boldsymbol{S}' - \boldsymbol{S})\boldsymbol{X}^{\mathrm{T}}$$

$$S_{\mathbf{D}} = \boldsymbol{X}(\boldsymbol{D}' - \boldsymbol{D})\boldsymbol{X}^{\mathrm{T}}$$

其中，$\bar{\boldsymbol{x}}$ 表示样本均值，$\bar{\boldsymbol{x}}_1$ 和 $\bar{\boldsymbol{x}}_2$ 分别表示两类样本均值。$\boldsymbol{S}' = \sum_j S_{ij}$ ，其中，S_{ij} 为同类权重函数：

$$S_{ij} = \begin{cases} \exp(-\|\boldsymbol{x}_i - \boldsymbol{x}_j\|^2), & y_i = y_j \\ 0, & y_i \neq y_j \end{cases}$$

$\boldsymbol{D}' = \sum_j D_{ij}$ ，其中 D_{ij} 为异类权重函数：

$$D_{ij} = \begin{cases} \exp(\dfrac{-1}{\|\boldsymbol{x}_i - \boldsymbol{x}_j\|^2}), & y_i \neq y_j \\ 0, & y_i = y_j \end{cases}$$

基于上述分析可得流形判别分析的最优化表达式：

$$J = \max_{\boldsymbol{W}} \frac{\boldsymbol{W}^{\mathrm{T}} \boldsymbol{M}_{\mathbf{B}} \boldsymbol{W}}{\boldsymbol{W}^{\mathrm{T}} \boldsymbol{M}_{\mathbf{W}} \boldsymbol{W}} = \max_{\boldsymbol{W}} \frac{\boldsymbol{W}^{\mathrm{T}} (\lambda \boldsymbol{S}_{\mathbf{B}} + (1-\lambda) \boldsymbol{S}_{\mathbf{D}}) \boldsymbol{W}}{\boldsymbol{W}^{\mathrm{T}} (\mu \boldsymbol{S}_{\mathbf{W}} + (1-\mu) \boldsymbol{S}_{\mathbf{S}}) \boldsymbol{W}}$$

上式中的最佳投影矩阵 $\boldsymbol{W}$ 是满足等式 $\boldsymbol{M}_{\mathbf{B}} \boldsymbol{W} = \lambda \boldsymbol{M}_{\mathbf{W}} \boldsymbol{W}$ 的解。

3.1.4　模糊理论

模糊理论是一种处理不精确性和不确定性信息的理论工具。采用模糊技术进行模式识别时，某特征属于某集合的程度由 0 到 1 之间的隶属度来描述。把一个具体的元素映射到一个合适的隶属度由隶属度函数实现。常见的隶属度函数有以下几种。

1．基于距离的隶属度函数

基于距离的隶属度[102]用样本到类中心之间的距离来衡量样本对所在类的贡献。设类中心为 $\bar{\boldsymbol{x}}$ ，样本点为 $\boldsymbol{x}_i$ ，类半径为 R，则 $R = \max_i \|\boldsymbol{x}_i - \bar{\boldsymbol{x}}\|$ 。类中各样本的隶属度函数为

$$s(x_i) = 1 - \frac{\|\boldsymbol{x}_i - \bar{\boldsymbol{x}}\|}{R} + \delta$$

其中，δ 为很小的正数，它保证 $s(\boldsymbol{x}_i) > 0$ 。

2. 基于紧密度的隶属度函数

基于紧密度的隶属度确定方法[103]在确定样本的隶属度时，既要考虑样本到所在类中心的距离，还要考虑样本与类中其他样本的关系。样本与类中其他样本的关系通过类中样本的紧密度来反映。设正类中心为$\bar{\boldsymbol{x}}_+$，负类中心为$\bar{\boldsymbol{x}}_-$，正、负类的半径分别为$R_+ = \max\limits_i \|\boldsymbol{x}_i - \bar{\boldsymbol{x}}_+\|$和$R_- = \max\limits_i \|\boldsymbol{x}_i - \bar{\boldsymbol{x}}_-\|$，两类中心的距离为$T = \|\bar{\boldsymbol{x}}_+ - \bar{\boldsymbol{x}}_-\|$，则每个正类样本到正类中心的距离为$d_i^+ = \|\boldsymbol{x}_i - \bar{\boldsymbol{x}}_+\|$，每个负类样本到负类中心的距离为$d_i^- = \|\boldsymbol{x}_i - \bar{\boldsymbol{x}}_-\|$；$\varepsilon$为半径控制因子，满足$\varepsilon>0$，有$T\varepsilon < R_+$和$T\varepsilon < R_-$。则隶属度函数定义为

$$s_i^+ = \begin{cases} \dfrac{\delta + D_i^+}{R_+}, & D_i^+ \leqslant T\varepsilon \\ \delta \;, & D_i^+ > T\varepsilon \end{cases} \qquad s_i^- = \begin{cases} \dfrac{\delta + D_i^-}{R_-}, & D_i^- \leqslant T\varepsilon \\ \delta \;, & D_i^- > T\varepsilon \end{cases}$$

其中，δ为很小的正数，它保证$s_i > 0$。

3.1.5 核心向量机

Tsang 等人提出核心向量机（CVM）算法，并指出任何一个模型的最优化问题只要能转化为最小包含球形式，就可以利用 CVM 算法解决大规模分类问题。CVM 的基本思想是试图在样本空间中找到一个规模较小的核心集（Core Set），该集合上得到的分类结果可以近似地表示大规模样本集上的分类结果。在实现手段上，CVM 试图将优化问题转化为最小包含球问题，使用一个逼近率为 $1+\varepsilon$ 的近似算法得到核心集。Tsang 等人证明了该核心集仅与参数ε有关，与样本数无关。该结论保证了 CVM 特别适合解决大规模分类问题。详细算法参见文献[115]。

3.2 基于流形判别分析的全局保序学习机

当前主流的分类方法可归纳为以下几类。①决策树。ID3 算法通过互信息理论建立树状分类模型，在 ID3 基础上先后提出 C4.5[49]、PUBLIC[50]、SLIQ[104]、RainForest[105]等改进算法。②关联规则。关联分析算法（Classification Based on Association，CBA）[106]、多维关联规则分类算法（Classification Based on Multiple Class Association Rules，CMAR）[107]、预测性关联规则分类算法（Classification

Based on Prediction Association Rules，CPAR）[108] 分别利用 Apriori 算法、FP-Growth 算法及贪婪算法挖掘关联规则。③支持向量机。支持向量机（Support Vector Machine，SVM）[109~111]最早由 Vapnik 提出。由于 SVM 的参数 C 选取困难，因而提出 ν-SVM[112]。针对单类问题，Scholkopf 提出单类支持向量机（One Class Support Vector Machine，OCSVM）[113]，该方法通过构造超平面来划分正常数据和异常数据；Tax 等提出支持向量数据描述（Support Vector Data Description，SVDD）[114]，该方法采用最小体积超球约束目标数据达到剔除奇异点的目的；为了提高 SVM 求解效率，Tsang 等人提出基于最小包含球（Minimum Enclosing Ball，MEB）的核心向量机（Core Vector Machine，CVM）[115]。此外，SVM 的改进算法还有 Lagrange 支持向量机（Largrange Support Vector Machine，LSVM）[116]、最小二乘支持向量机（Least Squares Support Vector Machine，LSSVM）[117] 、光滑支持向量机（Smooth Support Vector Machine，SSVM）[118]等。④贝叶斯分类。基于属性删除的选择性贝叶斯分类器（Selective Bayesian Classifier Based on Attribute Deletion）[119]通过删除冗余属性提高分类精度；基于懒惰式贝叶斯规则的学习算法（Lazy Bayesian Rule Learning Algorithm，LBR）[120]将懒惰式技术应用到局部朴素贝叶斯规则的归纳中；Friedman 等人提出的树扩张型贝叶斯分类器（Tree Augmented Bayesian Classifier，TAN）[121]通过构造最大权生成树实现分类。

上述方法在实际应用中取得了良好的分类效果，但它们面临如下挑战。①在分类决策时无法同时考虑样本的全局特征和局部特征。②大多算法仅关注各类样本的可分性，而忽略样本之间的相对关系。如图 3.1 所示，三类样本在 $\boldsymbol{W}_1$ 方向上的投影顺序为 m_1、m_2、m_3，而在 $\boldsymbol{W}_2$ 方向上的投影顺序为 m_2、m_3、m_1，假设原空间三类样本的相对关系为 m_1、m_2、m_3，则 $\boldsymbol{W}_1$ 方向优于 $\boldsymbol{W}_2$ 方向。③无法解决大规模分类问题。

鉴于此，提出基于流形判别分析的全局保序学习机（Global Rank Preservation Learning Machine Based on Manifold-based Discriminant Analysis，GRPLM）。该方法通过引入流形判别分析（MDA）来保持样本的全局和局部特征；在最优化问题的约束条件中增加样本中心相对关系限制，保证在分类决策时考虑样本的相对关系；通过引入核心向量机（CVM）将所提方法适用范围扩展到大规模数据。

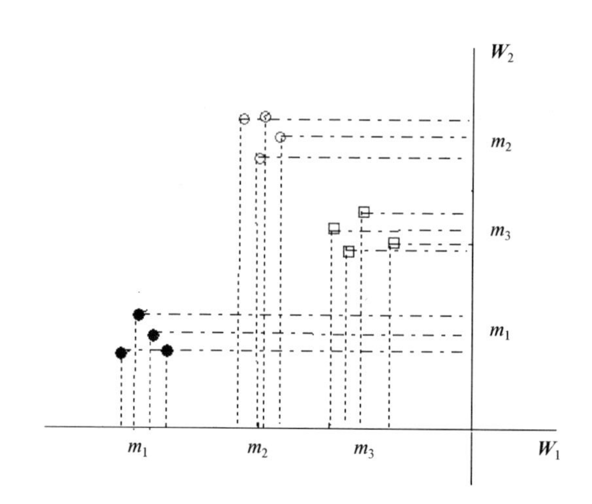

图 3.1　GRPLM 工作原理示意图

本节后续做如下假设：样本集为$T=\{(\boldsymbol{x}_1,y_1),(\boldsymbol{x}_2,y_2),\cdots,(\boldsymbol{x}_N,y_N)\}\in(\boldsymbol{X}\times\boldsymbol{Y})^N$，其中，$\boldsymbol{x}_i\in\boldsymbol{X}=\boldsymbol{R}^N$，$y_i\in Y=\{1,2,\cdots,c\}$，类别数为 c，各类样本数为 N_i（i=1,2,⋯,c），$\bar{\boldsymbol{x}}$ 为所有样本均值，$\bar{\boldsymbol{x}}_i$ 为第 i 类样本均值。

3.2.1　GRPLM 原理

1．最优化问题

GRPLM 利用支持向量机和流行判别分析分别在智能分类和特征提取方面的优势，在分类过程中将样本的全局特征和局部特征及样本之间的相对关系考虑在内，在一定程度上提高了分类效率。GRPLM 找到的分类超平面具有以下优势。

（1）通过引入流形判别分析来保持样本的全局特征和局部特征。

（2）通过最小化基于流形的类内离散度，保证同类样本尽可能紧密。

（3）通过保持各类样本中心的相对关系不变，实现保持全体样本的先后顺序不变。

上述思想可表示为如下最优化问题：

$$\min_{\boldsymbol{W}}\ \boldsymbol{W}^{\mathrm{T}}\boldsymbol{M}_{\mathrm{W}}\boldsymbol{W}-\nu\rho \tag{3.2.1}$$

$$\text{s.t.}\ \ \boldsymbol{W}^{\mathrm{T}}(\boldsymbol{m}_{i+1}-\boldsymbol{m}_i)\geqslant\rho\ \ (i=1,2,\cdots,c-1) \tag{3.2.2}$$

其中，$\boldsymbol{W}$ 为分类超平面的法向量，ν 为常数并通过网格搜索策略选择，ρ 为各类样本间隔，$\boldsymbol{m}_i = \dfrac{1}{N_i}\sum_{k=1}^{N_i}\boldsymbol{x}_k$（$i$=1,2,…,$c$）为各类样本均值，$c$ 为样本类别数。在式（3.2.1）中，$\boldsymbol{W}^{\mathrm{T}}\boldsymbol{M}_{\mathrm{W}}\boldsymbol{W}$ 表示找到的分类超平面将样本的全局特征和局部特征考虑在内，$\nu\rho$ 的存在保证各类样本的间隔尽可能大，有利于提高分类精度；式（3.2.2）表明 GRPLM 在分类决策时保持各类样本的相对关系不变。

上述最优化问题的对偶形式如下：

$$\max_{\alpha}\ -\sum_{i=1}^{c-1}\sum_{j=1}^{c-1}\alpha_i\alpha_j(\boldsymbol{m}_{i+1}-\boldsymbol{m}_i)^{\mathrm{T}}\boldsymbol{M}_{\mathrm{W}}^{-1}(\boldsymbol{m}_{j+1}-\boldsymbol{m}_j) \tag{3.2.3}$$

$$\text{s.t.}\ \sum_{i=1}^{c-1}\alpha_i = \nu \tag{3.2.4}$$

$$\alpha_i \geqslant 0\ (i=1,2,\cdots,c-1) \tag{3.2.5}$$

证明：由 Lagrange 定理可得

$$L(\boldsymbol{W},\rho,\alpha) = \boldsymbol{W}^{\mathrm{T}}\boldsymbol{M}_{\mathrm{W}}\boldsymbol{W} - \rho - \sum_{i=1}^{c-1}\alpha_i(\boldsymbol{W}^{\mathrm{T}}(\boldsymbol{m}_{i+1}-\boldsymbol{m}_i)-\nu\rho) \tag{3.2.6}$$

L 分别对 $\boldsymbol{W}$ 和 ρ 求偏导并令偏导等于零，可得

$$\frac{\partial \boldsymbol{L}}{\partial \boldsymbol{W}} = 0 \Leftrightarrow \boldsymbol{W} = \frac{1}{2}\boldsymbol{M}_{\mathrm{W}}^{-1}\sum_{i=1}^{c-1}\alpha_i(\boldsymbol{m}_{i+1}-\boldsymbol{m}_i) \tag{3. 2.7}$$

$$\frac{\partial L}{\partial \rho} = 0 \Leftrightarrow \sum_{i=1}^{c-1}\alpha_i = \nu \tag{3. 2.8}$$

将式（3.2.7）和式（3.2.8）代入式（3.2.6）中并去掉常数项，可得 GRPLM 的对偶形式。

2. 决策函数

GRPLM 的决策函数为

$$f(x) = \min_{k\in\{1,2,\cdots,c-1\}}\{k : \boldsymbol{W}^{\mathrm{T}}\boldsymbol{x} < b_k\}$$

其中，$b_k = \boldsymbol{W}^{\mathrm{T}}(\boldsymbol{m}_{i+1}+\boldsymbol{m}_i)/2$。

3．核化形式

假设映射函数ϕ满足$\phi: \boldsymbol{x} \to \phi(\boldsymbol{x})$。原最优化问题的核化形式可表示为

$$\min_{\boldsymbol{W}} \ \boldsymbol{W}^{\mathrm{T}} \boldsymbol{M}_{\mathrm{W}}^{\phi} \boldsymbol{W} - \nu\rho$$

$$\text{s.t.} \ \boldsymbol{W}^{\mathrm{T}} (\boldsymbol{m}_{i+1}^{\phi} - \boldsymbol{m}_{i}^{\phi}) \geqslant \rho \ (i = 1, 2, \cdots, c-1)$$

其中

$$\boldsymbol{m}_i^{\phi} = \frac{1}{N_i} \sum_{k=1}^{N_i} \phi(\boldsymbol{x}_k) \ (i=1,2,\ldots,c)$$

$$\boldsymbol{M}_{\mathrm{W}}^{\phi} = \mu \boldsymbol{S}_{\mathrm{W}}^{\phi} + (1-\mu) \boldsymbol{S}_{\mathrm{S}}^{\phi}$$

$$\boldsymbol{S}_{\mathrm{W}}^{\phi} = \sum_{i=1}^{c} \sum_{j=1}^{N_i} N_i (\phi(\boldsymbol{x}_{ij}) - \boldsymbol{m}_i^{\phi})(\phi(\boldsymbol{x}_{ij}) - \boldsymbol{m}_i^{\phi})^{\mathrm{T}}$$

$$\boldsymbol{S}_{\mathrm{S}}^{\phi} = \sum_{i,j} [\phi(\boldsymbol{x}_i) S_{ii}^{\phi} \phi(\boldsymbol{x}_i^{\mathrm{T}}) - \phi(\boldsymbol{x}_i) S_{ij}^{\phi} \phi(\boldsymbol{x}_i^{\mathrm{T}})] = \phi(\boldsymbol{X})(\boldsymbol{S}'^{\phi} - \boldsymbol{S}^{\phi})\phi(\boldsymbol{X}^{\mathrm{T}})$$

$\boldsymbol{S}'^{\phi}$为对角阵且$\boldsymbol{S}'^{\phi} = \sum_j S_{ij}^{\phi}$，$S_{ij}^{\phi}$为核同类权重函数：

$$S_{ij}^{\phi} = \begin{cases} \exp[-\|\phi(\boldsymbol{x}_i) - \phi(\boldsymbol{x}_j)\|^2], & y_i = y_j \\ 0, & y_i \neq y_j \end{cases}$$

原最优化问题的核化对偶形式为

$$\max_{\alpha} \ -\sum_{i=1}^{c-1} \sum_{j=1}^{c-1} \alpha_i \alpha_j (\boldsymbol{m}_{i+1}^{\phi} - \boldsymbol{m}_i^{\phi})^{\mathrm{T}} (\boldsymbol{M}_{\mathrm{W}}^{\phi})^{-1} (\boldsymbol{m}_{j+1}^{\phi} - \boldsymbol{m}_j^{\phi})$$

$$\text{s.t.} \ \sum_{i=1}^{c-1} \alpha_i = \nu$$

$$\alpha_i \geqslant 0 \ (i = 1, 2, \cdots, c-1)$$

4．时间复杂度分析

GRPLM 优化问题求解主要包括$N \times N$矩阵的转置运算，以及$(c-1) \times (c-1)$Hessian 矩阵的 QP 问题求解运算。$N \times N$矩阵转置运算的时间复杂度为$O(N^2 \log(N))$，$(c-1) \times (c-1)$Hessian 矩阵 QP 问题求解的时间复杂度为$O((c-1)^3)$，所以 GRPLM 的时间复杂度为$O[N^2 \log(N)] + O[(c-1)^3]$，由于 $c \ll N$，则 GRPLM 的时间复杂度近似表示为$O(c^3)$。

3.2.2　大规模分类

1．最小包含球

最小包含球（Minimum Enclosing Ball，MEB）的最优化问题如下。

线性形式：

$$\min \ R^2$$

$$\text{s.t.} \quad \|\boldsymbol{c}-\boldsymbol{x}_i\|^2 \leqslant R^2,\ i=1,\cdots,N$$

其中，$\boldsymbol{c}$ 为超球体球心，R 为超球体半径。

非线性形式：

$$\min \ R^2 \tag{3.2.9}$$

$$\text{s.t.} \quad \|\boldsymbol{c}-\varphi(\boldsymbol{x}_i)\|^2 \leqslant R^2,\ i=1,\cdots,N \tag{3.2.10}$$

其中，$\varphi(\boldsymbol{x}_i)$ 表示从原始样本空间到高维特征空间的映射。

由 Lagrange 定理可将原问题转化为如下对偶形式：

$$\max_{\boldsymbol{\alpha}} \ \boldsymbol{\alpha}^{\mathrm{T}}\mathrm{diag}(\boldsymbol{K})-\boldsymbol{\alpha}^{\mathrm{T}}\boldsymbol{K}\boldsymbol{\alpha}$$

$$\text{s.t.} \quad \boldsymbol{\alpha}^{\mathrm{T}}\mathbf{1}=1,\ \boldsymbol{\alpha} \geqslant \mathbf{0}$$

其中，$\boldsymbol{\alpha}=[\alpha_1,\cdots,\alpha_N]^{\mathrm{T}}$，$\mathbf{1}=[1,\cdots,1]^{\mathrm{T}}$，核函数 $\boldsymbol{K}=[k(\boldsymbol{x}_i,\boldsymbol{x}_j)]=[\varphi(\boldsymbol{x}_i)^{\mathrm{T}}\varphi(\boldsymbol{x}_j)]$，$\mathbf{0}=[0,\cdots,0]^{\mathrm{T}}$。由于 $\mathrm{diag}(\boldsymbol{K})$ 为常数且 $\boldsymbol{\alpha}^{\mathrm{T}}\mathbf{1}=1$，则式（3.2.10）可简化为

$$\max_{\alpha} \ -\boldsymbol{\alpha}^{\mathrm{T}}\boldsymbol{K}\boldsymbol{\alpha}$$

2．GRPLM 与 MEB 的关系

令 $\beta=\boldsymbol{\alpha}/v$，GRPLM 的 QP 形式可转化为

$$\max_{\beta} \ -\boldsymbol{\beta}^{\mathrm{T}}\boldsymbol{K}\boldsymbol{\beta}$$

$$\text{s.t.} \quad \boldsymbol{\beta}^{\mathrm{T}}\mathbf{1}=1,\ \boldsymbol{\beta} \geqslant \mathbf{0}$$

其中，$\boldsymbol{K}=[(\boldsymbol{m}_{i+1}-\boldsymbol{m}_i)^{\mathrm{T}}\boldsymbol{M}_{\mathrm{W}}^{-1}(\boldsymbol{m}_{i+1}-\boldsymbol{m}_i)]$，$1=[1,\cdots,1]^{\mathrm{T}}$，$\mathbf{0}=[0,\cdots,0]^{\mathrm{T}}$。GRPLM 与 MEB 的对偶形式等价，则可利用 CVM 解决大规模分类问题。

GRPLM-CVM 算法描述如下。

参数说明：$B(\boldsymbol{c},\ R)$表示球心为 $\boldsymbol{c}$，半径为 R 的最小包含球；S_t表示核心集；t

表示迭代次数；ε 表示终止参数。

GRPLM-CVM
Step1：初始化 $\boldsymbol{c}_t$、R_t、S_t、ε、t=0。
Step2：对于 $\forall z$ 有 $\varphi(z)\in B\left[\boldsymbol{c}_t,(1+\varepsilon)R\right]$，则转到 **Step6**，否则转到 **Step3**。
Step3：如果 $\varphi(z)$ 距离球心 $\boldsymbol{c}_t$ 最远，则 $S_{t+1}=S_t\cup\{\varphi(z)\}$。
Step4：寻找最新最小包含球 $B(\boldsymbol{S}_{t+1})$，并设置 $\boldsymbol{c}_t=\boldsymbol{c}_{B(\boldsymbol{S}_{t+1})}$，$R_t=R_{B(\boldsymbol{S}_{t+1})}$。
Step5：t=t+1 并转到 **Step2**。
Step6：GRPLM 对核心集 S_t 进行训练并得到决策函数。

3.3 基于最大散度差的保序分类算法

当前主流分类方法虽然在实际应用中取得了良好效果，但仍存在以下不足：①它们在进行分类决策时并未考虑样本的分布性状；②无法保持样本的相对关系不变；③无法解决大规模分类问题。鉴于此，在线性判别分析算法的基础上，提出基于最大散度差的保序分类算法（Rank-preserving Classification Method Based on Maximum Scatter Difference，RPCM）。该算法引入线性判别分析中的类间离散度和类内离散度来表征样本的分布性状；通过在优化问题的约束条件中对各类样本中心增加限制，保证样本相对关系不变；利用 Tsang 等人提出的核心向量机将所提方法的适用范围从中小规模数据扩展到大规模数据，从而解决大规模分类问题。

3.3.1 最优化问题

基于最大散度差的保序分类算法利用线性判别分析中的类间离散度和类内离散度来表征样本的分布性状，同时保证各类相对关系不变。下面从线性形式和核化形式两方面对 RPCM 的最优化问题进行定义。

1．线性形式

$$\min_{w}\ \boldsymbol{W}^{\mathrm{T}}(\boldsymbol{S}_{\mathbf{W}}-\boldsymbol{S}_{\mathbf{B}})\boldsymbol{W}-\nu\rho \tag{3.3.1}$$

$$\text{s.t.}\ \boldsymbol{W}^{\mathrm{T}}(\boldsymbol{m}_{i+1}-\boldsymbol{m}_i)\geqslant\rho\ \ (i=1,2,\cdots,c-1) \tag{3.3.2}$$

其中，$\boldsymbol{W}$ 表示投影方向，ρ 表示各类间隔，$\boldsymbol{m}_i = \frac{1}{N_i}\sum_{k=1}^{N_i}\boldsymbol{x}_k$ (i=1,2,⋯,c−1)表示各类样本均值，c 表示类别数。约束条件 $\boldsymbol{W}^{\mathrm{T}}(\boldsymbol{m}_{i+1}-\boldsymbol{m}_i) \geqslant \rho$ 保证各类相对关系不变。

令

$$L(\boldsymbol{W},\rho,\alpha) = \boldsymbol{W}^{\mathrm{T}}(\boldsymbol{S}_{\mathbf{W}}-\boldsymbol{S}_{\mathbf{B}})\boldsymbol{W} - \nu\rho - \sum_{i=1}^{c-1}\alpha_i[\boldsymbol{W}^{\mathrm{T}}(\boldsymbol{m}_{i+1}-\boldsymbol{m}_i)-\rho] \tag{3.3.3}$$

L 分别对 $\boldsymbol{W}$ 和 ρ 求偏导数，并令偏导为 0，则有

$$\frac{\partial L}{\partial \boldsymbol{W}} = 0 \Leftrightarrow \boldsymbol{W} = \frac{1}{2}(\boldsymbol{S}_{\mathbf{W}}-\boldsymbol{S}_{\mathbf{B}})^{-1}\sum_{i=1}^{c-1}\alpha_i(\boldsymbol{m}_{i+1}-\boldsymbol{m}_i) \tag{3.3.4}$$

$$\frac{\partial L}{\partial \rho} = 0 \Leftrightarrow \sum_{i=1}^{c-1}\alpha_i = \nu \tag{3.3.5}$$

将式（3.3.4）和式（3.3.5）代入式（3.3.3），则可得到原优化问题的对偶形式：

$$\max_{\alpha}\ -\sum_{i=1}^{c-1}\sum_{j=1}^{c-1}\alpha_i\alpha_j(\boldsymbol{m}_{i+1}-\boldsymbol{m}_i)^{\mathrm{T}}(\boldsymbol{S}_{\mathbf{W}}-\boldsymbol{S}_{\mathbf{B}})^{-1}(\boldsymbol{m}_{j+1}-\boldsymbol{m}_j) \tag{3.3.6}$$

$$\text{s.t.}\quad \sum_{i=1}^{c-1}\alpha_i = \nu \tag{3.3.7}$$

$$\alpha_i \geqslant 0\ \ (i=1,2,\cdots,c-1) \tag{3.3.8}$$

RPCM 的决策函数可定义为

$$f(x) = \min_{k\in\{1,2,\cdots,c-1\}}\{k : \boldsymbol{W}^{\mathrm{T}}\boldsymbol{x} < b_k\}$$

其中，$b_k = \boldsymbol{W}^{\mathrm{T}}(\boldsymbol{m}_{i+1}+\boldsymbol{m}_i)/2$ 。

2. 核化形式

设 ϕ 为映射函数，则有

$$\min_{\boldsymbol{W}}\ \boldsymbol{W}^{\mathrm{T}}(\boldsymbol{S}_{\mathbf{W}}^{\phi}-\boldsymbol{S}_{\mathbf{B}}^{\phi})\boldsymbol{W} - \nu\rho$$

$$\text{s.t.}\ \ \boldsymbol{W}^{\mathrm{T}}(\boldsymbol{m}_{i+1}^{\phi}-\boldsymbol{m}_i^{\phi}) \geqslant \rho\ \ (i=1,2,\cdots,c-1)$$

其中，$\boldsymbol{m}_i^{\phi} = \frac{1}{N_i}\sum_{k=1}^{N_i}\phi(\boldsymbol{x}_k)$ (i=1,2,⋯,c−1)，$\boldsymbol{S}_{\mathbf{W}}^{\phi} = \sum_{i=1}^{c}\sum_{j=1}^{N_i}N_i[\phi(\boldsymbol{x}_{ij})-\boldsymbol{m}_i^{\phi}][\phi(\boldsymbol{x}_{ij})-\boldsymbol{m}_i^{\phi}]^{\mathrm{T}}$，$\boldsymbol{S}_{\mathbf{B}}^{\phi} = \sum_{i=1}^{c}N_i[\phi(\overline{\boldsymbol{x}}_i)-\phi(\overline{\boldsymbol{x}})][\phi(\overline{\boldsymbol{x}}_i)-\phi(\overline{\boldsymbol{x}})]^{\mathrm{T}}$ 。

上述核化问题的对偶形式如下：

$$\max_{\alpha} \quad -\sum_{i=1}^{c-1}\sum_{j=1}^{c-1}\alpha_i\alpha_j(\boldsymbol{m}_{i+1}^{\phi}-\boldsymbol{m}_i^{\phi})^{\mathrm{T}}(\boldsymbol{S}_{\mathbf{W}}^{\phi}-\boldsymbol{S}_{\mathbf{B}}^{\phi})^{-1}(\boldsymbol{m}_{j+1}^{\phi}-\boldsymbol{m}_j^{\phi})$$

$$\text{s.t.} \quad \sum_{i=1}^{c-1}\alpha_i=\nu$$

$$\alpha_i \geqslant 0 \ (i=1,2,\cdots,c-1)$$

3.3.2 大规模分类

令$\boldsymbol{\beta}=\alpha/\nu$，核化 RPCM 的对偶形式可转化为

$$\max_{\beta} \quad -\boldsymbol{\beta}^{\mathrm{T}}\boldsymbol{K}\boldsymbol{\beta}$$

$$\text{s.t.} \quad \boldsymbol{\beta}^{\mathrm{T}}\mathbf{1}=1$$

$$\boldsymbol{\beta}\geqslant\mathbf{0}$$

其中，$\boldsymbol{K}=[(\boldsymbol{m}_{i+1}-\boldsymbol{m}_i)^{\mathrm{T}}(\boldsymbol{S}_{\mathbf{W}}^{\phi}-\boldsymbol{S}_{\mathbf{B}}^{\phi})^{-1}(\boldsymbol{m}_{i+1}-\boldsymbol{m}_i)]$，$1=[1,\cdots,1]^{\mathrm{T}}$，$\mathbf{0}=[0,\cdots,0]^{\mathrm{T}}$。由上述对偶形式不难看出，RPCM 的对偶形式与最小包含球等价，因而可以利用 CVM 解决大规模样本分类问题。将上述算法称为 RPCM-CVM。

3.4 最小流形类内离散度支持向量机

支持向量机（SVM）是一种经典的模式分类方法，其基本思想是在 Vapnik 建立的统计学习理论基础上提出结构风险最小化原则，通过最大化分类间隔，寻找一个最优分类面实现样本的有效分类。由于 SVM 的求解最后转化为二次规划问题，因此 SVM 的解是全局唯一最优解。此外，SVM 在解决小样本、高维模式识别问题方面表现出一定优势，因此受到中外学者的极大关注，并在数据挖掘、机器学习、模式识别等领域得到广泛应用。然而，SVM 易受输入数据仿射或伸缩等变换的干扰，其原因在于该方法在建立最优分类面时只考虑类间的绝对间隔而忽略各类的分布性状。鉴于此，Zafeiriou 等人提出最小类方差支持向量机（Minimum Class Variance Support Vector Machine，MCVSVM）[122]。该方法建立在支持向量机和线性判别分析的基础上，其在建立最优分类面的同时关注类间的边界信息和分布性状，因而相对于 SVM 具有更优的泛化能力。然而，作为一种全局特征学习方法，线性判别分析（LDA）在学习过程中往往忽略各类的局部特征，这就使得

MCVSVM 在分类决策时无法充分利用样本的全部特征，从而无法保证投影后的各类样本被最大限度地分开。基于上述分析，作者提出流形判别分析（MDA），该方法引入了两个重要概念：基于流形的类内离散度（MWCS）和基于流形的类间离散度（MBCS）。在 Fisher 准则的基础上通过最大化 MBCS 与 MWCS 之比获得最佳投影方向。MDA 将 LDA 善于发现样本的全局特征及 LPP 保持样本的局部流形结构有机地结合起来，准确地获取样本的全局特征和局部特征，在一定程度上提高了特征提取效率。因此，为了充分发挥 MCVSVM 和 MDA 分别在模式分类和特征提取方面的优势，提出基于 MWCS 的支持向量机（Minimum MWCS Support Vector Machine，M^2SVM）。该方法在建立最优分类面时，不仅考虑了类间的边界信息和分布特征，而且保持了各类的局部流形结构。

3.4.1　MCVSVM

SVM 在分类决策时仅考虑了类间的边界信息，忽略了各类的全局特征。鉴于此，Zafeiriou 等人提出最小类方差支持向量机（MCVSVM）。该方法的最优化表达式如下：

$$\min_{W,b,\xi_i} \ \frac{1}{2}\boldsymbol{W}^{\mathrm{T}}\boldsymbol{S}_{\mathrm{W}}\boldsymbol{W}+C\sum_{i=1}^{N}\xi_i, \quad \boldsymbol{W}^{\mathrm{T}}\boldsymbol{S}_{\mathrm{W}}\boldsymbol{W}>0 \tag{3.4.1}$$

$$\text{s.t.} \quad y_i(\boldsymbol{W}^{\mathrm{T}}\boldsymbol{x}_i+b)\geqslant 1-\xi_i, \quad \xi_i\geqslant 0, \ i=1,\cdots,N$$

当样本总数大于维数时，类内离散度矩阵 $\boldsymbol{S}_{\mathrm{W}}$ 非奇异，则 $\boldsymbol{W}^{\mathrm{T}}\boldsymbol{S}_{\mathrm{W}}\boldsymbol{W}>0$；$\boldsymbol{S}_{\mathrm{W}}$ 奇异，则 $\boldsymbol{W}^{\mathrm{T}}\boldsymbol{S}_{\mathrm{W}}\boldsymbol{W}=0$，此种情况称为小样本问题。当 $\boldsymbol{S}_{\mathrm{W}}$ 奇异时，采用扰动法予以解决，即在 $\boldsymbol{S}_{\mathrm{W}}$ 的主对角线上增加一个小的扰动 $\varDelta$，使扰动后的 $\boldsymbol{S}_{\mathrm{W}}$ 变得非奇异。后续若无特殊说明，将省略限定条件 $\boldsymbol{W}^{\mathrm{T}}\boldsymbol{S}_{\mathrm{W}}\boldsymbol{W}>0$。

MCVSVM 最优化问题的对偶形式可表示为

$$\max_{\alpha} \ \boldsymbol{\alpha}^{\mathrm{T}}\boldsymbol{1}-\frac{1}{2}\boldsymbol{\alpha}^{\mathrm{T}}\boldsymbol{Q}\boldsymbol{\alpha}$$

$$\text{s.t.} \quad \boldsymbol{\alpha}^{\mathrm{T}}\boldsymbol{Y}=\boldsymbol{0}, \quad \boldsymbol{0}\leqslant\boldsymbol{\alpha}\leqslant\boldsymbol{C}$$

其中，$\boldsymbol{\alpha}=[\alpha_1,\cdots,\alpha_N]^{\mathrm{T}}$，$\boldsymbol{1}=[1,\cdots,1]^{\mathrm{T}}$，$\boldsymbol{Y}=[y_1,\cdots,y_N]^{\mathrm{T}}$，$\boldsymbol{0}=[0,\cdots,0]^{\mathrm{T}}$，$\boldsymbol{C}=[C,\cdots,C]^{\mathrm{T}}$，$\boldsymbol{Q}=[\frac{1}{2}y_iy_j\boldsymbol{x}_i{}^{\mathrm{T}}\boldsymbol{S}_{\mathrm{W}}^{-1}\boldsymbol{x}_j]$。

与 SVM 相比，MCVSVM 在分类决策的同时考虑各类的边界信息和分布特征，因而具有更优的泛化能力。但 MCVSVM 忽略类内的局部特征，这极大地限制了

MCVSVM 分类能力的进一步提升。因此，能否提出一种新的充分利用样本信息的分类方法，使得投影后的各类样本被最大限度地分开？该方法是否与 SVM 和 MCVSVM 存在某种联系？上述问题值得深入探讨。

3.4.2 最小 MWCS 支持向量机

1. 最优化问题

为了解决 SVM 和 MCVSVM 面临的问题，在 MCVSVM 和 MDA 的基础上提出最小 MWCS 支持向量机（$\mathrm{M^2SVM}$），其最优化问题可描述为

$$\min_{\boldsymbol{W}} \ \boldsymbol{W}^{\mathrm{T}}\boldsymbol{M}_{\mathbf{W}}\boldsymbol{W} + C\sum_{i=1}^{N}\xi_i \tag{3.4.2}$$

$$\text{s.t.}\quad y_i(\boldsymbol{W}^{\mathrm{T}}\boldsymbol{x}_i + b) \geqslant 1-\xi_i,\quad \xi_i \geqslant 0,\ i=1,\cdots,N$$

定理 3.1：$\mathrm{M^2SVM}$ 最优化问题的对偶形式为

$$\max_{\boldsymbol{\alpha}} \ \boldsymbol{\alpha}^{\mathrm{T}}\mathbf{1} - \frac{1}{2}\boldsymbol{\alpha}^{\mathrm{T}}\boldsymbol{P}\boldsymbol{\alpha} \tag{3.4.3}$$

$$\text{s.t.}\quad \boldsymbol{\alpha}^{\mathrm{T}}\boldsymbol{Y}=0,\quad \mathbf{0}\leqslant\boldsymbol{\alpha}\leqslant\boldsymbol{C}$$

其中，$\boldsymbol{\alpha}=[\alpha_1,\cdots,\alpha_N]^{\mathrm{T}}$，$\mathbf{1}=[1,\cdots,1]^{\mathrm{T}}$，$\boldsymbol{Y}=[y_1,\cdots,y_N]^{\mathrm{T}}$，$\mathbf{0}=[0,\cdots,0]^{\mathrm{T}}$，$\boldsymbol{C}=[C,\cdots,C]^{\mathrm{T}}$，$\boldsymbol{P}=[\frac{1}{2}y_i y_j \boldsymbol{x}_i^{\mathrm{T}}\boldsymbol{M}_{\mathbf{W}}^{-1}\boldsymbol{x}_j]$。

证明：由 Lagrange 定理可得

$$L(\boldsymbol{W},b,\boldsymbol{\alpha},\boldsymbol{\beta},\boldsymbol{\xi}) = \boldsymbol{W}^{\mathrm{T}}\boldsymbol{M}_{\mathbf{W}}\boldsymbol{W} + C\sum_{i=1}^{N}\xi_i - \sum_{i=1}^{N}\alpha_i[y_i(\boldsymbol{W}^{\mathrm{T}}\boldsymbol{x}_i+b)-1+\xi_i] - \sum_{i=1}^{N}\beta_i\xi_i \tag{3.4.4}$$

$$\frac{\partial L}{\partial \boldsymbol{W}}=0 \Leftrightarrow \boldsymbol{M}_{\mathbf{W}}\boldsymbol{W}=\frac{1}{2}\sum_{i=1}^{N}\alpha_i y_i \boldsymbol{x}_i$$

当 $\boldsymbol{M}_{\mathbf{W}}$ 非奇异时，有

$$\boldsymbol{W}=\frac{1}{2}\boldsymbol{M}_{\mathbf{W}}^{-1}\sum_{i=1}^{N}\alpha_i y_i \boldsymbol{x}_i \tag{3.4.5}$$

$$\frac{\partial L}{\partial b}=0 \Leftrightarrow \sum_{i=1}^{N}\alpha_i y_i = 0 \tag{3.4.6}$$

$$\frac{\partial L}{\partial \xi_i}=0 \Leftrightarrow \alpha_i+\beta_i=C \tag{3.4.7}$$

将式（3.4.5）～式（3.4.7）代入式（3.4.4）可得

$$\max_{\boldsymbol{\alpha}} \quad \boldsymbol{\alpha}^{\mathrm{T}}\mathbf{1}-\frac{1}{2}\boldsymbol{\alpha}^{\mathrm{T}}\boldsymbol{P}\boldsymbol{\alpha} \tag{3.4.8}$$

$$\text{s.t.} \quad \boldsymbol{\alpha}^{\mathrm{T}}\boldsymbol{Y}=0, \quad \mathbf{0}\leqslant\boldsymbol{\alpha}\leqslant\boldsymbol{C}$$

其中，$\boldsymbol{\alpha}=[\alpha_1,\cdots,\alpha_N]^{\mathrm{T}}$，$\mathbf{1}=[1,\cdots,1]^{\mathrm{T}}$，$\boldsymbol{Y}=[y_1,\cdots,y_N]^{\mathrm{T}}$，$\mathbf{0}=[0,\cdots,0]^{\mathrm{T}}$，$\boldsymbol{C}=[C,\cdots,C]^{\mathrm{T}}$，$\boldsymbol{P}=[\frac{1}{2}y_i y_j \boldsymbol{x}_i{}^{\mathrm{T}}\boldsymbol{M}_{\mathrm{W}}^{-1}\boldsymbol{x}_j]$。当 $\boldsymbol{M}_{\mathrm{W}}$ 奇异时，采用扰动法予以解决。

2. 判别函数

M²SVM 的判别函数定义如下：

$$f(\boldsymbol{x})=\operatorname{sgn}(\boldsymbol{W}^{\mathrm{T}}\boldsymbol{x}+b) \tag{3.4.9}$$

将式（3.4.5）代入式（3.4.9）可得

$$f(\boldsymbol{x})=\operatorname{sgn}(\frac{1}{2}\sum_{i=1}^{N}\alpha_i y_i \boldsymbol{x}_i{}^{\mathrm{T}}\boldsymbol{M}_{\mathrm{W}}^{-1}\boldsymbol{x}+b) \tag{3.4.10}$$

其中，截距 b 的求法如下。

对于任意支持向量 $\boldsymbol{x}_i$ 有

$$y_i(\frac{1}{2}\sum_{j=1}^{N}\alpha_j y_j \boldsymbol{x}_j{}^{\mathrm{T}}\boldsymbol{M}_{\mathrm{W}}^{-1}\boldsymbol{x}_i+b)=1 \tag{3.4.11}$$

求解式（3.4.11）得

$$b=y_i-\frac{1}{2}\sum_{j=1}^{N}\alpha_j y_j \boldsymbol{x}_j{}^{\mathrm{T}}\boldsymbol{M}_{\mathrm{W}}^{-1}\boldsymbol{x}_i \tag{3.4.12}$$

3. 算法描述

M²SVM 的算法描述如下。

Input：训练样本集 X_Train。

Output：测试样本集 X_Test 中各样本的类属。

Step1：创建邻接图 $G_{\mathrm{D}}=\{X\_Train,D\}$ 和 $G_{\mathrm{S}}=\{X\_Train,S\}$，其中 D 和 S 分别表示异类和同类样本间的权重。当两个样本 $\boldsymbol{x}_i$ 和 $\boldsymbol{x}_j$ 异类时，则在两者之间新增一条边，形成异类邻接图；同理，形成同类邻接图。

Step 2：计算同类权重 S 和异类权重 D。若同类样本 $\boldsymbol{x}_i$ 和 $\boldsymbol{x}_j$ 之间有边相连，

则计算同类权重 S；若异类样本 $\boldsymbol{x}_i$ 和 $\boldsymbol{x}_j$ 之间有边相连，则计算异类权重 D。

Step 3： 分别计算基于流形的类内离散度 $\boldsymbol{M}_{\mathrm{W}}$、基于流形的类间离散度 $\boldsymbol{M}_{\mathrm{B}}$、类内离散度 $\boldsymbol{S}_{\mathrm{W}}$ 及类间离散度 $\boldsymbol{S}_{\mathrm{B}}$。

Step 4： 解决 $\boldsymbol{M}_{\mathrm{W}}$ 奇异性问题。当 $\boldsymbol{M}_{\mathrm{W}}$ 奇异时，采用扰动法解决该问题。

Step 5： 通过将 $\mathrm{M^2SVM}$ 最优化问题转化为 QP 对偶形式求得支持向量；利用式（3.4.5）求得分类面的方向矩阵 $\boldsymbol{W}$；对于任一支持向量，利用式（3.4.12）求得分类面的截距 b；将方向矩阵 $\boldsymbol{W}$ 和截距 b 代入式（3.4.10），可得 $\mathrm{M^2SVM}$ 的决策函数。

Step 6： 利用 $\mathrm{M^2SVM}$ 的决策函数对任一测试样本 $\boldsymbol{x} \in X\_Test$ 进行类属判定。若 $f(\boldsymbol{x}) > 0$ 则 $\boldsymbol{x}$ 属于第一类，否则 $\boldsymbol{x}$ 属于第二类。

3.4.3 理论分析

1. $\mathrm{M^2SVM}$ 与 SVM 的关系

定理 3.2： 如果 $\mathrm{M^2SVM}$ 中的矩阵 $\boldsymbol{P}$ 满足 $\boldsymbol{P} = [y_i y_j \boldsymbol{z}_i^{\mathrm{T}} \boldsymbol{z}_j]$ 且 $\boldsymbol{M}_{\mathrm{W}} = (1/2)\boldsymbol{I}$，其中，$\boldsymbol{I}$ 为 $M \times M$ 的单位阵，则 $\mathrm{M^2SVM}$ 与 SVM 等价。

证明： 令 $\boldsymbol{\gamma} = \sqrt{2}\boldsymbol{M}_{\mathrm{W}}^{1/2}\boldsymbol{W}$，则 $\mathrm{M^2SVM}$ 的最优化问题可转化为如下形式：

$$\min_{\boldsymbol{\gamma}, b, \xi_i} \ \frac{1}{2}\boldsymbol{\gamma}^{\mathrm{T}}\boldsymbol{\gamma} + C\sum_{i=1}^{N}\xi_i$$

$$\text{s.t.} \ \ y_i(\boldsymbol{\gamma}^{\mathrm{T}}\boldsymbol{z}_i + b) \geqslant 1 - \xi_i, \ \ \xi_i \geqslant 0, \ i = 1, \cdots, N$$

其中，$\boldsymbol{z}_i = (1/\sqrt{2})\boldsymbol{M}_{\mathrm{W}}^{-(1/2)}\boldsymbol{x}_i$。

由 Lagrange 定理可得上述最优化问题对应的对偶形式：

$$\max_{\boldsymbol{\alpha}} \ \ \boldsymbol{\alpha}^{\mathrm{T}}1 - \frac{1}{2}\boldsymbol{\alpha}^{\mathrm{T}}\boldsymbol{R}\boldsymbol{\alpha}$$

$$\text{s.t.} \ \ \boldsymbol{\alpha}^{\mathrm{T}}\boldsymbol{Y} = 0, \ \ \boldsymbol{\alpha} \geqslant 0$$

其中，$\boldsymbol{\alpha} = [\alpha_1, \cdots, \alpha_N]^{\mathrm{T}}$，$1 = [1, \cdots, 1]^{\mathrm{T}}$，$\boldsymbol{R} = [y_i y_j \boldsymbol{z}_i^{\mathrm{T}} \boldsymbol{z}_j]$，$\boldsymbol{Y} = [y_1, \cdots, y_N]^{\mathrm{T}}$，$\boldsymbol{0} = [0, \cdots, 0]^{\mathrm{T}}$。

式（3.4.8）中的矩阵 $\boldsymbol{P}$ 可做如下代换：

$$\boldsymbol{P} = [\frac{1}{2} y_i y_j \boldsymbol{x}_i^{\mathrm{T}} \boldsymbol{M}_{\mathrm{W}}^{-1} \boldsymbol{x}_j] = [y_i y_j (\frac{1}{\sqrt{2}}\boldsymbol{M}_{\mathrm{W}}^{-(1/2)}\boldsymbol{x}_i)^{\mathrm{T}} (\frac{1}{\sqrt{2}}\boldsymbol{M}_{\mathrm{W}}^{-(1/2)}\boldsymbol{x}_j)] = [y_i y_j \boldsymbol{z}_i^{\mathrm{T}} \boldsymbol{z}_j]$$

由上述分析可知：$\boldsymbol{P}=\boldsymbol{R}$。

当 $\boldsymbol{M}_{\mathrm{W}}=(1/2)\boldsymbol{I}$ 时，$\boldsymbol{R}=[y_i y_j \boldsymbol{x}_i^{\mathrm{T}} \boldsymbol{x}_j]$；与此同时，SVM 目标函数 $\max\limits_{\alpha}\ \boldsymbol{\alpha}^{\mathrm{T}}1-\frac{1}{2}\boldsymbol{\alpha}^{\mathrm{T}}\boldsymbol{Q}\boldsymbol{\alpha}$ 中 $\boldsymbol{Q}=[y_i y_j \boldsymbol{x}_i^{\mathrm{T}} \boldsymbol{x}_j]$，则 $\boldsymbol{R}=\boldsymbol{Q}$。

综上所述，当 $\boldsymbol{M}_{\mathrm{W}}=(1/2)\boldsymbol{I}$ 时，$\boldsymbol{P}=\boldsymbol{Q}$，即 M^2SVM 与 SVM 等价。

2. M^2SVM 与 MCVSVM 的关系

定理 3.3：当 $\mu=1$ 时，M^2SVM 与 MCVSVM 等价。

证明：当 $\mu=1$ 时，MDA 中 $\boldsymbol{M}_{\mathrm{W}}=\mu\boldsymbol{S}_{\mathrm{W}}+(1-\mu)\boldsymbol{S}_{\mathrm{S}}$ 可转化为

$$\boldsymbol{M}_{\mathrm{W}}=\boldsymbol{S}_{\mathrm{W}} \tag{3.4.13}$$

将式（3.4.13）代入式（3.4.1）可得式（3.4.2），说明当 $\mu=1$ 时，M^2SVM 与 MCVSVM 等价，即 MCVSVM 是 M^2SVM 的特殊情况。

3.5 基于核密度估计与熵理论的最大间隔学习机

目前，研究人员提出了众多模式分类方法。前面提到的 SVM 及其变种就是其中一类。自 1995 年 Vapnik 等人提出支持向量机以来，先后出现了 ν-SVM、单类支持向量机（OCSVM）、支持向量数据描述（SVDD）、核心向量机（CVM）等方法。以 SVM 及其变种为代表的大间隔分类方法在实际应用中取得了较好的效果，但这种绝对间隔的分类方法易受输入数据仿射或伸缩等变换的干扰[123,124]，其原因在于这些方法只考虑数据类间的绝对间隔而忽视数据类内的分布性状。针对大间隔分类方法的不足，引入概率密度估计和熵理论，提出一种基于核密度估计与熵理论的最大间隔学习机（Maximum Margin Learning Machine Based on Entropy Theory and Kernel Density Estimation，MEKLM），该学习机可保证模式分类不确定性最小。MEKLM 具有以下优势：①真实反映数据类间的边界信息和数据类内的分布特征；②同时解决二类分类问题和单类分类问题；③与传统 SVM 相比，具有更好的分类性能。

3.5.1 核密度估计和熵理论

1. 核密度估计

核密度估计是一种从数据本身出发研究数据分布特征的方法。它不利用有关

数据分布的先验知识，对数据分布不附加任何假定，因而在统计学理论和其他相关的应用领域均受到高度重视。目前主流的核密度估计方法有[125]Rosenblent、Parzen 窗、Prakasarao、Silverman 等。其中，Parzen 窗法是一种应用广泛且具有坚实理论基础和优秀性能的核密度估计方法，它利用 Parzen 窗描述样本数据的分布情况。

Parzen 窗的定义见 2.8.1 节。

常用的核函数有 Gaussian 函数、Epanechnikov 函数、Biweight 函数等。由于 Gaussian 函数具有若干优良特性，因此这里选择 Gaussian 函数作为核函数。

2. 熵理论

在信息论中，熵（Entropy）[126]表示不确定性，熵越大，不确定性就越大。通过熵的大小可以了解随机事件发生的不确定性。模式分类的目标是尽可能减小分类的不确定性，因此熵可以用来描述模式的可分性。

常用的熵有香农熵、条件熵、平方熵、立方熵等。理论上选用任意一种熵均可表示分类的不确定性，但为了计算方便，引入连续型平方熵，其表达式如下：

$$H_{\mathrm{p}} = 1 - \int p(\boldsymbol{x})^2 \mathrm{d}\boldsymbol{x} \tag{3.5.1}$$

其中，$p(\boldsymbol{x})$ 表示概率密度函数且 $0 \leqslant p(\boldsymbol{x}) \leqslant 1$。

3.5.2 MEKLM 原理

1. 分类目标函数

对于一个包含 N 个模式的二类划分问题，设训练集合为 $T = \{(\boldsymbol{x}_1, y_1), \cdots, (\boldsymbol{x}_N, y_N)\}$，其中 $\boldsymbol{x}_i \in \boldsymbol{R}^d$ $(1 \leqslant i \leqslant N_1 + N_2 = N)$ 为输入数据，$y_i \in \{1, -1\}$ 为类别标签。规定：当 $1 \leqslant i \leqslant N_1$ 时，$y_i = 1$；当 $N_1 + 1 \leqslant i \leqslant N$ 时，$y_i = -1$。假设第一类含有 N_1 个模式 $\{\boldsymbol{x}_i, y_i\}_{i=1}^{N_1}$，第二类含有 N_2 个模式 $\{\boldsymbol{x}_j, y_j\}_{j=N_1+1}^{N}$。

两类的 Parzen 核密度估计函数分别表示如下：

$$p_1(\boldsymbol{x}) = \sum_{i=1}^{N_1} \alpha_i k_\delta(\boldsymbol{x}, \boldsymbol{x}_i) \tag{3.5.2}$$

$$\text{s.t.} \quad \sum_{i=1}^{N_1} \alpha_i = 1, \quad \alpha_i \geqslant 0, \quad i = 1, 2, \cdots, N_1 \tag{3.5.3}$$

$$p_2(\boldsymbol{x}) = \sum_{j=N_1+1}^{N} \beta_j k_\delta(\boldsymbol{x}, \boldsymbol{x}_j) \tag{3.5.4}$$

$$\text{s.t.} \quad \sum_{j=N_1+1}^{N} \beta_j = 1, \quad \beta_j \geqslant 0, \quad j = N_1 + 1, \cdots, N \tag{3.5.5}$$

其中，$k_\delta(\boldsymbol{x}, \boldsymbol{x}_i)$ 为 Gaussian 核函数，δ 为方差。

为了正确划分上述两类模式，且具有良好的泛化能力，MEKLM 应保证模式分类的不确定性最小，即熵最小。MEKLM 优化问题描述如下：

$$\min \ [1 - \int p_1(\boldsymbol{x}_i)^2 \mathrm{d}x] + \gamma[1 - \int p_2(\boldsymbol{x}_j)^2 \mathrm{d}x] - \nu\rho \tag{3.5.6}$$

$$\text{s.t.} \quad y_i[p_1(\boldsymbol{x}_i) - \lambda p_2(\boldsymbol{x}_i)] > \rho, \quad i = 1, \cdots, N \tag{3.5.7}$$

其中，γ 是平衡因子且 $\gamma = N_2/N_1$；ρ 表示两类概率分布间隔；v 是调节因子，它反映了两类分布间隔在 MEKLM 中的贡献；λ 是先验系数，表示两类先验概率之比，设两类的先验概率分别为 p 和 q，则 $\lambda = q/p$（$0 < p < 1, 0 < q < 1$）。

针对上述目标函数，给出如下说明：

（1）$[1 - \int p_1(\boldsymbol{x}_i)^2 \mathrm{d}x] + \gamma[1 - \int p_2(\boldsymbol{x}_j)^2 \mathrm{d}x]$ 保证两类分类的不确定性最小，即熵最小。

（2）$-\nu\rho$ 保证两类间隔最大。

约束项 $y_i[p_1(\boldsymbol{x}_i) - \lambda p_2(\boldsymbol{x}_i)] > \rho$，$i = 1, \cdots, N$ 保证分类的正确率大于误分率。

式（3.5.7）实际包含两种情况：①当 $i = 1, 2, \cdots, N_1$ 时，类别标签 $y_i = 1$，即已知模式属于第一类；②当 $i = N_1 + 1, \cdots, N$ 时，类别标签 $y_i = -1$，即已知模式属于第二类。则式（3.5.7）可分解为以下两式：

$$p_1(\boldsymbol{x}_i) - \lambda p_2(\boldsymbol{x}_i) > \rho, \quad i = 1, \cdots, N_1 \tag{3.5.8}$$

$$\lambda p_2(\boldsymbol{x}_j) - p_1(\boldsymbol{x}_j) > \rho, \quad j = N_1 + 1, \cdots, N \tag{3.5.9}$$

将式（3.5.2）、式（3.5.4）代入式（3.5.6）有

$$\min_{\alpha,\beta} 1-\int\sum_{i=1}^{N_1}\sum_{j=1}^{N_1}\alpha_i\alpha_j k_\delta(\boldsymbol{x},\boldsymbol{x}_i)k_\delta(\boldsymbol{x},\boldsymbol{x}_j)\mathrm{d}x+\gamma-\gamma\int\sum_{i=N_1+1}^{N}\sum_{j=N_1+1}^{N}\beta_i\beta_j k_\delta(\boldsymbol{x},\boldsymbol{x}_i)k_\delta(\boldsymbol{x},\boldsymbol{x}_j)\mathrm{d}x-\nu\rho \tag{3.5.10}$$

已知 Gaussian 函数有如下性质[127]：

$$\int k_\delta(\boldsymbol{x},\boldsymbol{x}_i)k_\delta(\boldsymbol{x},\boldsymbol{x}_j)\mathrm{d}x = k_{\sqrt{2}\delta}(\boldsymbol{x}_i,\boldsymbol{x}_j) \tag{3.5.11}$$

则式（3.5.10）可整理为

$$\min_{\alpha,\beta}\ 1+\gamma-\sum_{i=1}^{N_1}\sum_{j=1}^{N_1}\alpha_i\alpha_j k_{\sqrt{2}\delta}(\boldsymbol{x}_i,\boldsymbol{x}_j)-\gamma\sum_{i=N_1+1}^{N}\sum_{j=N_1+1}^{N}\beta_i\beta_j k_{\sqrt{2}\delta}(\boldsymbol{x}_i,\boldsymbol{x}_j)-\nu\rho \tag{3.5.12}$$

将式（3.5.2）～式（3.5.5）分别代入式（3.5.8）和式（3.5.9），结合式（3.5.12）得到如下二次规划问题：

$$\min_{\alpha,\beta}\ 1+\gamma-\sum_{i=1}^{N_1}\sum_{j=1}^{N_1}\alpha_i\alpha_j k_{\sqrt{2}\delta}(\boldsymbol{x}_i,\boldsymbol{x}_j)-\gamma\sum_{i=N_1+1}^{N}\sum_{j=N_1+1}^{N}\beta_i\beta_j k_{\sqrt{2}\delta}(\boldsymbol{x}_i,\boldsymbol{x}_j)-\nu\rho$$

$$\text{s.t.}\ \sum_{i=1}^{N_1}\alpha_i k_\delta(\boldsymbol{x}_l,\boldsymbol{x}_i)-\lambda\sum_{i=N_1+1}^{N}\beta_j k_\delta(\boldsymbol{x}_l,\boldsymbol{x}_j)>\rho,\ l=1,\cdots,N_1$$

$$\lambda\sum_{i=N_1+1}^{N}\beta_j k_\delta(\boldsymbol{x}_k,\boldsymbol{x}_j)-\sum_{i=1}^{N_1}\alpha_i k_\delta(\boldsymbol{x}_k,\boldsymbol{x}_i)>\rho,\ k=N_1+1,\cdots,N$$

$$\sum_{i=1}^{N_1}\alpha_i=1,\quad \alpha_i\geqslant 0,\ i=1,2,\cdots,N_1$$

$$\sum_{j=N_1+1}^{N}\beta_j=1,\quad \beta_j\geqslant 0,\ j=N_1+1,\cdots,N$$

2. 决策函数

为了确定新样本 $\boldsymbol{x}\in\boldsymbol{R}^d$ 的类别，MEKLM 判断该模式落在哪类的概率大，则其归属该类。MEKLM 的决策函数如下：

$$f(\boldsymbol{x})=\mathrm{sgn}[p_1(\boldsymbol{x})-\lambda p_2(\boldsymbol{x})] \tag{3.5.13}$$

若 $f(\boldsymbol{x})>0$，则 $\boldsymbol{x}$ 属于第一类；若 $f(\boldsymbol{x})<0$，则 $\boldsymbol{x}$ 属于第二类。该决策函数反映了新模式落在两类的概率差，因此将其称为“概率差决策函数”。

3.5.3　理论分析

1. 先验系数 λ 的性质

一般来说，二类分类问题中两类的先验概率是已知的，则易得先验系数 λ。但在实际应用中，两类的先验概率往往未知，此时先验系数 λ 便无法直接求出。经研究发现，先验系数 λ 具有以下重要性质。

性质 3.1： λ 以概率 1 收敛于 λ^*，其中 $\lambda^*=N_2/N_1$。

证明： 对于一个确定的数据集，两类模式数 N_1、N_2 及 λ 是确定的。为了判断 λ 的敛散性，这里将 N_1、N_2 看作随机变量且满足 $N_1+N_2=N$。不难发现，N_1、N_2 分别服从二项分布 $N_1\sim(N,p)$ 和 $N_2\sim(N,q)$（$q=1-p$）。

由 Hoeffding 不等式可知，对于 $\forall\varepsilon>0$ 有

$$P\left(\left|\frac{N_1}{N}-p\right|>\varepsilon\right)\leqslant 2\mathrm{e}^{-2N\varepsilon^2}，\quad P\left(\left|\frac{N_2}{N}-q\right|>\varepsilon\right)\leqslant 2\mathrm{e}^{-2N\varepsilon^2}$$

定义 $P_n(\varepsilon)=P\left\{\left|\dfrac{N_2}{N_1}-\dfrac{q}{p}\right|>\varepsilon\right\}$。

对于任意 $\varepsilon>0$ 有

$$\begin{aligned}
P_n(\varepsilon)&=P\left\{\left|\frac{N_2}{N_1}-\frac{q}{p}\right|>\varepsilon\right\}=P\{|pN_2-qN_1|>\varepsilon pN_1\}\\
&=P\left\{|pN_2-qN_1|>\varepsilon pN_1,N_1\geqslant\frac{Np}{2}\right\}+P\left\{|pN_2-qN_1|>\varepsilon pN_1,N_1<\frac{Np}{2}\right\}\\
&\leqslant P\left\{|pN_2-qN_1|>\varepsilon p\cdot\frac{Np}{2}\right\}+P\{|pN_2-qN_1|>\varepsilon pN_1\}\\
&=P\left\{\left|p\frac{N_2}{N}-q\frac{N_1}{N}\right|>\frac{\varepsilon p^2}{2}\right\}+P\left\{\left|p\frac{N_2}{N}-q\frac{N_1}{N}\right|>\varepsilon p\frac{N_1}{N}\right\}\\
&=P\left\{\left|p\frac{N_2}{N}-pq+pq-q\frac{N_1}{N}\right|>\frac{\varepsilon p^2}{2}(p+q)\right\}+
\end{aligned}$$

$$
\begin{aligned}
& P\left\{\left|p\frac{N_2}{N}-pq+pq-q\frac{N_1}{N}\right|>\varepsilon p\frac{N_1}{N}(p+q)\right\} \\
& \leqslant P\left\{\left|p\frac{N_2}{N}-pq\right|>\frac{\varepsilon p^2}{2}\cdot(p+q)\right\}+P\left\{\left|pq-q\frac{N_1}{N}\right|>\frac{\varepsilon p^2}{2}\cdot(p+q)\right\}+ \\
& \quad P\left\{\left|p\frac{N_2}{N}-pq\right|>\frac{\varepsilon p}{N}\cdot(p+q)\right\}+P\left\{\left|pq-q\frac{N_1}{N}\right|>\frac{\varepsilon p}{N}\cdot(p+q)\right\} \\
& \leqslant P\left\{\left|p\frac{N_2}{N}-pq\right|>\frac{\varepsilon p^2}{2}\cdot p\right\}+P\left\{\left|pq-q\frac{N_1}{N}\right|>\frac{\varepsilon p^2}{2}\cdot q\right\}+ \\
& \quad P\left\{\left|p\frac{N_2}{N}-pq\right|>\frac{\varepsilon p}{N}\cdot p\right\}+P\left\{\left|pq-q\frac{N_1}{N}\right|>\frac{\varepsilon p}{N}\cdot q\right\} \\
& =P\{\left|\frac{N_2}{N}-q\right|>\frac{\varepsilon p^2}{2}\}+P\{\left|p-\frac{N_1}{N}\right|>\frac{\varepsilon p^2}{2}\}+ \\
& \quad P\left\{\left|\frac{N_2}{N}-q\right|>\frac{\varepsilon p}{N}\right\}+P\left\{\left|\frac{N_1}{N}-p\right|>\frac{\varepsilon p}{N}\right\} \\
& \leqslant 4\mathrm{e}^{\left(-\frac{N\varepsilon^2p^4}{2}\right)}+4\mathrm{e}^{\left(-\frac{2\varepsilon^2p^2}{N}\right)}
\end{aligned}
$$

由于对于 $\forall\varepsilon>0$ 有 $\sum_{n=1}^{\infty}P_n(\varepsilon)<\infty$，则证明 λ 以概率 1 收敛于 λ^*。

由上述性质可以看出，先验系数 λ 与两类模式先验概率无关，而与两类模式数相关。该性质对于模式分类有重要意义。

2. 单类问题

MEKLM 主要是针对二类分类问题提出的，但研究表明：当样本只有一类模式时，MEKLM 依然有效。特别地，令 N_2=0，即样本中只包含第一类模式。式(3.5.6)转化为

$$
\min\ 1-\int p_1(\boldsymbol{x}_i)^2\mathrm{d}x \tag{3.5.14}
$$

说明：当只有一类时，两类间隔 ρ 为零。

将式（3.5.2）、式（3.5.3）代入式（3.5.14），经整理后有

$$
\min\ 1-\sum_{i=1}^{N_1}\sum_{j=1}^{N_1}\alpha_i\alpha_j k_{\sqrt{2}\delta}(\boldsymbol{x}_i,\boldsymbol{x}_j)
$$

$$
\text{s.t.}\ \sum_{i=1}^{N_1}\alpha_i=1,\quad \alpha_i\geqslant 0,\ i=1,2,\cdots,N_1
$$

由于 Gaussian 函数满足 $k(\boldsymbol{x}_i,\boldsymbol{x}_i)=1$（$i=1,2,\cdots,N_1$），则上述二次规划问题转化为

$$\min \sum_{i=1}^{N_1}\alpha_i k_\delta(\boldsymbol{x}_i,\boldsymbol{x}_i)-\sum_{i=1}^{N_1}\sum_{j=1}^{N_1}\alpha_i\alpha_j k_{\sqrt{2}\delta}(\boldsymbol{x}_i,\boldsymbol{x}_j) \tag{3.5.15}$$

$$\text{s.t.} \sum_{i=1}^{N_1}\alpha_i=1，\quad \alpha_i\geqslant 0,\ i=1,2,\cdots,N_1 \tag{3.5.16}$$

不难看出，由式（3.5.15）、式（3.5.16）组成的二次规划问题等价于最小包含球的对偶形式，这说明 MEKLM 可解决单类问题。

第 4 章　基于决策边界的智能分类方法

本章对基于决策边界的智能分类方法进行探讨。4.1 节介绍背景知识；4.2 节至 4.5 节分别提出具有 N-S 磁极效应的最大间隔模糊分类器[128]、基于光束角思想的最大间隔学习机[129]、面向大规模数据的模糊支持向量数据描述[130]，以及基于信度的 BP 神经网络[131]。

4.1　支持向量数据描述

假设给定样本集合为 $X=\{\boldsymbol{x}_1,\boldsymbol{x}_2,\cdots,\boldsymbol{x}_N\}$。支持向量数据描述（SVDD）试图找到一个体积最小的超球体（球心为 $\boldsymbol{c}$，半径为 R），使尽可能多的数据 $\boldsymbol{x}_i$ 都落在球内，而使奇异点或野点落在球外。支持向量数据描述的工作原理如图 4.1 所示。

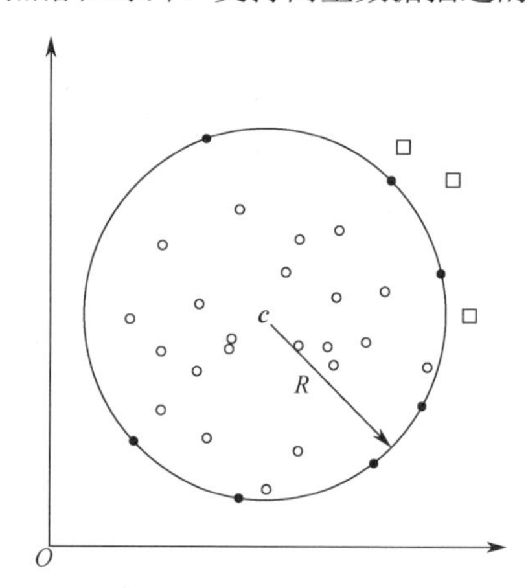

图 4.1　支持向量数据描述的工作原理

为了减少奇异点的影响，引入松弛因子 ξ_i。上述优化问题可归纳为如下二次规划问题。

线性形式：

$$\min\ R^2+C\sum_{i=1}^{N}\xi_i$$

$$\text{s.t. } \|\boldsymbol{x}_i - \boldsymbol{c}\|^2 \leqslant R^2 + \xi_i \text{ , } \xi_i \geqslant 0$$

非线性形式：

$$\min \ R^2 + C\sum_{i=1}^{N}\xi_i$$

$$\text{s.t. } \|\varphi(\boldsymbol{x}_i) - \boldsymbol{c}\|^2 \leqslant R^2 + \xi_i \text{ , } \xi_i \geqslant 0$$

其中，$\varphi(\boldsymbol{x}_i)$ 表示从原始样本空间到高维特征空间的映射，C 是控制球体体积和误差之间折中的常数。

由 Lagrange 定理易得上述问题的对偶形式：

$$\max_{\alpha} \ \boldsymbol{\alpha}^{\mathrm{T}}\mathrm{diag}(\boldsymbol{K}) - \boldsymbol{\alpha}^{\mathrm{T}}\boldsymbol{K}\boldsymbol{\alpha} \tag{4.1.1}$$

$$\text{s.t.} \quad \boldsymbol{\alpha}^{\mathrm{T}}\mathbf{1} = 1 \text{ , } \boldsymbol{\alpha} \geqslant \mathbf{0} \tag{4.1.2}$$

其中，$\boldsymbol{\alpha} = [\alpha_1,\cdots,\alpha_N]^{\mathrm{T}}$ ，$\boldsymbol{K} = [k(\boldsymbol{x}_i,\boldsymbol{x}_j)] = [\varphi(\boldsymbol{x}_i)^{\mathrm{T}}\varphi(\boldsymbol{x}_j)]$ ，$\mathbf{0} = [0,\cdots,0]^{\mathrm{T}}$ ，$\mathbf{1} = [1,\cdots,1]^{\mathrm{T}}$ 。

当核函数 $k(\boldsymbol{x}_i,\boldsymbol{x}_j) = k$ （k 为常数）时，则 $\boldsymbol{\alpha}^{\mathrm{T}}\mathrm{diag}(\boldsymbol{K}) = k$ 。去掉常数项，上述公式变为

$$\max_{\alpha} \ -\boldsymbol{\alpha}^{\mathrm{T}}\boldsymbol{K}\boldsymbol{\alpha}$$

$$\text{s.t.} \quad \boldsymbol{\alpha}^{\mathrm{T}}\mathbf{1} = 1 \text{ , } \boldsymbol{\alpha} \geqslant \mathbf{0}$$

文献[109]指出硬边界 SVDD 等价于最小包含球（Minimum Enclosed Ball，MEB）问题，该结论对本章的研究具有重要意义。

4.2　具有 N-S 磁极效应的最大间隔模糊分类器

受 N-S 磁极效应理论启发，结合传统 SVM 的大间隔思想，本书提出一种新颖的具有 N-S 磁极效应的最大间隔模糊分类器（Maximum Margin Fuzzy Classifier with N-S Magnetic Pole，MPMMFC）。MPMMFC 在构建最优决策面时，引入模糊性惩罚参数，减少或降低噪声和野点数据对决策面的影响，进一步提高泛化性能。

本节后续做以下规定：对于一个包含 N 个样本的二分类问题，设给定样本集合 $T = \{(\boldsymbol{x}_1, y_1, s_1), (\boldsymbol{x}_2, y_2, s_2), \cdots, (\boldsymbol{x}_N, y_N, s_N)\}$ 。其中，$\boldsymbol{x}_i \in \boldsymbol{R}^d \ (i = 1,2,\cdots,m_1 + m_2 = N)$ 为输入数据集。$y_i \in \{+1,-1\}$ 为类标签，当 $1 \leqslant i \leqslant m_1$ 时，$y_i = +1$ ；当

$m_1+1\leqslant i\leqslant m_1+m_2=N$ 时， $y_i=-1$ 。 s_i （$1\leqslant i\leqslant N$）为模糊隶属度， $\sigma\leqslant s_i\leqslant 1$ ，σ 为任意小的一个正数。 $y_i=+1$ 含有 m_1 个样本， $y_i=-1$ 含有 m_2 个样本。

4.2.1 N-S 磁极效应

磁体上磁性最强的部分叫磁极。磁体周围存在磁场，磁体间的相互作用就是以磁场作为媒介的。一个磁体无论多么小都有两个磁极，可以在水平面内自由转动的磁体，静止时指向南方的磁极叫南极（S 极），指向北方的磁极叫北极（N 极）。同性磁极相互排斥，异性磁极相互吸引。

4.2.2 MPMMFC 原理

从物理学角度，MPMMFC 可理解为在空间中寻找一个具有磁性的“磁极”分别对两类样本产生作用，根据样本的磁性不同对两类样本进行分类；从几何角度，MPMMFC 可理解为在空间中寻找一个分类超平面，通过计算样本与超平面的关系判断样本类属。

1. 线性形式

基于上述分析，MPMMFC 的目标是在样本空间中构建一个超平面，使得一类模式离超平面尽可能近，另一类模式离超平面尽可能远。该优化问题可描述为如下最优化形式：

$$\min_{\boldsymbol{W},\rho,\xi,b}\frac{1}{2}\boldsymbol{W}^{\mathrm{T}}\boldsymbol{W}-\nu\rho+\frac{1}{\nu_1 m_1}\sum_{i=1}^{m_1}\xi_i s_i+\frac{1}{\nu_2 m_2}\sum_{j=m_1+1}^{N}\xi_j s_j \tag{4.2.1}$$

$$\text{s.t.}\quad \boldsymbol{W}^{\mathrm{T}}\boldsymbol{x}_i+b\leqslant\xi_i,\quad 1\leqslant i\leqslant m_1 \tag{4.2.2}$$

$$\boldsymbol{W}^{\mathrm{T}}\boldsymbol{x}_j+b\geqslant\rho-\xi_j,\quad m_1+1\leqslant j\leqslant N \tag{4.2.3}$$

$$\xi\geqslant 0,\quad \rho\geqslant 0,\quad \sigma\leqslant s\leqslant 1$$

其中， s_i （$1\leqslant i\leqslant N$）为模糊隶属度；σ 为任意小的一个正数；ρ 为两类样本间隔；用 $\xi_i s_i$ 代替松弛因子 ξ_i ，使不同样本点在分类时起到不同的作用；ν、ν_1、ν_2 分别为三个正的常数；m_1 和 m_2 分别为两类样本数。

在上述最优化问题中，$\frac{1}{2}\boldsymbol{W}^{\mathrm{T}}\boldsymbol{W}$ 可以确定 MPMMFC 最优分类面的法向量；$\nu\rho$ 表示两类间隔； $\frac{1}{\nu_1 m_1}\sum_{i=1}^{m_1}\xi_i s_i$ 和 $\frac{1}{\nu_2 m_2}\sum_{j=m_1+1}^{N}\xi_j s_j$ 分别表示具有模糊特性的松弛因子，

其中模糊特性通过模糊隶属度函数体现，该模糊特性将不同样本区别对待，松弛因子保证算法具有一定的容错性。

MPMMFC 借鉴 N-S 磁极效应思想进行分类。从 N-S 磁极效应的角度看，若将分类超平面看作磁极，则其对第一类吸引，而对第二类排斥。具体而言，在上述优化问题中，约束条件式（4.2.2）和式（4.2.3）分别表示两类样本受到磁场作用而产生的不同反应，即第一类样本距离分类超平面近，而第二类样本远离分类超平面，ρ 保证两类样本具有良好的可分性。

上述最优化问题的对偶形式如下：

$$\min_{\alpha \in \boldsymbol{R}^d} \frac{1}{2} \sum_{i=1}^{N} \sum_{j=1}^{N} \alpha_i \alpha_j y_i y_j \boldsymbol{x}_i \boldsymbol{x}_j \tag{4.2.4}$$

$$\text{s.t.} \quad 0 \leqslant \alpha_i \leqslant \frac{s_i}{v_1 m_1}, \ 1 \leqslant i \leqslant m_1 \tag{4.2.5}$$

$$0 \leqslant \alpha_j \leqslant \frac{s_j}{v_2 m_2}, \ m_1 + 1 \leqslant j \leqslant N \tag{4.2.6}$$

$$\sum_{i=1}^{N} \alpha_i y_i = 0 \tag{4.2.7}$$

$$2v \leqslant \sum_{i=1}^{N} \alpha_i \tag{4.2.8}$$

证明：根据 Lagrange 定理，上述 MPMMFC 原始问题的 Lagrange 方程为

$$\begin{aligned} L(\boldsymbol{W}, \rho, \xi, b, \alpha, \beta, \lambda) = & \frac{1}{2} \boldsymbol{W}^{\mathrm{T}} \boldsymbol{W} - v\rho + \frac{1}{v_1 m_1} \sum_{i=1}^{m_1} \xi_i s_i + \frac{1}{v_2 m_2} \sum_{j=m_1+1}^{N} \xi_j s_j + \\ & \sum_{i=1}^{m_1} \alpha_i \left(\boldsymbol{W}^{\mathrm{T}} \boldsymbol{x}_i + b - \xi_i \right) - \sum_{j=m_1+1}^{N} \alpha_j \left(\boldsymbol{W}^{\mathrm{T}} \boldsymbol{x}_j + b - \rho + \xi_j \right) - \sum_{k=1}^{N} \beta_k \xi_k - \lambda \rho \end{aligned} \tag{4.2.9}$$

其中，$\alpha_i \geqslant 0$，$\beta_k \geqslant 0$，$\lambda \geqslant 0$ 分别为 Lagrange 乘子。在 $L(\boldsymbol{W}, \rho, \xi, b, \alpha, \beta, \lambda)$ 方程中，分别对原始变量 $\boldsymbol{W}$、ρ、ξ、b 求偏导并令各偏导数为 0，可得

$$\frac{\partial L}{\partial \boldsymbol{W}} = 0 \Leftrightarrow \boldsymbol{W} = -\sum_{i=1}^{N} \alpha_i y_i \boldsymbol{x}_i \tag{4.2.10}$$

$$\frac{\partial L}{\partial \rho} = -v + \sum_{j=m_1+1}^{N} \alpha_j - \lambda = 0 \tag{4.2.11}$$

$$\frac{\partial L}{\partial \xi_i}=0 \Rightarrow 0 \leqslant \alpha_i \leqslant \frac{s_i}{\nu_1 m_1} \tag{4.2.12}$$

$$\frac{\partial L}{\partial \xi_j}=0 \Rightarrow 0 \leqslant \alpha_j \leqslant \frac{s_j}{\nu_2 m_2} \tag{4.2.13}$$

$$\frac{\partial L}{\partial b}=0 \Leftrightarrow \sum_{i=1}^{N} \alpha_i y_i = 0 \tag{4.2.14}$$

将式（4.2.10）～式（4.2.14）代入式（4.2.9）中可得 MPMMFC 的对偶形式。

2. 非线性形式

在非线性情况下，通过满足 Mercer 条件的核函数对输入空间进行高维映射，然后在高维特征空间中进行模式分类。MPMMFC 的核化形式为

$$\min_{\boldsymbol{W},\rho,\xi,b} \frac{1}{2}\boldsymbol{W}^{\mathrm{T}}\boldsymbol{W} - \nu\rho + \frac{1}{\nu_1 m_1}\sum_{i=1}^{m_1}\xi_i s_i + \frac{1}{\nu_2 m_2}\sum_{j=m_1+1}^{N}\xi_j s_j$$

$$\text{s.t.}\quad \boldsymbol{W}^{\mathrm{T}}\phi(\boldsymbol{x}_i)+b \leqslant \xi_i,\quad 1 \leqslant i \leqslant m_1$$

$$\boldsymbol{W}^{\mathrm{T}}\phi(\boldsymbol{x}_j)+b \geqslant \rho-\xi_j,\quad m_1+1 \leqslant j \leqslant N$$

$$\xi \geqslant 0,\quad \rho \geqslant 0,\quad \sigma \leqslant s \leqslant 1$$

核化对偶形式为

$$\min_{\alpha \in \boldsymbol{R}^d} \frac{1}{2}\sum_{i=1}^{N}\sum_{j=1}^{N}\alpha_i\alpha_j y_i y_j K(\boldsymbol{x}_i,\boldsymbol{x}_j)$$

$$\text{s.t.}\quad 0 \leqslant \alpha_i \leqslant \frac{s_i}{\nu_1 m_1},\quad 1 \leqslant i \leqslant m_1$$

$$0 \leqslant \alpha_j \leqslant \frac{s_j}{\nu_2 m_2},\quad m_1+1 \leqslant j \leqslant N$$

$$\sum_{i=1}^{N}\alpha_i y_i = 0$$

$$2\nu \leqslant \sum_{i=1}^{N}\alpha_i$$

$$\boldsymbol{W} = -\sum_{i=1}^{N}\alpha_i y_i \phi(\boldsymbol{x}_i) \tag{4.2.15}$$

其中，$K\left(\boldsymbol{x}_i,\boldsymbol{x}_j\right)$为符合 Mercer 条件的核函数。

3. 最大间隔 ρ 和 b 的求解方法

考虑两类支持向量集合和 α 集合：

$$\mathbf{SVX}_1=\left\{\boldsymbol{x}_i \mid 0<\alpha_i<\frac{s_i}{\nu_1 m_1},\ 1\leqslant i\leqslant m_1\right\}$$

$$\mathbf{SVX}_2=\left\{\boldsymbol{x}_j \mid 0<\alpha_j<\frac{s_j}{\nu_2 m_2},\ 1\leqslant j\leqslant N\right\}$$

$$\mathbf{SV\alpha}_1=\left\{\alpha_i \mid 0<\alpha_i<\frac{s_i}{\nu_1 m_1},\ 1\leqslant i\leqslant m_1\right\}$$

$$\mathbf{SV\alpha}_2=\left\{\alpha_j \mid 0<\alpha_j<\frac{s_j}{\nu_2 m_2},\ m_1+1\leqslant j\leqslant N\right\}$$

根据 KKT 条件，对于 $\mathbf{SVX}_1$，有

$$\boldsymbol{W}^{\mathrm{T}}\phi\left(\boldsymbol{x}_i\right)+b=0,\ 1\leqslant i\leqslant m_1 \tag{4.2.16}$$

同理，对于 $\mathbf{SVX}_2$，有

$$\boldsymbol{W}^{\mathrm{T}}\phi\left(\boldsymbol{x}_j\right)+b=\rho,\ m_1+1\leqslant j\leqslant N \tag{4.2.17}$$

因此设 $n_1=\left|\mathbf{SVX}_1\right|$，$n_2=\mathbf{SVX}_2$，由式（4.2.16）和式（4.2.17）可得

$$\rho^*=\frac{1}{n_2}P_2-\frac{1}{n_1}P_1$$

$$b^*=-\frac{1}{n_1}P_1 \tag{4.2.18}$$

其中，$P_1=\sum\limits_{\alpha_i\in\mathbf{SV\alpha}_1}\sum\limits_{x_i,x_j\in\mathbf{SVX}_1}\alpha_i K\left(\boldsymbol{x}_i,\boldsymbol{x}_j\right)$，$P_2=\sum\limits_{\alpha_j\in\mathbf{SV\alpha}_2}\sum\limits_{x_i,x_j\in\mathbf{SVX}_2}\alpha_j K\left(\boldsymbol{x}_i,\boldsymbol{x}_j\right)$。

4. 判别函数

为了判别一个新模式 $\boldsymbol{x}_i\in\boldsymbol{R}^d$ 的类属，MPMMFC 通过比较该模式与构造出的超平面的距离是否小于 0 来确定该模式的类属。MPMMFC 决策函数如下：

$$f\left(\boldsymbol{x}\right)=\mathrm{sgn}[\boldsymbol{W}^*\phi\left(\boldsymbol{x}\right)+b^*]$$

求得参数 α 后，可通过式（4.2.15）、式（4.2.18）得到 $\boldsymbol{W}^*$ 和 b^*。

4.2.3 理论分析

1. 算法复杂度分析

MPMMFC 解决一个具有线性约束的二次规划问题，其计算对象主要是核函数矩阵，空间复杂度是 $O(N^2)$，其中 N 为训练样本数；其时间复杂度为 $O(N^3)$。当面对大规模分类问题时，MPMMFC 的训练时间随着样本数的增加呈指数级增长。因此，MPMMFC 不适用于大规模分类问题。目前，一个新的研究成果引起了人们的广泛关注：Tsang 提出的核心向量机（CVM）试图建立最优化问题与最小包含球（QP）形式的等价性，从而将分类方法的适用范围从中小规模数据扩展到大规模数据。限于篇幅，下一步的工作是探讨 MPMMFC 与最小包含球形式的等价性，从而解决 MPMMFC 无法进行大规模分类的问题。

2. 可调参数ν的性质

称对应 Lagrange 乘子 $\alpha_i > 0$ 的训练样本 $\boldsymbol{x}_i$（$1 \leqslant i \leqslant N$）为支持向量（SV），对应松弛变量 $\xi_i > 0$（$1 \leqslant i \leqslant N$）的训练样本 $\boldsymbol{x}_i$（$1 \leqslant i \leqslant N$）为间隔误差（ME）。

定理 4.1：设 $\mathbf{ME}_1 = \left\{ s_i \middle| \xi_i > 0, 1 \leqslant i \leqslant m_1 \right\}$，$\mathbf{ME}_2 = \left\{ s_j \middle| \xi_i > 0, m_1 + 1 \leqslant j \leqslant N \right\}$，$\boldsymbol{S}_1 = \left\{ s_i \middle| a_i > 0, 1 \leqslant i \leqslant m_1 \right\}$，$\boldsymbol{S}_2 = \left\{ s_j \middle| a_i > 0, m_1 + 1 \leqslant j \leqslant N \right\}$，得到如下关系：

$$\frac{1}{m_1} \sum_{s_i \in \mathbf{ME}_1} s_i \leqslant \nu \nu_1 \leqslant \frac{1}{m_1} \sum_{s_i \in S_1} s_i \tag{4.2.19}$$

$$\frac{1}{m_2} \sum_{s_j \in \mathbf{ME}_2} s_j \leqslant \nu \nu_2 \leqslant \frac{1}{m_2} \sum_{s_j \in S_2} s_j \tag{4.2.20}$$

其中，ν、ν_1、ν_2 同时控制着支持向量的下界和间隔误差的上界。

证明：由于 $\sigma \leqslant s_i \leqslant 1$，则式（4.2.5）中的约束条件变为

$$0 \leqslant \alpha_i \leqslant \frac{s_i}{\nu_1 m_1} \leqslant \frac{1}{\nu_1 m_1},\ 1 \leqslant i \leqslant m_1 \tag{4.2.21}$$

根据 Kuhn-Tucher 定理，对偶变量与约束的乘积在鞍点处为 0，即 $\lambda \rho = 0$，$\rho > 0$，由式（4.2.11）得

$$-\nu + \sum_{j=m_1+1}^{N} \alpha_j = 0 \Rightarrow \sum_{j=m_1+1}^{N} \alpha_j = \nu \tag{4.2.22}$$

由式（4.2.14）和式（4.2.22）得$\sum_{i=1}^{m_1}\alpha_i = \nu$，当$\xi_i > 0$时，$a_i = \dfrac{s_i}{\nu_1 m_1}$对于所有正类间隔误差成立，则有

$$\sum_{i=1}^{m_1}\alpha_i = \nu \geqslant \frac{1}{\nu_1 m_1}\sum_{s_i \in \mathbf{ME}_1} s_i \tag{4.2.23}$$

由式（4.2.21）可知，每个正支持向量至多贡献$\dfrac{s_i}{\nu_1 m_1}$，则得

$$\sum_{i=1}^{m_1}\alpha_i = \nu \leqslant \frac{1}{\nu_1 m_1}\sum_{s_i \in \boldsymbol{S}_1} s_i \quad \Rightarrow \nu \leqslant \frac{1}{\nu_1 m_1}\sum_{s_i \in \boldsymbol{S}_1} s_i \tag{4.2.24}$$

由式（4.2.23）和式（4.2.24）可得$\dfrac{1}{m_1}\sum_{s_i \in \mathbf{ME}_1} s_i \leqslant \nu\nu_1 \leqslant \dfrac{1}{m_1}\sum_{s_i \in S_1} s_i$。

对于负类，同理可得式（4.2.20）。

4.3　基于光束角思想的最大间隔学习机

研究人员提出了众多分类方法，如决策树、统计方法、机器学习方法、神经网络方法等。在这些方法中，基于边界的方法[60,61]应用最为广泛。该方法通过几何形状如超平面[60,132]、超（椭）球[61,133]等，将目标数据中的高密度区域映射到一个正半空间或封闭的超（椭）球里，同时保证包含大部分目标数据且上述几何体体积最小，以达到最佳分类效果。经典 SVM 及其变种的基本思想是在空间内寻找一个超平面将两类分开；支持向量数据描述（SVDD）采用最小体积超球约束目标数据，达到剔除奇异点的目的；WEI 等人[133]利用超椭球代替了 SVDD 中的超球，以考虑数据的结构信息，类似的椭球模型还有最小体积包含椭球（Minimum Volume Enclosing Ellipsoid，MVEE）[134]、核最小体积覆盖椭球（Kernel Minimum Volume Covering Ellipsoid，KMVCE）[135]，它们均通过优化椭球体积来寻找最小超椭球。

由上述分析可知，几何空间中的平面（线）、球（椭球）等已被广泛用于模式分类。空间几何的另一重要组成部分——点能否作为分类依据值得研究。本书借鉴光束角思想，提出一种新颖的模式分类方法——基于光束角思想的最大间隔学习机（Maximum Margin Learning Machine Based on Beam Angle，BAMLM）。该方法首先在模式空间中找到一个分类点 c，满足 c 距离两类样本尽可能近且类间夹角间隔尽

可能大。利用BAMLM的核化对偶式与最小包含球的等价性提出基于核心向量机[45]的BAMLM（BACVM），将BAMLM的应用范围从中小规模数据集扩展到大规模数据集。本节算法与已有基于边界分类方法的不同之处在于以下两个方面。

（1）设计思想不同。已有基于边界分类方法在模式空间中找到一个平面（线）、球（椭球）等将两类分开，而本节算法是通过分类点将两类分开的。

（2）适用范围不同。已有基于边界分类方法在中小规模数据集上效果优良，但面对大规模数据集便无能为力；而所提算法不仅能解决中小规模数据集上的分类问题，还可以解决大规模数据集上的分类问题。

4.3.1 光束角

在光学领域中，光束角[136]是指过光源轴线的同一平面内光强为最大光强 1/2 的两束光之间的夹角，如图 4.2 所示。光导管系统的光源与照明区域密切相关。从光束角的角度看，模式分类的目标是在模式空间中找到一个“光源”分别照射两类样本，根据照射区域的不同确定样本类属。

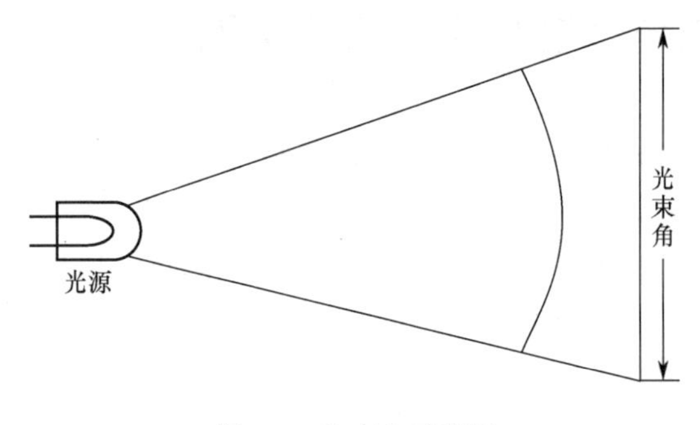

图 4.2　光束角示意图

4.3.2 BAMLM 原理

1. BAMLM 与光束角的关系

在光学领域，光导管系统的光源与照明区域密切相关。实际应用要求光源尽可能照射整个目标区域。基于此，提出基于光束角思想的最大间隔学习机（BAMLM）。从光学角度，BAMLM 可理解为在样本空间中寻找一个“光源”分别照射两类样本，根据照射区域的不同对样本进行分类；从空间几何角度，BAMLM 可理解为在样本空间内寻找一个分类点，通过计算样本与分类点间的夹角来判断样本类属。BAMLM 工作原理如图 4.3 所示。图 4.3 中两类分别用 Class1

和 Class2 表示，支持向量（Support Vector）用 SV 表示，分类点（Classified Point）用 CP 表示。

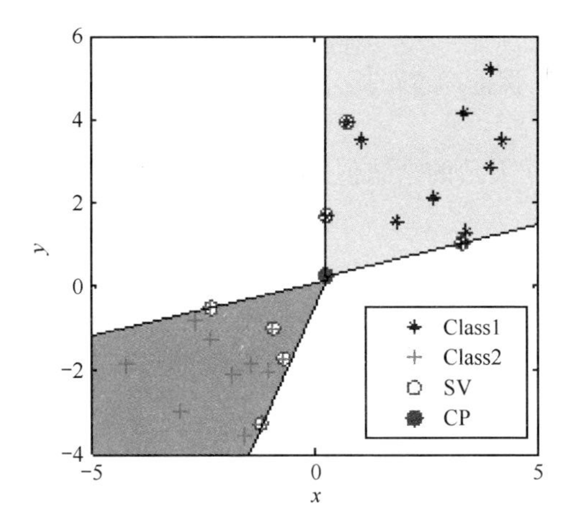

图 4.3　BAMLM 工作原理

由图 4.3 中可以看出，BAMLM 的支持向量主要分布在样本边界附近，这与 BAMLM 的工作原理有关。BAMLM 通过夹角的余弦值间隔来判断新进样本的类属，“光源”与边界支持向量的夹角大小直接决定分类的精度，因此 BAMLM 的支持向量分布在样本边界附近。

2. 线性形式

基于上述分析，BAMLM 的目标是在样本空间中寻找分类点 $\boldsymbol{c}$，保证两类分开且两类间隔最大。该优化问题可描述为

$$\min_{c,\rho,\xi_i} \frac{1}{N}\sum_{i=1}^{N}\|\boldsymbol{x}_i-\boldsymbol{c}\|^2-\nu\rho+C\sum_{i=1}^{N}\xi_i^2 \tag{4.3.1}$$

$$\text{s.t.} \quad y_i\left(\frac{\boldsymbol{x}_i^{\mathrm{T}}\boldsymbol{c}}{\|\boldsymbol{x}_i\|\|\boldsymbol{c}\|}+\xi_i\right)>\rho,\ i=1,\cdots,N \tag{4.3.2}$$

其中，$\boldsymbol{c}$ 为分类点；$\boldsymbol{x}_i^{\mathrm{T}}\boldsymbol{c}/\|\boldsymbol{x}_i\|\|\boldsymbol{c}\|$ 表示样本点 $\boldsymbol{x}_i$ 与分类点 $\boldsymbol{c}$ 夹角的余弦值；ρ 表示类间夹角的余弦值间隔；ν 为可调参数；C 为惩罚因子，用于惩罚错分样本；ξ_i 为松弛因子。

为了推导方便，将式（4.3.2）改写为

$$y_i(\boldsymbol{x}_i^{\mathrm{T}}\boldsymbol{c}+\xi_i)\geqslant\rho,\ i=1,\cdots,N \tag{4.3.3}$$

相应地，式（4.3.3）中参数 ξ_i 和 ρ 的含义变为向量模意义上的松弛因子和类

间夹角对应的样本与分类点内积的间隔。

针对上述目标函数，给出如下说明：

（1）$\frac{1}{N}\sum_{i=1}^{N}\|\boldsymbol{x}_i-\boldsymbol{c}\|^2$ 保证样本距离分类点最近，尽可能避免奇异点对分类的影响；

（2）$-\nu\rho$ 保证类间夹角的余弦值间隔最大，其中可调参数 ν 与支持向量数密切相关；

（3）$C\sum_{i=1}^{N}\xi_i^2$ 允许存在误差，在一定程度上提高了算法的泛化能力。

3. 对偶形式

定理 4.2：BAMLM 原始优化问题的对偶形式为

$$\max_{\alpha}\quad -\frac{4}{N}\sum_{i=1}^{N}\sum_{j=1}^{N}\alpha_i y_i \boldsymbol{x}_i^{\mathrm{T}}\boldsymbol{x}_j-\sum_{i=1}^{N}\sum_{j=1}^{N}\alpha_i\alpha_j y_i y_j \boldsymbol{x}_i^{\mathrm{T}}\boldsymbol{x}_j-\frac{1}{C}\sum_{i=1}^{N}\alpha_i^2$$

$$\text{s.t.}\quad \sum_{i=1}^{N}\alpha_i=\nu,\ \alpha_i\geqslant 0,\ i=1,\cdots,N$$

证明：根据 Lagrange 定理，上述原始问题的 Lagrange 方程为

$$L(\boldsymbol{c},\rho,\alpha,\xi_i)=\frac{1}{N}\sum_{i=1}^{N}\|\boldsymbol{x}_i-\boldsymbol{c}\|^2-\nu\rho+C\sum_{i=1}^{N}\xi_i^2+\sum_{i=1}^{N}\alpha_i(\rho-y_i\boldsymbol{x}_i^{\mathrm{T}}\boldsymbol{c}-y_i\xi_i)\quad(4.3.4)$$

其中，Lagrange 乘子 $\alpha_i\geqslant 0$。

$L(\boldsymbol{c},\rho,\alpha,\xi_i)$ 分别对 $\boldsymbol{c}$、ρ、ξ_i 求偏导，并令各偏导数等于零，可得

$$\frac{\partial L}{\partial\rho}=-\nu+\sum_{i=1}^{N}\alpha_i=0\quad(4.3.5)$$

$$\frac{\partial L}{\partial\boldsymbol{c}}=-\frac{2}{N}\sum_{i=1}^{N}(\boldsymbol{x}_i-\boldsymbol{c})-\sum_{i=1}^{N}\alpha_i y_i\boldsymbol{x}_i=0,\quad \boldsymbol{c}=\sum_{i=1}^{N}\left(\frac{1}{N}+\frac{1}{2}\alpha_i y_i\right)\boldsymbol{x}_i\quad(4.3.6)$$

$$\frac{\partial L}{\partial\xi_i}=2C\xi_i-\alpha_i y_i=0,\quad \xi_i=\frac{\alpha_i y_i}{2C}\quad(4.3.7)$$

将式（4.3.5）～式（4.3.7）代入目标函数式（4.3.4），定理成立。

4. 核化形式

在非线性情况下，通过一个满足 Mercer 条件的核函数对输入样本进行高维映

射，并在高维空间中进行模式分类。非线性 BAMLM 表示为

$$\min_{c,\rho,\xi_i} \quad \frac{1}{N}\sum_{i=1}^{N}\|\varphi(\boldsymbol{x}_i)-\boldsymbol{c}\|^2-\nu\rho+C\sum_{i=1}^{N}\xi_i^2 \tag{4.3.8}$$

$$\text{s.t.} \quad y_i[\varphi(\boldsymbol{x}_i)^{\mathrm{T}}\boldsymbol{c}+\xi_i]\geqslant\rho,\ i=1,\cdots,N \tag{4.3.9}$$

其中，映射函数 $\varphi:\boldsymbol{R}^d\mapsto\boldsymbol{R}^D(D>>d)$ 将原始样本空间映射到高维特征空间。

定理 4.3： 非线性 BAMLM 的对偶形式为

$$\max_{\alpha} \quad -\frac{4}{N}\sum_{i=1}^{N}\sum_{j=1}^{N}\alpha_i y_i k(\boldsymbol{x}_i,\boldsymbol{x}_j)-\sum_{i=1}^{N}\sum_{j=1}^{N}\alpha_i\alpha_j y_i y_j k(\boldsymbol{x}_i,\boldsymbol{x}_j)-\frac{1}{C}\sum_{i=1}^{N}\alpha_i^2 \tag{4.3.10}$$

$$\text{s.t.} \quad \sum_{i=1}^{N}\alpha_i=\nu,\quad \alpha_i\geqslant 0,\ i=1,\cdots,N \tag{4.3.11}$$

其中，核函数 $k(\boldsymbol{x}_i,\boldsymbol{x}_j)=\varphi(\boldsymbol{x}_i)^{\mathrm{T}}\varphi(\boldsymbol{x}_j)$。

5. 间隔 ρ 的求解

由 KKT 条件可知，对于支持向量，式（4.3.9）中的等号成立，即

$$\rho=y_i(\varphi(\boldsymbol{x}_i)^{\mathrm{T}}\boldsymbol{c}+\xi_i) \tag{4.3.12}$$

设支持向量集为 $S=\{\boldsymbol{x}_i\mid\alpha_i>0,\ i=1,\cdots,N\}$。将每个 $\boldsymbol{x}_i\in S$ 代入式（4.3.12）并求平均可得

$$\rho=\frac{1}{|S|}\sum_{\boldsymbol{x}_i\in S}y_i\left[\sum_{i=1}^{N}(\frac{1}{N}+\frac{1}{2}\alpha_i y_i)k(\boldsymbol{x}_i,\boldsymbol{x}_j)+\xi_i\right]$$

其中，ξ_i 可由式（4.3.7）求得。

6. 决策函数

BAMLM 的决策函数为

$$\begin{aligned} f(\boldsymbol{x})&=\operatorname{sgn}(\varphi(\boldsymbol{x})^{\mathrm{T}}\boldsymbol{c}-\rho)\\ &=\operatorname{sgn}\left[\sum_{i=1}^{N}(\frac{1}{N}+\frac{1}{2}\alpha_i y_i)k(\boldsymbol{x}_i,\boldsymbol{x})-\rho\right] \end{aligned} \tag{4.3.13}$$

若 $f(\boldsymbol{x})>0$，则 $\boldsymbol{x}$ 属于第一类；若 $f(\boldsymbol{x})<0$，则 $\boldsymbol{x}$ 属于第二类。将上述决策函数称为“夹角差决策函数”。

4.3.3 CCMEB 及 BACVM

Tsang 等人提出的核心向量机（CVM）把 QP 的求解转化为最小包含球问题，并使用一个逼近率为 1+ε 的近似算法得到核心集。该核心集规模远小于原始样本规模，通过训练该核心集可得到理想的分类效果。此外，核心集规模仅与参数 ε 有关，与样本数及样本维数无关。该结论从理论上保证了 CVM 适用于大规模样本分类问题。

1. CCMEB

中心受限最小包含球（Center-Constrained MEB，CCMEB）是 MEB 问题的扩展。设 $\delta_i \in \boldsymbol{R}$，将原核空间的样本点扩展为 $\begin{bmatrix} \varphi(\boldsymbol{x}_i) \\ \delta_i \end{bmatrix}$，将原球心扩展为 $\begin{bmatrix} \boldsymbol{c} \\ 0 \end{bmatrix}$，则可得如下 CCMEB：

$$\begin{aligned} &\min \ \boldsymbol{R}^2 \\ &\text{s.t.} \quad \|\boldsymbol{c}-\varphi(\boldsymbol{x}_i)\|^2+\delta_i^2 \leqslant \boldsymbol{R}^2,\ i=1,\cdots,N \end{aligned} \tag{4.3.14}$$

由 Lagrange 定理易得上述问题的对偶形式：

$$\max_{\boldsymbol{\alpha}} \ \boldsymbol{\alpha}^{\mathrm{T}}\operatorname{diag}(\boldsymbol{K}+\boldsymbol{\Delta})-\boldsymbol{\alpha}^{\mathrm{T}}\boldsymbol{K}\boldsymbol{\alpha} \tag{4.3.15}$$

$$\text{s.t.} \quad \boldsymbol{\alpha}^{\mathrm{T}}1=1,\ \boldsymbol{\alpha} \geqslant 0 \tag{4.3.16}$$

其中，$\boldsymbol{\alpha}=[\alpha_1,\cdots,\alpha_N]^{\mathrm{T}}$，$\boldsymbol{K}=[k(\boldsymbol{x}_i,\boldsymbol{x}_j)]=[\varphi(\boldsymbol{x}_i)^{\mathrm{T}}\varphi(\boldsymbol{x}_j)]$，$\boldsymbol{\Delta}=[\delta_1^2,\cdots,\delta_N{}^2]^{\mathrm{T}} \geqslant 0$，$\boldsymbol{0}=[0,\cdots,0]^{\mathrm{T}}$，$1=[1,\cdots,1]^{\mathrm{T}}$。

对于任意常数 $\eta \in \boldsymbol{R}$，有

$$\begin{aligned} &\max_{\boldsymbol{\alpha}} \ \boldsymbol{\alpha}^{\mathrm{T}}\operatorname{diag}(\boldsymbol{K}+\boldsymbol{\Delta}-\eta\boldsymbol{1})-\boldsymbol{\alpha}^{\mathrm{T}}\boldsymbol{K}\boldsymbol{\alpha} \\ &s.t. \quad \boldsymbol{\alpha}^{\mathrm{T}}1=1,\ \boldsymbol{\alpha} \geqslant 0 \end{aligned} \tag{4.3.17}$$

由于 η 与 $\boldsymbol{\alpha}$ 无关，则易知式（4.3.15）与式（4.3.17）同解。任何形如式（4.3.17）且 $\boldsymbol{\Delta} \geqslant 0$ 的问题均可视为 MEB 问题。

2. BAMLM 与 CCMEB 的关系

令 $\beta_i=\dfrac{1}{\nu}\alpha_i$，将 BAMLM 原始优化问题的对偶形式转化为

$$\max_{\beta} \quad -\frac{4\nu}{N}\sum_{i=1}^{N}\sum_{j=1}^{N}\beta_i y_i k(\boldsymbol{x}_i,\boldsymbol{x}_j)-\sum_{i=1}^{N}\sum_{j=1}^{N}\beta_i\beta_j y_i y_j k(\boldsymbol{x}_i,\boldsymbol{x}_j)-\frac{1}{C}\sum_{i=1}^{N}\beta_i^2 \tag{4.3.18}$$

$$\text{s.t.}\quad \sum_{i=1}^{N}\beta_i=1,\quad \beta_i\geqslant 0,\ i=1,\cdots,N \tag{4.3.19}$$

式（4.3.19）等价于

$$\max_{\boldsymbol{\alpha}}\quad \boldsymbol{\alpha}^{\mathrm{T}}(\mathrm{diag}(\tilde{\boldsymbol{K}})+\boldsymbol{\Delta}-\eta\mathbf{1})-\boldsymbol{\alpha}^{\mathrm{T}}\tilde{\boldsymbol{K}}\boldsymbol{\alpha} \tag{4.3.20}$$

$$\text{s.t.}\quad \boldsymbol{\alpha}^{\mathrm{T}}1=1,\quad \boldsymbol{\alpha}\geqslant\mathbf{0} \tag{4.3.21}$$

其中，$\tilde{\boldsymbol{K}}=[y_i y_j k(\boldsymbol{x}_i,\boldsymbol{x}_j)+\mu_{ij}]$ 且 $\mu_{ij}=\begin{cases}\dfrac{1}{C},\ i=j\\ 0\ ,\ i\neq j\end{cases}$，$\boldsymbol{\Delta}=-\mathrm{diag}(\tilde{\boldsymbol{K}})-\dfrac{4}{N\nu}y_i\sum_{j=1}^{N}k(\boldsymbol{x}_i,\boldsymbol{x}_j)+\eta\mathbf{1}$。当 η 取值足够大时，总能保证 $\boldsymbol{\Delta}\geqslant 0$，则 BAMLM 等价于 CCMEB 问题。

3. BACVM

基于上述分析提出 BACVM 算法，算法描述如下。

参数说明：$B(\boldsymbol{c}, R)$表示球心为 $\boldsymbol{c}$，半径为 R 的最小包含球；S_t表示核心集；t 表示迭代次数；ε 表示终止参数。

BACVM
Step1：初始化 $\boldsymbol{c}_t$、R_t、S_t、ε，t=0。
Step2：对于 $\forall \boldsymbol{z}$ 有 $\varphi(\boldsymbol{z})\in B[\boldsymbol{c}_t,(1+\varepsilon)R]$，则转到 **Step6**，否则转到 **Step3**。
Step3：如果 $\varphi(z)$ 距离球心 $\boldsymbol{c}_t$ 最远，则 $S_{t+1}=S_t\cup\{\varphi(\boldsymbol{z})\}$。
Step4：寻找最新最小包含球 $B(S_{t+1})$，并设置 $\boldsymbol{c}_t=\boldsymbol{c}_{B(S_{t+1})}$， $R_t=R_{B(S_{t+1})}$。
Step5：t=t+1 并转到 **Step2**。
Step6：BAMLM 对核心集 S_t 进行训练并得到式（4.3.13）所示的决策函数。

4.4　面向大规模数据的模糊支持向量数据描述

4.4.1　模糊支持向量数据描述

1. 最优化问题

为了解决 SVDD 抗噪能力较差的问题，提出模糊支持向量数据描述（Fuzzy Support Vector Data Description，FSVDD）。该方法将模糊函数引入 SVDD 的目标函数中，根据输入数据对分类结果的影响程度，得到相应的模糊值和惩罚值，在构造最小超球体时忽略对分类结果影响较小的数据。FSVDD 可表示为如下形式。

线性形式：

$$\min\ R^2 + C\sum_{i=1}^{N} s_i\xi_i \tag{4.4.1}$$

$$\text{s.t.}\ \|\boldsymbol{x}_i - \boldsymbol{c}\|^2 \leqslant R^2 + \xi_i\text{，}\ \xi_i \geqslant 0 \tag{4.4.2}$$

其中，s_i 表示模糊隶属度，用以区分不同数据对分类结果的影响。

由 Lagrange 定理得

$$J = R^2 + C\sum_{i=1}^{N} s_i\xi_i - \sum_{i=1}^{N}\alpha_i(\|\boldsymbol{x}_i - \boldsymbol{c}\|^2 - R^2 - \xi_i) - \sum_{i=1}^{N}\beta_i\xi_i \tag{4.4.3}$$

上式分别对 R、ξ_i 及 $\boldsymbol{c}$ 求偏导，可得

$$\frac{\partial J}{\partial R} = 2R - 2R\sum_{i=1}^{N}\alpha_i = 0 \Rightarrow \sum_{i=1}^{N}\alpha_i = 1$$

$$\frac{\partial J}{\partial \xi_i} = \alpha_i + \beta_i = Cs_i \Rightarrow 0 \leqslant \alpha_i \leqslant Cs_i$$

$$\frac{\partial J}{\partial \boldsymbol{c}} = -2\sum_{i=1}^{N}\alpha_i\boldsymbol{x}_i + 2\boldsymbol{c} = 0 \Rightarrow \boldsymbol{c} = \sum_{i=1}^{N}\alpha_i\boldsymbol{x}_i$$

将上述三式代入式（4.4.3）有

$$\max\ -\sum_{i=1}^{N}\sum_{i=1}^{N}\alpha_i\alpha_j\boldsymbol{x}_i^{\mathrm{T}}\boldsymbol{x}_j$$

$$\text{s.t.}\ \sum_{i=1}^{N}\alpha_i = 1,\ 0 \leqslant \alpha_i \leqslant Cs_i$$

非线性形式：

$$\min\ R^2 + C\sum_{i=1}^{N} s_i\xi_i$$

$$\text{s.t.}\ \|\phi(\boldsymbol{x}_i) - \boldsymbol{c}\|^2 \leqslant R^2 + \xi_i\text{，}\ \xi_i \geqslant 0$$

上述优化问题的对偶形式为

$$\max \ -\sum_{i=1}^{N}\sum_{j=1}^{N}\alpha_i\alpha_j k(\boldsymbol{x}_i,\boldsymbol{x}_j)$$

$$\text{s.t.} \ \sum_{i=1}^{N}\alpha_i = 1,\ 0 \leqslant \alpha_i \leqslant Cs_i \tag{4.4.4}$$

上述对偶问题可转化为如下形式：

$$\max_{\alpha} \ -\boldsymbol{\alpha}^{\mathrm{T}}\tilde{\boldsymbol{K}}\boldsymbol{\alpha}$$

$$\text{s.t.} \ \boldsymbol{\alpha}^{\mathrm{T}}1 = 1，\ \boldsymbol{\alpha} \geqslant 0$$

其中，$\boldsymbol{K} = [k(\boldsymbol{x}_i,\boldsymbol{x}_j)] = [\varphi(\boldsymbol{x}_i)^{\mathrm{T}}\varphi(\boldsymbol{x}_j)]$，$\boldsymbol{0} = [0,\cdots,0]^{\mathrm{T}}$，$1 = [1,\cdots,1]^{\mathrm{T}}$。

2. 决策函数

球心表示为

$$\boldsymbol{c} = \sum_{i=1}^{N}\alpha_i\varphi(\boldsymbol{x}_i)$$

球半径满足

$$R^2 = \left\|\varphi(\boldsymbol{x}_j) - \boldsymbol{c}\right\|^2 = k(\boldsymbol{x}_j,\boldsymbol{x}_j) - 2\sum_{i=1}^{N}\alpha_i k(\boldsymbol{x}_i,\boldsymbol{x}_j) + \sum_{i=1}^{N}\sum_{k=1}^{N}\alpha_i\alpha_k k(\boldsymbol{x}_i,\boldsymbol{x}_k)$$

任意一个测试样本 $\boldsymbol{z}$ 到超球球心的距离 $D(\boldsymbol{z})$满足

$$\begin{aligned} D(\boldsymbol{z}) &= \left\|\boldsymbol{z} - \boldsymbol{c}\right\|^2 \\ &= k(\boldsymbol{z},\boldsymbol{z}) - 2\sum_{i=1}^{N}\alpha_i k(\boldsymbol{x}_i,\boldsymbol{z}) + \sum_{i=1}^{N}\sum_{j=1}^{N}\alpha_i\alpha_j k(\boldsymbol{x}_i,\boldsymbol{x}_j) \end{aligned} \tag{4.4.5}$$

当 $D(\boldsymbol{z}) \leqslant R$ 时，样本 $\boldsymbol{z}$ 属于正常类；否则，认为样本 $\boldsymbol{z}$ 为噪声。

4.4.2 FSVDD-CVM

针对 SVDD 面临的大规模数据分类问题，提出基于 CVM 的模糊支持向量数据描述（Fuzzy Support Vector Data Description for Large Scale Datasets Based on Core Vector Machine，FSVDD-CVM）。算法描述如下。

参数说明：$B(\boldsymbol{c},\ R)$表示球心为 $\boldsymbol{c}$、半径为 R 的最小包含球；S_t表示核心集；t 表示迭代次数；ε 表示终止参数。

FSVDD-CVM
Step1：初始化 $\boldsymbol{c}_t$、R_t、S_t、ε，t=0。 **Step2**：对于 $\forall z$ 有 $\varphi(z)\in B[\boldsymbol{c}_t,(1+\varepsilon)R]$，则转到 **Step6**，否则转到 **Step3**。 **Step3**：如果 $\varphi(z)$ 距离球心 $\boldsymbol{c}_t$ 最远，则 $S_{t+1}=S_t\bigcup\{\varphi(z)\}$。 **Step4**：寻找最新最小包含球 $B(S_{t+1})$，并设置 $\boldsymbol{c}_t=\boldsymbol{c}_{B(S_{t+1})}$，$R_t=R_{B(S_{t+1})}$。 **Step5**：$t$=$t$+1 并转到 **Step2**。 **Step6**：FSVDD 对核心集 S_t 进行训练并根据式（4.4.5）得到分类结果。

4.5 基于信度的 BP 神经网络

人工神经网络（Artificial Neural Network，ANN）是一种旨在模仿人脑神经系统结构和功能的数学模型，由大量神经元相互连接构成，其中每个神经元对应一个激励函数和阈值，每两个神经元有一个相互连接的权值。网络性能由网络连接方式、神经元数目、隐层层数、连接权值、激励函数和阈值等共同决定[137]。

1986 年 Rumelhart 和 McClelland 提出误差反向传播（BP）神经网络[138]，其具有坚实的理论基础和严谨的理论推导过程，被广泛应用于函数逼近、模式识别、人脸识别、电路故障诊断和医学检测等领域[139~143]。在人工神经网络的实际应用中，BP 神经网络已成为应用最广泛且最重要的前向神经网络算法之一。但由于 BP 神经网络采用梯度下降算法和固定的学习速度进行网络训练，因而存在训练过程发生振荡、收敛速度慢、容易陷入局部极小点而无法得到全局最优点的缺陷[140]。

针对以上缺陷，一些学者进行了具体的研究并提出了改进措施，如增加动量系数法[141]、修改激励函数[144]和误差函数导数[145]。其中，动量系数法通过增加 t 时刻以前的梯度方向减少网络训练过程振荡，提高收敛速度；Vogl 等人提出可变学习速度反向传播（Variable Learning Rate Back Propagation，VLBP）算法[146]，该算法通过在学习过程中根据均方误差增大和减小改变学习速度来提高收敛速度，但当误差曲面异常复杂和突出时，VLBP 收敛速度慢；程玥等人提出放大误差信号的 BP 算法（Back-Propagation Algorithm with Magnified Error Signals，MBP）[147]，该算法通过修改误差激励函数导数，放大误差信号，提高收敛性。由于学习算法的性能对学习速度极其敏感，因此本书提出基于信度的 BP 神经网络（BP Neutral

Network Based on Credit，CBP），其通过各层神经元间的权值对误差的贡献率调整各权值学习速度，并结合动量系数法跳出局部极小值区域，加快收敛速度，提高学习效率。

4.5.1　BP 神经网络

BP 神经网络是一个多层网络，由一个输入层、一个输出层和一个或多个隐层组成。学习过程由信号正向传播与误差反向传播两个过程组成。当信号正向传播时，输入样本从输入层传入，经隐层处理后传向输出层，若输出层输出与期望输出不一致，则转向误差反向传播阶段。误差反向传播阶段采用梯度下降法将输出误差以某种形式通过隐层向输入层逐层反传，逐层迭代修改各神经元之间的网络权值和各神经元阈值[138,144]。

M 层 BP 神经网络结构如图 4.4 所示，网络输入是 N_1 维的 $\boldsymbol{X}=\left(\boldsymbol{x}_1,\boldsymbol{x}_2,\cdots,\boldsymbol{x}_{N_1}\right)$ 向量，网络实际输出为 $\boldsymbol{Y}=\left(y_1,y_2,\cdots,y_{N_M}\right)$，$N_i$（$1\leqslant i\leqslant M$）为第 i 层神经元节点数，$\boldsymbol{W}_i$（$1\leqslant i\leqslant M-1$）为第 i 层到第 $i+1$ 层神经元的连接权向量值。

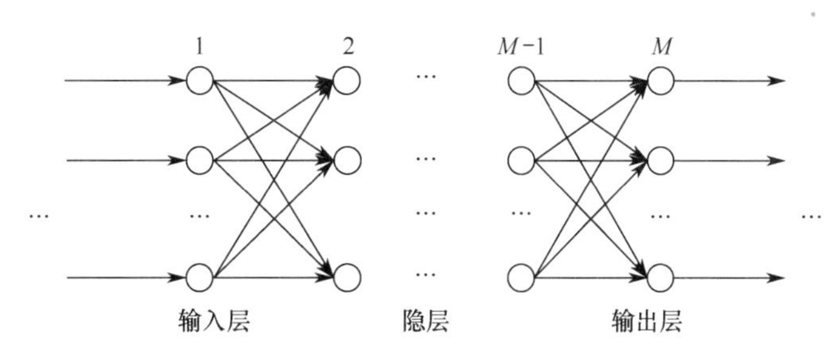

图 4.4　M 层 BP 神经网络结构

在网络学习阶段，BP 神经网络隐层和输出层的输入依赖前一层神经元节点的输出，第 $i+1$ 层神经元输入向量为

$$\mathbf{net}_{i+1}=\boldsymbol{W}_i^{\mathrm{T}}\boldsymbol{O}_i$$

其中，$\boldsymbol{W}_i=\begin{bmatrix} W_{i11} & \cdots & W_{i1N_{i+1}} \\ \cdots & & \cdots \\ W_{iN_i1} & \cdots & W_{iN_iN_{i+1}} \end{bmatrix}$，矩阵第 j 行为第 i 层第 j 个神经元到第 $i+1$ 层所有神经元的连接权值向量；$\boldsymbol{O}_i=f(\mathbf{net}_i-\boldsymbol{b}_i)$ 为第 i 层神经元的输出值向量，$\boldsymbol{b}_i$ 为第 i 层神经元的阈值向量，f 为激励函数。

如果神经元 j 在输出层，则 O_{Mj} 是网络实际输出即 y_j， d_j 为网络期望输出，因此神经网络目标函数为

$$E=\frac{1}{2}\sum_{j=1}^{N_M}(y_j-d_j)^2$$

BP 算法是一种监督学习算法，训练过程中通过不断调整网络权值和阈值，沿 E 函数梯度下降方向修正。

$$\Delta W_{ijk}=a\frac{\partial E}{\partial W_{ijk}}=a\delta_{ik}O_{ij} \tag{4.5.1}$$

$$\Delta b_{ik}=a\delta_{ik} \tag{4.5.2}$$

其中，$0<a<1$ 是学习速度，$\delta_{ik}=\begin{cases}(d_k-y_k)*f'\left(\text{net}_{(i+1)k}\right)，第i+1层为输出层\\ \left(\sum_{h}^{N_{i+2}}\delta_{(i+1)h}W_{(i+1)kh}\right)*f'\left(\text{net}_{(i+1)k}\right)，第i+1层为隐层\end{cases}$

则权重 W 调整公式为

$$W_i(t+1)=W_i(t)+\Delta W_i \tag{4.5.3}$$

阈值 b 调整公式为

$$b_{ik}(t+1)=b_{ik}(t)+\Delta b_{ik} \tag{4.5.4}$$

每层网络连接权值 W 和阈值 b 的调整都与学习速度 a 有关，因此学习速度 a 是影响算法性能的重要参数之一。

传统的 BP 神经网络算法在初始网络权值和阈值选择不当时很容易陷入局部极小值，而且在网络权值 W 的调整中，只考虑了 t 时刻的误差梯度下降方向，未考虑 t 时刻以前的梯度下降方向，从而使训练过程发生振荡，降低收敛速度。为了提高收敛速度，在式（4.5.1）中加入动量项：

$$\Delta W_{ijk}(t+1)=-a\delta_{ik}O_{ij}+\eta\Delta W_{ijk}(t) \tag{4.5.5}$$

式（4.5.5）中，η 为动量系数，$\eta\in(0,1)$；$\eta\Delta W_{ijk}(t)$ 反映了以前积累的调整经验，当误差梯度出现局部极小值时，即使 $\Delta W_{ijk}(t+1)=-a\delta_{ik}O_{ij}\to 0$，$\Delta W_{ijk}(t)\neq 0$ 也能使其跳出局部极小区域，加快收敛速度。虽然加入了动量项，但该算法还存在收敛速度缓慢和学习速度固定等缺陷。

4.5.2　基于信度的 BP 算法

1. 算法描述

传统 BP 神经网络训练过程振荡、收敛速度慢主要是因为采用梯度下降法和固定的学习速度。梯度下降法容易使算法陷入局部极小值，因此可以通过增加动量项使其跳出局部极小区域，加快收敛速度。但在网络学习过程中，误差函数 E 是一个多维空间的复杂曲面，因此要求学习速度 a 是自适应的，在开始训练阶段，a 应选取较大值以加快收敛速度；在接近最优值区域时，a 应选取较小值以避免在最优值区域出现振荡，降低收敛速度。

在权值学习调整中，传统 BP 神经网络认为各神经元之间的权值和各神经元阈值对误差的贡献一样，这必然使那些不应调整或调整较小的权值得到较大的调整，使那些应该得到较大调整的权值得到较小的调整，因此网络为达到预设精度，必须多次反复学习，从而降低收敛速度，延长学习时间。

根据以上分析提出 CBP 算法。由于不同神经元间的网络权值对误差的贡献不一样，CBP 算法考虑各个权值对误差的贡献率，给不同的权值设置不同的学习速度，即在网络权值学习的过程中，每个权值包含了自己先前不同的学习历史，在迭代学习中根据不同权值学习历史和误差动态修改各神经元间权值的学习速度，最后结合动量系数法，使网络学习过程在误差复杂曲面上跳出局部极小值区域，加快收敛速度。因此，学习速度 $a(t)$ 更新公式为

$$a_{ijk}\left(t+1\right)=\frac{\Delta W_{ijk}\left(t\right)}{\sum\limits_{i,j,k}\Delta W_{ijk}\left(t\right)}[\gamma\Delta e\left(t\right)] \tag{4.5.6}$$

其中，$\Delta e\left(t\right)$ 为每次权值更新前对应样本的输出与期望误差，$\Delta e\left(t\right)=\sum\limits_{j=1}^{N_M}\text{abs}[d_j\left(t\right)-y_j\left(t\right)]$；$\gamma$ 为放大误差信号系数，由于各神经元间的连接权值对误差的贡献率小于 1，$a_{ijk}\left(t+1\right)$ 会很小，因此 γ 一般取 100。

加入动量项，权值调整公式为

$$\Delta W_{ijk}\left(t+1\right)=-a_{ijk}\delta_{ik}O_{ij}+\eta\Delta W_{ijk}\left(t\right) \tag{4.5.7}$$

同理，CBP 算法考虑各层神经元阈值 b 对误差的贡献率，给不同的阈值设置不同的学习速度，调整公式为

$$\Delta b_{ik}(t)=\frac{\Delta b_{ik}(t)}{\sum_{i,j}\Delta b_{ik}(t)}[\gamma\Delta e(t)]\delta_{ik}+\eta b_{ik}(t) \tag{4.5.8}$$

综上所述，CBP 算法学习过程如下。

Step1：随机生成网络权值 W 和阈值 b 。

Step2：设定动量系数 η 、放大误差信号系数 γ 和训练精度 ε 。

Step3：对每个样本进行训练，用式（4.5.7）和式（4.5.8）对 W 和 b 进行调整。

Step4：若均方误差 E 大于设定精度 ε ，则跳到 **Step3**；若均方误差 E 小于或等于设定精度 ε ，则训练结束。

2. CBP 算法分析

误差曲面是多维复杂曲面，无论是否存在多处平坦区域和多个局部极小值，CBP 算法相对于传统 BP 算法都有比较明显的优势。改进的 CBP 算法考虑权值对误差的贡献率和权值更新历史，在开始训练阶段，网络输出误差大，学习速度较高，在平坦区域加快收敛速度；当收敛到局部极小值区域时，误差比较大，结合动量系数法，CBP 会加快跳出局部极小值区域，消除训练过程振荡，加快收敛速度；当收敛到全局最小值区域时，网络输出误差较小，学习速度很低，减少在全局最小值区域的学习次数，提高学习效率。

如果在全局最小值区域存在平坦区域，则网络需要一个相对较高的学习速度加快收敛，但 CBP 算法会由于误差较小而降低学习速度，从而需要较长的学习周期进行收敛。

第 5 章　天文数据挖掘研究进展

5.1　引言

天文学的发展从古至今从来没有且将来也不会离开数据的发展，天文数据是其发展的动力和源泉。正是基于这一点，天文学家们一直追求更高技术的天文观测仪器，台址从地面向空间发展，望远镜口径越来越大，覆盖的观测波段越来越广，探测器的灵敏度也越来越高，因此观测的宇宙越来越深、越来越远，收集的天文数据也就越来越多。以大型综合巡天望远镜为例，其每晚产生约 20TB 数据，大约相当于 40 000 张 CD。面对如此浩瀚的数据海洋，天文学家们积极寻找和探索天文数据挖掘的方式和方法。数据的收集、整理、存储、查询、融合、获取、共享、分析、挖掘和应用，整个流程都引起了天文学家的广泛关注和研究。天文学逐步进入信息时代，信息学科的成果都可以借鉴和应用到天文学的相关课题中，从而提高数据的利用效率，促进天文学的科学产出。

5.2　大型巡天项目

进入 20 世纪以来，随着探测器和空间技术的发展及研究工作的深入，天文观测进一步从可见光、射电波段扩展到包括红外线、紫外线、X 射线和 γ 射线在内的电磁波的各个波段，形成了全波段天文学，并为探索各类天体和天文现象的物理本质提供了强有力的观测手段，天文学进入了全波段、大样本、巨信息量时期。近年来，建造并投入使用或正在研制的一系列大型设备，如哈勃空间望远镜、红外和 X 射线空间观测站、新一代空间望远镜，以及地面巨型光学、红外望远镜和大毫米波阵等，都反映了当今天文学和天体物理学的勃勃生机和广阔的发展前景。下面通过经典的巡天项目来介绍天文数据的发展现状。

DPOSS（Digitized Palomar Observatory Sky Survey）[148]是一个利用 48 英寸 Oschin 施密特望远镜，以 POSS-Ⅱ底片为基础进行整个北天区的可见光数字巡天的计划。巡天包括 3 个可见光波段：g（蓝绿）、r（红）、i（近红外），覆盖了赤纬 $\delta=-3^\circ$ 以北的天区，等效极限星等约为 22。巡天结果将作为帕洛玛—诺里斯星表（Palomar-Norris Sky Catalog，PNSC），含有 3TB 数字信息，预计星系多于 5 000 万个，恒星多于 20 亿个。

USNO-A2（United States Naval Observatory Astrometry）[149]星表是覆盖全天的巡天表，在低于极限星等 $B \approx 20$ 时含有多于 5 亿个未确定源，它们的位置可为天体测量做参考。这些源是通过 PMM（Precision Measuring Machine）探测得到的。整个巡天表的全部数据量超过 10TB。该表由一系列二进制文件组成，并且这些文件是以源的位置组织的。由于源的密度随位置的不同而不同，因此每个文件中源的数目也各不相同。要准确地提取源的参数，须提供与数据匹配的软件工具。该星表包括源的位置，即赤经和赤纬，还有每个恒星的蓝星等和红星等。

NOAO（National Optical Astronomy Observatory）[150]是美国光学天文台，也是管理地基的国家天文台。在国际 Gemini 项目中，NOAO 代表美国天文学界。作为国家设备，其向所有的天文学家开放，不分地域和国界。随着巡天设备的引入和相关项目的开展，其数据量不断增加，目前 NOAO 已拥有超过 10TB 的数据量。

欧南台（European Southern Observatory）[151]操纵着南半球 La Silla 和 Paranal 天文台的 4 个 8m 级的望远镜。目前，欧南台的数据量以每年近 20TB 的速度增长。当该项目结束时，数据量将达到几百 TB。

SDSS（Sloan Digital Sky Survey）[152]是目前最具野心和影响力的巡天项目之一。SDSS 巡天望远镜是在美国新墨西哥州 APO（Apache Point Observatory）天文台建造的一台口径为 2.5m 的天文望远镜，使用大视场拼接 CCD 相机和多目标光纤光谱仪两种观测模式，对 10 000 多平方度天区进行直接成像和选源的光谱观测。巡天历时 8 年（SDSS-Ⅰ，2000—2005 年；SDSS-Ⅱ，2005—2008 年），获得了多于 1/4 天区的 3 570 000 000 个独立天体的深的多色图像数据，以及 929 555 个星系、121 373 个类星体和 464 261 个恒星的光谱数据。SDSS 二期（SDSS-Ⅱ）除了继续一期的星系红移巡天，还进行银河系恒星巡天和超新星巡天观测。SDSS 三期（SDSS-Ⅲ）仍然用 SDSS 的设备，从 2008 年 7 月开始运行，2014 年结束，包含 4 个新的巡天计划（BOSS、SEGUE-2、APOGEE、MARVELS），主要是想弄清银河系的结构和动力学特性、太阳系行星系统的组成和特征、暗能量和宇宙的本质。SDSS 三期的第一批数据已于 2011 年 1 月向全世界开放。

NVSS（National Radio Astronomical Observatory，Very Large Array，Sky Survey）[153]是一个射电巡天项目，覆盖赤纬−40° 以北的天区。巡天星表包含超过 180 万个孤立源的全部强度和线性偏振图像测量量（Stocke 参数 I、Q 和 U），其

分辨率为 45 角秒，完备极限流量为 25mJy。NVSS 的主要数据是一组 2 326 个连续映射立方体，每个立方体覆盖 4°×4° 天区，其具有 3 个平面，包含 Stocke I、Q 和 U 图像，还有关于这些图像的孤立源星表。每张大的图像是由 100 张以上小的原始快照图像组合而成的。

FIRST（Faint Images of the Radio Sky at Twenty-cm）[154]是一个正在运行的射电快照巡天项目，覆盖南北银极近 10 000 平方度。当巡天结束时，该巡天星表将包含约 100 万个源，分辨率小于 1 角秒。FIRST 以牺牲观测视场为代价，获得了比 NVSS 好的空间分辨率。最后具有 1.8 角秒的射电图集是由每个中心点附近的 12 张图像叠加而成的。其星表是从射电图集中得到的，包括峰值流量、积分流量密度和由拟合二维的高斯图像得到的源的大小。近 50%的源在 POSS-Ⅰ底片的极限内（$E\approx20$）具有可见光对应体。选择的巡天区域尽量与 SDSS 一致。在 SDSS 的极限星等范围内，FIRST 中 50%的源探测到了光学对应体。

2MASS（Two Micron All-Sky Survey）[155]是一个近红外（J、H 和 Ks）全天巡天项目。该项目始于 1997 年，数据于 2002 年释放完毕。2MASS 利用了两台新的、高度自动的 1.3m 望远镜，每台配备一个具有 3 个通道的照相机，能够同时在 3 个波段 J（1.25μm）、H（1.65μm）和 Ks（2.17μm）观测天空。当巡天结束时，2MASS 星表包含近 3 亿颗恒星、50 万个星系和星云在 3 个波段的天体测量和测光属性，以及多于 12TB 的图像数据。

UKIDSS（UKIRT Infrared Deep Sky Survey）[156]是继 2MASS 之后成功的近红外巡天项目，从 2005 年 5 月开始巡天，覆盖北天 7 500 平方度天区，巡天深度比 2MASS 高 3 个星等。它包含 5 个主要的巡天项目：大天区面积巡天（Large Area Survey，LAS）、银河系平面巡天（Galactic Plane Survey，GPS）、星系团巡天（Galactic Clusters Survey，GCS）、深的河外巡天（Deep Extragalactic Survey，DXS）、极深场巡天（Ultra Deep Survey，UDS）。

大型综合巡天望远镜（Large Synoptic Survey Telescope，LSST）[157]是一台直径为 8.4m 的天文望远镜，位于智利海拔高度为 2 800m 的帕切翁山上，它所具有的广角可以观察到天空中很大的区域，并且与世界上同类望远镜相比，它具有很强的聚光能力，借助这一特点，它可以用较短的曝光时间检测出光度暗弱的天体。它可以快速地在图像之间移动，每夜可以拍摄 800 多幅全景图像。它可以每周对整个天空巡天两次。它的照相机具有 30 亿像素，可以拍摄 6 个波段的图像，并且第一次拍出了史无前例的 3D 天空图像。有了宇宙的 3D 图像，研究人员将尝试确定暗物质的位置并描述其特征。由一个具有超强能力的数据处理系统将这些新的图像与以前的图像进行比较，以便检测所有的变化，如光度或位置的变化。它有4个主要研究课题：暗宇宙，即暗物质和暗能量；宇宙的瞬间；太阳系的细节，即太阳系外的状况和邻近地球的天体；银河系的图像。

5.3 天文数据的特点

天文数据可以从天文观测、数值模拟等途径获得，其中天文观测是获得天文数据的主要手段。近年来随着天文观测技术的飞速发展，天文数据的特点呈现出多元化的趋势。

1. 天文数据的复杂性

天文数据的复杂性是天文数据挖掘研究首先要解决的问题。由于空间属性的存在，天体才具有了空间位置和距离的概念，而且相邻天体之间存在一定的相互作用，天文数据之间关系的类型由此更为复杂化，从而使天文数据的挖掘方法与其他类型数据的挖掘方法存在着差异。

2. 天文数据的海量性

天文数据达到TB甚至PB级，如此大的数据量常使一些方法因算法难度或计算量过大而无法实施，因而知识发现的任务之一就是要创建新的算法策略，并发展新的高效算法，克服由海量数据造成的困难。

3. 天文数据的分布性

天文数据由不同的项目、不同的仪器或不同的人观测产生，因此会存储在不同的国家或地区、不同的研究机构，或者由不同的观测者掌握。

4. 天文数据的异构性

数据的形态有数字、符号、图形、图像等；数据的表现方式也各不相同，如数据库、星表、文件系统、网页、文档数据图书馆、二进制文件、文本、VOTable；数据的模型分为有结构、半结构和非结构。

5. 天文数据属性之间的非线性关系

天文数据属性之间的非线性关系是天文系统复杂性的重要标志，其中蕴含着系统内部作用的复杂机制，因而其被作为天文数据挖掘的主要任务之一。

6. 天文数据的高维性

多波段性是指天文数据在不同观测波段上所遵循的规律及表现出的特征不尽

相同。这是天文数据复杂性的又一表现形式。天文数据的属性增加极为迅速，如随着空间天文学的飞速发展，覆盖的波段的数目也由几个增加到几十个甚至上百个，而且每个波段各自有许多观测属性，如何从几十维、几百维甚至上千维空间中提取信息、发现知识成为数据挖掘研究中的又一重要任务。

7. 天文数据的缺失值或坏值

缺失值的现象起源于某种不可抗拒的外力（如仪器的灵敏度低、天气恶化、坏像素、宇宙线等；一些天体在一个或多个波段探测不到，从而缺乏该波段的测量属性）使数据无法获得或丢失。另外，数据含有一个或多个特殊值，如−9999 或 NaN，或者给出的是仪器的观测上限，这些都是坏值。如何对丢失或坏的数据进行恢复并估计数据的固有分布参量，是解决数据复杂性的难点之一。

8. 天文数据的开放性

绝大部分天文数据对公众和天文学家是免费的、开放的。按照国际惯例，参与建造望远镜的国家和协作单位对该项目的数据具有优先使用权，18 个月之后须向公众开放。这为数据共享提供了良好的基础，可以将数据和结果进行自由共享，非常适合交叉学科或国际性的联合研究与实验。

天文数据所表现出的上述复杂性特征对相应的数据挖掘和知识发现研究提出了更高的要求，并成为推动其发展的强大动力。

5.4　天文学中的数据挖掘

天文学是以发现为驱动的科学，同时又是以数据为驱动的科学。新问题、新模型、新理论、新思想、新数据通常会促进新的天文发现，如类星体、黑洞、伽马射线暴、脉冲星、超新星、引力透镜等天体的发现。新发现又会导致新问题、新模型、新理论、新思想和新数据的产生。随着天文数据量的日益增长，需要更加有效的挖掘和分析算法或工具。天文学中的数据挖掘可以借鉴其他领域的数据挖掘技术和方法。天文数据挖掘的基本步骤如下。

（1）数据选择。首先要进行数据的选择。搜索所有与挖掘对象有关的内部和外部数据信息，并从中选择一个数据集或在多个数据集的子集上聚焦，挑出适用于数据挖掘应用的数据。

（2）数据预处理。在完成数据选择后，对数据进行预处理，去除噪声或无关数据，去除空白数据域，考虑时间顺序和数据变化等。研究数据的质量，为进一步的分析做准备，并确定将要进行的挖掘操作的类型。

（3）数据转换。按照需要对数据进行转换，找到数据的特征表示，用维变换或转换方法减少有效变量的数目或找到数据的不变式。将数据转换成一个分析模型，这个分析模型是针对挖掘算法建立的。

（4）数据挖掘。建立一个真正适合挖掘算法的分析模型是数据挖掘成功的关键。对所得到的经过转换的数据进行挖掘。依照知识发现过程中的准则，选择某个特定数据挖掘算法（如汇总、分类、回归、聚类等）用于搜索数据中的模式。最后，搜索或产生一个特定的感兴趣的模式或一个特定的数据集。

（5）解释和评估。完成数据挖掘之后对结果进行解释和评估。解释某个发现的模式，去掉多余的不切题意的模式，转换某个有用的模式。使用的分析方法一般应由数据挖掘操作确定，通常会用可视化技术。最后一步是知识的同化，将分析得到的知识集成到天文信息系统的组织结构中去，用预先、可信的知识检查和解决新知识中可能存在的矛盾。

5.4.1 天文数据挖掘的必要性

各种空间观测设备的投入运行，以及一些大型地面观测手段和新技术的应用，使得多波段天文学正处在一个蓬勃发展的新时期，已经并将继续取得一系列激动人心的发现。来自各个波段的数据量呈指数级增长，以 TB 甚至 PB 来计量。如何有效并科学地探索这些数据，如何在这些数据中进行科学发现，是摆在天文学家面前不可回避的问题。为了有效地处理这些问题，天文学家们决定建立全球性的虚拟天文台，并且于 2002 年成立了国际虚拟天文台联盟（International Virtual Observatory Alliance，IVOA）[158]。其主要目的是发展适合天文学发展和需要的数据挖掘与知识发现技术，充分有效地从天文数据中挖掘出天文学家感兴趣的和有意义的天体或天文现象，从而推动天文学理论的进一步发展和完善。

5.4.2 天文数据挖掘的主要任务

1. 数据预处理

算法的性能直接依赖数据本身的质量和数据预处理的优劣。数据是否归一化、特征是否需要转换、缺失值和坏值如何处理、高维数据是否需要降维等都是数据预处理阶段面临的具体问题。对大多数的学习算法而言，算法所需要的训练样本会随着不相关特征的增多呈指数级增长，而且许多算法的性能也常常受到不相关特征和冗余特征的影响。为了降低算法的计算复杂度，找到简洁、精确且易于理解的算法模型，在算法设计之前对数据进行预处理是非常必要的。常用的数据预处理方法包括特征抽取、特征选择和特征重建。

（1）特征抽取是在保持原特征空间内结构不变的情况下，通过对原空间进行某种形式的变换，寻找新空间的过程。经过特征抽取后，获得的新空间与原空间完全不同，有效地降低了特征空间的维数，不过由此产生的新特征难于理解。常用的特征抽取方法包括主成分分析、独立成分分析、投影寻踪、因子分析、多维标度、随机映射、奇异值分解等。

（2）特征选择是在原特征空间中按照某种优化准则选择特征子集的过程，在这个过程中不产生任何新的特征以降低特征空间的维数，因此选择的特征仍保持着原特征的物理意义。特征选择方法分为两大类：Filter 方法和 Wrapper 方法。

（3）特征重建是通过在原特征空间中应用结构算子（析取、合取、非、加、减、乘、除、最大、最小、等于、不等于、笛卡儿积等），产生另一些描述目标概念新特征的过程。与特征抽取和特征选择不同，其扩张了特征空间，因此在特征重建后有必要进行特征选择，以去掉冗余特征。

2. 分类和回归

假设有一个数据库和一组具有不同特征的类别（标记），该数据库中的每个记录都被赋予一个类别的标记，这样的数据库称为示例数据库或训练集。分类就是通过分析示例数据库中的数据，为每个类别做出准确的描述或建立分类模型或挖掘出分类规则（分类器），然后用这个分类规则把数据库中的数据项映射到给定类别中的某一个，从而对数据库中的记录进行分类。分类的输出是离散的类别值，而回归的输出则是连续数值。分类和回归是天文数据挖掘中非常重要的任务。分类和回归都可用于预测。预测的目的是从历史数据记录中自动推导出对给定数据的推广描述，从而能对未来数据进行预测。天文数据常用的分类方法有神经网络、支持向量机、决策树、K 最近邻方法等。天文数据分类的应用有恒星分成不同的光谱型，星系按哈勃或形态分类，活动星系核进一步细分等。天文数据常用的回归方法有神经网络、多项式回归、最小二乘回归、核回归、主成分回归、K 近邻回归等。天文数据回归的应用有星系和类星体的红移预测、恒星的大气参数（如金属丰度、重力加速度、有效温度）估计等。

3. 聚类

与分类分析不同，聚类分析输入的是一组未分类记录，并且事先也不知道这些记录应分成几类。聚类分析就是通过分析数据库中的记录数据，根据一定的分类规则，合理地划分记录集合，确定每个记录所属类别。它所采用的分类规则是由聚类分析工具决定的。聚类是把一组个体按照相似性归成若干类别，即“物以类聚”。它的目的是使属于同一个类别的个体之间的距离尽可能小，而不同类别的个体间的距离尽可能大。聚类增强了人们对客观现实的认识，是概念描述和偏差分析的先决条件。对大数据集的聚类有助于发现新的天体或现象，如高红移和Ⅱ型类星体是通过色空间中的聚类发现的。常用的聚类方法有 *K* 均值聚类、自组织映射、AutoClass、主成分分析、核密度估计、最大期望算法等。

4. 异常检测

异常检测的基本方法是寻找观测结果与参照值之间有意义的差别。通过发现异常，可以引起人们对特殊情况的加倍注意。异常包括如下几种可能引起人们兴趣的模式：不满足常规类的异常例子；出现在模式边缘的特异点；与父类或兄弟类有显著不同的类；在不同时刻发生了显著变化的某个元素或集合；观察值与模型推算出的期望值之间有显著差异的示例。

5. 时序数据分析

寻找在时间上具有周期性、空间上独立的信号是许多研究领域的重要研究内容。在天文学中，随着观测仪器灵敏度的提高，人们越来越频繁地发现在某时间段内以前被认为是常量的信号实质上是变化的，这些信号是分别在某个特定时间段内提取的，属于非均匀信号，而这些信号对于研究如变星、活动星系核、超新星、伽马射线暴等天体特别重要。我们需要找出这些变化信号（如非均匀样本光变曲线）的周期。典型的谱线分析方法对于处理非均匀样本无能为力，而神经网络、支持向量机能够很好地解决这些问题并取得了成功。

5.5 天文数据挖掘应用研究

天文学家一直在应用各种数据挖掘方法来解决天文学中的许多重要课题，如星系的形态分类、光谱的自动分类、测光红移的自动估测、恒星和星系的图像分类等。不同的课题可以选择不同的数据挖掘方法来实现。最好的办法是，天文学家与数据挖掘专家通力合作，这样既可以保证数据挖掘的可靠性和有效性，又可以避免不必要的时间和精力浪费。常见的天文数据挖掘应用有以下几种。

1. 星系形态分类

星系形态是研究星系的动力学和混合历史的重要依据，与许多物理参量（如质量、质量分布）紧密相关。在多种星系形态分类系统中，天文学家哈勃于1925年提出的分类系统是应用最广泛的一种。哈勃根据星系形态把它们分成三大类：椭圆星系、旋涡星系和不规则星系。随着天文数据量的急剧增长，对大型巡天项目产生的数据进行自动分类至关重要。

2. 光谱的自动分类

天体光谱是确定天体的物质结构、性质和化学成分的重要依据。大型光谱巡天项目对光谱的自动分类和分析提出了更高的要求。天文光谱的自动分类包括恒星分成不同的光谱型，星系分成活动星系和非活动星系，星系按不同的形态分类等。目前，已有大量的自动化方法得到应用，如模板匹配、支持向量机、近邻方法、神经网络、概率神经网络、径向基神经网络、小波变换、主成分分析、小波分析、最小距离方法等。

3. 测光红移的自动估测

天体距离的测定，对于研究天体的空间位置、形成与演化、光度函数，以及宇宙学和大尺度结构等，均具有重要的意义。尤其对那些无法获得光谱数据的暗源而言，利用其已有的测光数据来获得测光红移，具有更重要的研究价值。测光红移是指使用中波段和宽波段的测光数据或图像得到红移。天文数据的积累为各种测光红移算法的研究提供了很好的实验床。星系测光红移的自动化算法研究比较充分，有模板匹配、多项式回归、神经网络、支持向量机、核函数、KD 树、贝叶斯方法等；类星体由于其样本的特殊性，应用的算法要少些，应用较成功的有模板匹配、最近邻方法、神经网络、支持向量机、高斯过程回归、贝叶斯方法、随机森林等。

4. 预选类星体候选者

类星体是目前发现的距离最远又最明亮的天体，实际上是活动星系核的一种。类星体与宇宙微波背景辐射、脉冲星、星际分子并列为20世纪60年代天文学四大发现。类星体大多位于宇宙深处，因此我们接收到的来自类星体的辐射携带着宇宙早期的信息。对大量类星体进行各种统计研究，就能勾画出宇宙从早期到现今的演化图像。类星体数量稀少，高红移的类星体则更少，这大大增加了类星体搜寻的难度。由于恒星的数目远远大于类星体的数目，即使很少量的污染，也会大大增加类星体候选者的数目。因此，巡天的最大意义在于能够发现更多的完备的类星体样本。针对目前大的巡天项目，各种自动化预选类星体方法蓬勃发展。

5. 恒星物理参数的测量

大型地面巡天任务Pan-STARRS、RAVE、SDSS/SEGUE和空间观测项目GAIA将使恒星天文学和星系天文学步入革命化的时代。这些巡天项目能促进人们对银河系的起源、结构和演化的理解，有助于星族分析，更为重要的是，能够高精度地确定大批单个恒星的位置、速度和物理参数。伴随着大量数据的产生，自动化处理和分析的需求也越来越紧迫。天文学家从来没有停止过这方面的努力。

5.6 光谱自动分类方法研究

随着天文观测设备的持续改进，人类获得的天体光谱数据量呈指数级增长。基于人工方式的光谱分析和处理方法已经不能满足实际需要。鉴于此，数据挖掘技术受到了人们的广泛关注，如何利用数据挖掘技术快速有效地从海量光谱中发现有用的信息，成为广大研究人员面临的一大挑战。其中，天体光谱分类问题是重中之重，该问题的解决能为天体演化、密度分布、宇宙结构等方面的研究提供有力的技术支持，也能为进一步探究银河系的形成与演化奠定坚实的理论基础。

目前，众多研究人员正在从事天体光谱分类方面的研究工作，典型的研究成果如下。

在国外，Autoclass是一种基于贝叶斯统计的分类方法，其最大的特色在于可以发现一些新的光谱类型[159]；Gulati等人利用两层BP神经网络对恒星光谱次型进行分类[160]；Jones在进行光谱次型分类时利用多个BP神经网络[161]；Starck将小波变换方法应用在光谱分析中[162]；Mahdi提出基于无监督人工神经网络的自组织映射算法，其最大特色在于不需要训练数据便可直接对光谱进行分类[163]；Navarro等人提出的人工神经网络系统通过在温度、光度敏感的光谱中选择线–强指数集进行训练，实现对低信噪比的光谱的有效分类[164]；Adam通过选择高质量的光谱源实现对光谱数据的有效分类[165]；Galaz和Connolity利用主成分分析方法实现对星系光谱的自动分类[166,167]；Bailer-Jones提出基于多层感知神经网络和主元分析的自动分类方法[168]；Alejandra等人综合利用信号处理、专家系统及模糊逻辑等技术对恒星光谱进行分类[170]；Malyuto将最大似然法应用到模板匹配中，用于恒星光谱分类[171]；Bu等人利用等距特征映射（Isometric Feature Map，ISOMAP）及支持向量机对恒星光谱进行自动分类[172]。

在国内，罗阿理在Strack方法的基础上，利用多尺度小波滤波器自动确定小波变换的最大变换级数[173]；李乡儒等人提出基于最近邻方法的类星体与正常星系光谱分类方法，其最大优势在于无须对分类器进行训练便可实现增量式学习和并行实现[174]；LI 等人将面向光谱数据的局部特征分类方法成功应用在计算机视觉中[175]；覃冬梅等人提出一种新颖的基于主成分分析和支持向量机的光谱分类方法[176]；刘中田等人提出基于小波特征的 M 型星自动识别方法[177]；许馨等人提出基于广义判别分析的光谱分类方法，该方法通过非线性映射将样本映射到高维空间，并利用线性判别分析方法实现光谱分类[178]；杨金福等人提出核覆盖算法，该算法将核技巧与覆盖算法相结合，通过在特征空间抽取支持向量实现光谱自动分类[179]；赵梅芳等人针对活动星系核光谱中发射线的不同特征，采用自适应增强方法实现光谱自动分类[180]；蔡江辉等人提出的基于谓词逻辑的分类规则后处理方法，在保证分类准确率不降低的前提下大幅提高了自动分类的效率[181]；XUE 等人利用自组织特征映射（Self-Organization Feature Mapping，SOFM）对恒星光谱进行自动分类[182]；DU 等人提出贝叶斯支持向量机（Bayesian Support Vector Machine，BSVM），并基于此提出自适应的恒星光谱分类方法[183]；李乡儒等人将相关向量机（Relevance Vector Machine，RVM）应用于 Seyfert 光谱分类[184]；刘蓉等人提出基于贝叶斯决策的光谱分类方法[185]；李乡儒等人重点研究了 Fisher 判别分析有监督特征提取方法在星系光谱分类中的应用[186]；屠良平等人研究了基于局部均值的 K 近质心近邻算法在恒星、星系、类星体光谱中的应用[187]；刘蓉等人提出基于小波特征的光谱星系分类方法，该方法能够在红移未知的情况下对流量未标定的星系光谱进行分类[188]；杨金福等人提出基于覆盖算法的天体光谱自动分类方法，该方法仅与训练样本的支撑点有关，因而具有较小的计算量和存储量[189]；孙士卫等人提出基于数据仓库的星系光谱分类方法[190]；张怀福等人提出基于小波包与支撑向量机的天体光谱自动分类方法，该方法在低信噪比、红移未知的情况下，依然可以实现对活动天体和非活动天体的有效分类[191]；张继福等人提出基于约束概念格的恒星光谱数据自动分类方法[192]；潘景昌等人针对海量光谱数据，提出利用 Hadoop 并行处理平台解决恒星光谱分类问题[193]。

在天体光谱分类领域，作者也进行了一些研究，主要成果如下。

（1）针对中小规模光谱数据处理问题，利用流形判别分析和支持向量机进行恒星光谱自动分类[194]；利用保局投影算法和支持向量机进行恒星光谱分类[195]；针对支持向量机面临的分类速度慢、计算量大等问题，先后提出流形模糊双支持向量机[196]、最小类内散度和最大类间散度的支持向量机[197]、模糊最小类内散度支持向量机[198]，并基于此，对相应的恒星光谱分类方法进行了探讨；在光谱分类中引入多类支持向量机，用以解决传统支持向量机面临的“多分类”问题；此外，还创新性地提出利用 Fisher 准则和流形学习进行恒星光谱分类[199]。

（2）针对稀有光谱发现问题，先后提出基于模糊大间隔最小球分类模型的恒星光谱离群数据挖掘方法[200]、基于互信息的稀有光谱发现方法[201]，以及基于熵的不平衡光谱分类方法[202]。

（3）针对大规模光谱数据处理问题，先后提出非线性集成学习机[203]和基于熵的单类学习机[204]并将其应用于大规模光谱分类。

在后续章节中，将着重介绍作者在光谱自动分类方面取得的研究成果。

第 6 章　基于支持向量机及其变种的恒星光谱分类方法

随着天文技术的不断发展，以及数据获取能力的显著提升，如何从大量光谱数据中发现有用的信息变得越来越重要。然而，传统的人工数据处理方式无法满足实际需求，因此以计算机为主的自动天体识别与分类技术成为天文数据处理领域的研究热点之一。在众多光谱分类方法中，支持向量机以其良好的学习性能和泛化能力得到了广泛应用。然而，当数据规模较大时，支持向量机（SVM）便暴露出计算量大、分类速度慢等问题。本章针对 SVM 存在的上述问题展开研究工作，以期为进一步提高 SVM 天体光谱分类效率开拓新的思路。

本章对基于支持向量机及其变种的天体光谱分类方法进行探讨，提出一系列 SVM 改进算法，并将其应用于恒星光谱分类。

6.1　基于流形模糊双支持向量机的恒星光谱分类方法

双支持向量机[205]（Twin Support Vector Machine，TWSVM）的提出有效地解决了上述问题，并将计算时间开销减少至 SVM 的 1/4。但 TWSVM 只考虑类间的绝对间隔而忽略各类的分布性状，这限制了其分类性能的进一步提升。因此，基于作者之前所提方法——流形判别分析（MDA），提出流形模糊双支持向量机（Manifold Fuzzy Twin Support Vector Machine，MF-TSVM），该方法可以准确地获取光谱数据的全局特征和局部特征。此外，模糊技术的引入可保证 MF-TSVM 对样本的区别对待，减少噪声点和奇异点对分类结果的影响。在 SDSS 恒星光谱数据集上的实验表明了所提方法的有效性。

6.1.1　双支持向量机

双支持向量机（TWSVM）的基本思想是构造两个非平行超平面，使每类样本距离一个超平面尽可能近而距离另一个超平面尽可能远。设矩阵 $\boldsymbol{A}$ 和 $\boldsymbol{B}$ 分别存放第一类样本和第二类样本，两类的超平面方程分别为 $\boldsymbol{W}_1^{\mathrm{T}}\boldsymbol{x}+b_1=0$ 和 $\boldsymbol{W}_2^{\mathrm{T}}\boldsymbol{x}+b_2=0$，则 TWSVM 的最优化问题可归纳为如下形式。

TWSVM1：

$$\min_{W_1,b_1,\xi}\frac{1}{2}(\boldsymbol{A}\boldsymbol{W}_1+\boldsymbol{e}_1b_1)^{\mathrm{T}}(\boldsymbol{A}\boldsymbol{W}_1+\boldsymbol{e}_1b_1)+c_1\boldsymbol{e}_2^{\mathrm{T}}\boldsymbol{\xi} \tag{6.1.1}$$

$$\text{s.t.}\ \ -(\boldsymbol{B}\boldsymbol{W}_1+\boldsymbol{e}_2b_1)+\boldsymbol{\xi}\geqslant\boldsymbol{e}_2$$

$$\boldsymbol{\xi}\geqslant 0$$

TWSVM2：

$$\min_{W_2,b_2,\xi}\frac{1}{2}(\boldsymbol{B}\boldsymbol{W}_2+\boldsymbol{e}_2b_2)^{\mathrm{T}}(\boldsymbol{B}\boldsymbol{W}_2+\boldsymbol{e}_2b_2)+c_2\boldsymbol{e}_1^{\mathrm{T}}\boldsymbol{\xi} \tag{6.1.2}$$

$$\text{s.t.}\ \ -(\boldsymbol{A}\boldsymbol{W}_2+\boldsymbol{e}_1b_2)+\boldsymbol{\xi}\geqslant e_1$$

$$\boldsymbol{\xi}\geqslant 0$$

其中，c_1 和 c_2 为惩罚因子，$\boldsymbol{e}_1$ 和 $\boldsymbol{e}_2$ 为全 1 列向量，$\boldsymbol{\xi}$ 为松弛因子。

6.1.2 流形模糊双支持向量机

1. 最优化问题

在流形判别分析和模糊技术的基础上提出流形模糊双支持向量机（MF-TSVM）。MF-TSVM 的最优化问题可描述为以下形式。

MF-TSVM1：

$$\min_{W_1,b_1,\xi}\frac{1}{2}(\boldsymbol{A}\boldsymbol{W}_1+\boldsymbol{e}_1b_1)^{\mathrm{T}}(\boldsymbol{A}\boldsymbol{W}_1+\boldsymbol{e}_1b_1)+\frac{1}{2}\lambda_1\boldsymbol{W}_1^{\mathrm{T}}\boldsymbol{M}_{W_1}\boldsymbol{W}_1+c_1S_{\boldsymbol{A}}\boldsymbol{e}_2^{\mathrm{T}}\boldsymbol{\xi} \tag{6.1.3}$$

$$\text{s.t.}\ \ -(\boldsymbol{B}\boldsymbol{W}_1+\boldsymbol{e}_2b_1)+\boldsymbol{\xi}\geqslant\boldsymbol{e}_2$$

$$\boldsymbol{\xi}\geqslant 0$$

MF-TSVM2：

$$\min_{W_2,b_2,\xi}\frac{1}{2}(\boldsymbol{B}\boldsymbol{W}_2+\boldsymbol{e}_2b_2)^{\mathrm{T}}(\boldsymbol{B}\boldsymbol{W}_2+\boldsymbol{e}_2b_2)+\frac{1}{2}\lambda_2\boldsymbol{W}_2^{\mathrm{T}}\boldsymbol{M}_{W_2}\boldsymbol{W}_2+c_2S_{\boldsymbol{B}}\boldsymbol{e}_1^{\mathrm{T}}\boldsymbol{\xi} \tag{6.1.4}$$

$$\text{s.t.}\ \ -(\boldsymbol{A}\boldsymbol{W}_2+\boldsymbol{e}_1b_2)+\boldsymbol{\xi}\geqslant\boldsymbol{e}_1$$

$$\boldsymbol{\xi}\geqslant 0$$

其中，S_A 和 S_B 分别表示样本集 $\boldsymbol{A}$ 和 $\boldsymbol{B}$ 中各样本的模糊隶属度。

MF-TSVM1 的 Lagrange 函数为

$$L(\boldsymbol{W}_1,b_1,\xi,\boldsymbol{\alpha},\boldsymbol{\beta})=\frac{1}{2}(\boldsymbol{A}\boldsymbol{W}_1+\boldsymbol{e}_1b_1)^{\mathrm{T}}(\boldsymbol{A}\boldsymbol{W}_1+\boldsymbol{e}_1b_1)+\frac{1}{2}\lambda_1\boldsymbol{W}_1^{\mathrm{T}}\boldsymbol{M}_{W_1}\boldsymbol{W}_1+c_1S_{\boldsymbol{A}}\boldsymbol{e}_2^{\mathrm{T}}\boldsymbol{\xi}- \\ \boldsymbol{\alpha}^{\mathrm{T}}[-(\boldsymbol{B}\boldsymbol{W}_1+\boldsymbol{e}_2b_1)+\boldsymbol{\xi}-\boldsymbol{e}_2]-\boldsymbol{\beta}^{\mathrm{T}}\boldsymbol{\xi} \tag{6.1.5}$$

其中，$\boldsymbol{\alpha}$ 和 $\boldsymbol{\beta}$ 为 Lagrange 乘子。由 Karush Kuhn Tucker（KKT）条件可得 MF-TSVM1 的对偶式：

$$\max_{\alpha}\ \boldsymbol{e}_2^{\mathrm{T}}\boldsymbol{\alpha}-\frac{1}{2}\boldsymbol{\alpha}^{\mathrm{T}}\boldsymbol{R}(\boldsymbol{P}^{\mathrm{T}}\boldsymbol{P}+\boldsymbol{Q})\boldsymbol{R}^{\mathrm{T}}\boldsymbol{\alpha} \tag{6.1.6}$$

$$\text{s.t.}\ \ 0\leqslant\boldsymbol{\alpha}\leqslant c_1S_{\boldsymbol{A}} \tag{6.1.7}$$

其中，$\boldsymbol{P}=[\boldsymbol{A},\boldsymbol{e}_1]$，$\boldsymbol{Q}=[\frac{\lambda_1}{2}\boldsymbol{M}_{W_1},0]$，$\boldsymbol{R}=[\boldsymbol{B},\boldsymbol{e}_2]$。

同理，令 $\boldsymbol{T}=[\frac{\lambda_1}{2}\boldsymbol{M}_{W_2},0]$，则有 MF-TSVM2 的对偶式：

$$\max_{\beta}\ \boldsymbol{e}_1^{\mathrm{T}}\boldsymbol{\beta}-\frac{1}{2}\boldsymbol{\beta}^{\mathrm{T}}\boldsymbol{P}(\boldsymbol{R}^{\mathrm{T}}\boldsymbol{R}+\boldsymbol{T})\boldsymbol{P}^{\mathrm{T}}\boldsymbol{\beta} \tag{6.1.8}$$

$$\text{s.t.}\ \ 0\leqslant\boldsymbol{\beta}\leqslant c_2S_{\boldsymbol{B}} \tag{6.1.9}$$

2. 决策函数

对于任一新进样本 $x\in\boldsymbol{R}^m$ 进行类属判定，结果取决于该样本距离哪个超平面更近。MF-TSVM 的决策函数如下：

$$f(x)=\arg\min_{i}\frac{\left|\boldsymbol{W}_i^{\mathrm{T}}\boldsymbol{x}+b_i\right|}{\left\|\boldsymbol{W}_i\right\|_2},\ \ i=-1,1 \tag{6.1.10}$$

其中，$\|\bullet\|_2$ 表示 l_2 范数。

3. 算法描述

MF-TSVM 的算法描述如下。

Input： 训练集 X_Train。

Output： 测试集 X_Test 中各样本的类属。

Step1： 创建邻接图 $G_{\mathrm{D}}=\{X\_Train,D\}$ 和 $G_{\mathrm{S}}=\{X\_Train,S\}$，其中 D 和 S 分别表示异类和同类样本间的权重。当两个样本 $\boldsymbol{x}_i$ 和 $\boldsymbol{x}_j$ 异类时，则在两者之间新增一

条边，形成异类邻接图；同理，形成同类邻接图。

Step2：计算 MDA 中的同类权重和异类权重。若同类样本 $\boldsymbol{x}_i$ 和 $\boldsymbol{x}_j$ 之间有边相连，则计算同类权重；若异类样本 $\boldsymbol{x}_i$ 和 $\boldsymbol{x}_j$ 之间有边相连，则计算异类权重。

Step3：分别计算流形判别分析中基于流形的类内离散度 $\boldsymbol{M}_{\mathbf{W}}$、基于流形的类间离散度 $\boldsymbol{M}_{\mathbf{B}}$、类内离散度 $\boldsymbol{S}_{\mathbf{W}}$ 及类间离散度 $\boldsymbol{S}_{\mathbf{B}}$。

Step4：分别将 MF-TSVM1 和 MF-TSVM2 的最优化问题转化为 QP 对偶式，并计算出相应的分类面方向矩阵 $\boldsymbol{W}_i$ 和截距 b_i（i=−1,1）。将 $\boldsymbol{W}_i$ 及截距 b_i 代入式（6.1.10）可得 MF-TSVM 的决策函数。

Step5：利用 MF-TSVM 的决策函数对任一测试样本 $\boldsymbol{x} \in X\_Test$ 进行类属判定，距离哪个超平面更近就属于哪一类。

6.1.3 实验分析

实验环境为 3GHz Pentium4 CPU、4G RAM、Windows XP、MATLAB 7.0。实验数据采用 8315 条 SDSS 恒星光谱数据。实验数据集经过如下预处理：①选择间隔为 20 的 200 个波长作为条件属性；②根据每个波长处的流量、峰宽和形状，将其离散化为 13 个数值之一；③恒星类别为决策属性。在实验中，分别选取实验数据集的 30%、40%、50%、60%、70%作为训练集，剩余的光谱数据作为测试集。实验选用基于距离的模糊隶属度函数：

$$s(\boldsymbol{x}_i) = 1 - \frac{\|\boldsymbol{x}_i - \bar{\boldsymbol{x}}\|}{R} + \delta$$

其中，$\bar{\boldsymbol{x}}$ 为类中心，$\boldsymbol{x}_i$ 为样本点，R 为类半径，$R = \max\limits_i \|\boldsymbol{x}_i - \bar{\boldsymbol{x}}\|$。

通过与 C-SVM、KNN 等主流分类方法的比较实验验证 MF-TSVM 的有效性。上述分类方法的分类精度均与参数选择有关。采用 10 倍交叉验证法来获取实验参数。参数通过网格搜索策略选择。在 C-SVM 和 MF-TSVM 中，惩罚因子在网格{0.01, 0.05, 0.1, 0.5, 1, 5, 10}中搜索选取；在 KNN 中，参数 K 在网格{1, 2, 3, 4, 5, 6, 7, 8, 9}中搜索选取；在 MF-TSVM 中，参数 λ、μ 在网格{0.1, 0.2, 0.3, 0.4, 0.5, 0.6, 0.7, 0.8, 0.9}中搜索选取。实验结果见表 6.1，其中，Training Size 表示训练集规模，Test Size 表示测试集规模，Average Accuracy 表示平均分类精度。

表 6.1　C-SVM、KNN、MF-TSVM 的实验结果

Training Size	Test Size	C-SVM	KNN	MF-TSVM
2495（30%）	5820（70%）	0.6797	0.6500	0.8000
3326（40%）	4989（60%）	0.7777	0.7799	0.8649
4158（50%）	4157（50%）	0.8552	0.8422	0.9382
4989（60%）	3326（40%）	0.8902	0.8503	0.9501
5821（70%）	2494（30%）	0.9006	0.8508	0.9699
Average Accuracy		0.8207	0.7946	0.9046

由表 6.1 可以看出，随着训练样本规模的增大，各方法的分类精度呈上升趋势。当训练样本分别选取 SDSS 光谱数据的 30%、40%、50%、60%、70%时，MF-TSVM 的分类精度均最优。从平均分类精度看，MF-TSVM 也最优。究其原因是 MF-TSVM 在进行分类决策时，同时考虑样本的全局特征和局部特征；此外，模糊隶属度函数的引入使得 MF-TSVM 对各样本区别对待，有效地减少了噪声点和奇异点对分类结果的影响。上述实验验证了 MF-TSVM 较之传统分类方法具有更为稳定而高效的分类能力。

6.1.4　结论

针对 SVM 及 TWSVM 分类能力有限的问题，本书提出了基于流形模糊双支持向量机的恒星光谱数据自动分类方法。该方法在分类决策的同时考虑样本的全局特征和局部特征，并且通过引入模糊技术，尽量减少噪声点对分类结果的影响，因而较之传统方法具有更优的分类能力。在 SDSS 恒星光谱数据上的比较实验验证了所提方法的有效性。

6.2　基于多类支持向量机的恒星光谱分类方法

已有的光谱分类方法主要是针对二分类问题提出的。但在实际应用中，往往面临多分类问题，即在一个分类问题中，同时要将几类分开。在处理上述问题时，传统分类器的做法是将多个二分类器进行某种组合，从而解决多分类问题。然而，这样的做法存在复杂度过高的问题，因而无法处理海量高维光谱数据。鉴于此，在支持向量机的基础上，引入多类支持向量机（Multi-Class Support Vector Machine，MCSVM），该方法能有效地解决光谱分类中的多分类问题。在 SDSS DR8 恒星光谱数据上的验证实验表明所提方法是有效的。

6.2.1 多类支持向量机

1. 优化问题

与传统的支持向量机相比，多类支持向量机可以一次性地将不同类别的样本分开。从建模角度看，多类支持向量机试图在样本空间中找到若干个分类超平面将各类样本分开。假设在一个多分类问题中，共有 K 个分类超平面，其中，$\boldsymbol{W}_k$（k=1,2,⋯,K）表示第 k 个分类超平面的法向量，l_i（i=1,2,⋯,K）表示样本的类别标签。多类支持向量机的最优化问题可表示为

$$\min_{\boldsymbol{W}_k,b_k}\sum_{k=1}^{K}\frac{1}{2}\boldsymbol{W}_k^{\mathrm{T}}\boldsymbol{W}_k+c\sum_{i=1}^{n}\sum_{k\neq l_i}\xi_i^k \tag{6.2.1}$$

$$\text{s.t.}\quad \boldsymbol{W}_{l_i}^{\mathrm{T}}\boldsymbol{x}_i+b_{l_i}\geqslant\boldsymbol{W}_k^{\mathrm{T}}\boldsymbol{x}_i+b_k+2-\xi_i^k \tag{6.2.2}$$

$$\xi_i^k\geqslant 0,\ i=1,2,\cdots,n \tag{6.2.3}$$

$$k\neq l_i \tag{6.2.4}$$

由 Lagrange 定理可得

$$\begin{aligned}L(\boldsymbol{W}_k,b_k,\boldsymbol{\alpha},\boldsymbol{\beta},\xi)=&\sum_{k=1}^{K}\frac{1}{2}\boldsymbol{W}_k^{\mathrm{T}}\boldsymbol{W}_k+c\sum_{i=1}^{n}\sum_{k\neq l_i}\xi_i^k-\\&\sum_{i=1}^{n}\sum_{k=1}^{K}\alpha_i^k[(\boldsymbol{W}_{l_i}-\boldsymbol{W}_k)^{\mathrm{T}}\boldsymbol{x}_i+b_{l_i}-b_k-2+\xi_i^k]-\sum_{i=1}^{n}\sum_{k=1}^{K}\beta_i^k\xi_i^k\end{aligned} \tag{6.2.5}$$

其中，$\boldsymbol{\alpha}$ 和 $\boldsymbol{\beta}$ 为 Lagrange 乘子。

将式（6.2.5）分别对 $\boldsymbol{W}_k$、b_k、ξ_i^k 求偏导，可得

$$\frac{\partial L}{\partial\boldsymbol{W}_k}=\boldsymbol{W}_k+\sum_{i=1}^{n}\alpha_i^k\boldsymbol{x}_i-\sum_{i=1}^{n}A_ip_i^k\boldsymbol{x}_i \tag{6.2.6}$$

$$\frac{\partial L}{\partial b_k}=-\sum_{i=1}^{n}A_ip_i^k+\sum_{i=1}^{n}\alpha_i^k \tag{6.2.7}$$

$$\frac{\partial L}{\partial\xi_i^k}=-\alpha_i^k-\beta_i^k+c \tag{6.2.8}$$

其中，$p_i^k=\begin{cases}1, & l_i=k\\0, & l_i\neq k\end{cases}$，$A_i=\sum_{k=1}^{K}\alpha_i^k$。

令式（6.2.6）～式（6.2.8）的偏导为 0，则有

$$\frac{\partial L}{\partial \boldsymbol{W}_k}=0 \Rightarrow \boldsymbol{W}_k=\sum_{i=1}^{n}(A_i p_i^k-\alpha_i^k)\boldsymbol{x}_i \tag{6.2.9}$$

$$\frac{\partial L}{\partial b_k}=0 \Rightarrow \sum_{i=1}^{n}A_i p_i^k=\sum_{i=1}^{n}\alpha_i^k \tag{6.2.10}$$

$$\frac{\partial L}{\partial \xi_i^k}=0 \Rightarrow c=\alpha_i^k+\beta_i^k \tag{6.2.11}$$

将式（6.2.9）～式（6.2.11）代入式（6.2.5）中，可得原优化问题的对偶形式：

$$\min_{\alpha_k}\sum_{k=1}^{K}\sum_{i=1}^{n}\sum_{j=1}^{n}(\alpha_i^k\alpha_j^{l_i}-\frac{1}{2}\alpha_i^k\alpha_j^k)\boldsymbol{x}_i^{\mathrm{T}}\boldsymbol{x}_j+2\sum_{k=1}^{K}\sum_{i=1}^{n}\alpha_i^k$$

$$\text{s.t.}\quad \sum_{i=1}^{n}\alpha_i^k=\sum_{i=1}^{n}p_i^k\alpha_i,\ \ k=1,2,\cdots,K$$

$$0\leqslant\alpha_i^k\leqslant c,\alpha_i^{l_i}=0,\ \ i=1,2,\cdots,n,\ \ k\neq l_i$$

其中，α_i^k（$i=1,2,\cdots,n;\ k=1,2,\cdots,K$）为 Lagrange 乘子，且 $\alpha_i=\sum_{k=1}^{K}\alpha_i^k$。

多类支持向量机的决策函数为

$$f(\boldsymbol{x},\boldsymbol{\alpha})=\arg\max_k[\sum_{i=1}^{n}(p_i^k A_i-\alpha_i^k)\boldsymbol{x}_i^{\mathrm{T}}\boldsymbol{x}+b_k] \tag{6.2.12}$$

2. 算法流程

在多类支持向量机的基础上，提出基于多类支持向量机的恒星光谱分类方法。作为一种有监督的学习方法，恒星光谱分类一般将实验数据集分为训练样本集和测试样本集。训练样本集用于训练多类支持向量机，得到分类依据；测试样本集用于检验分类器的分类性能。该方法的输入数据是训练样本集，输出数据是各测试样本的类属。该方法的具体工作流程如下。

Step1：对恒星光谱数据进行离散化、归一化等预处理。

Step2：根据光谱分类的一般做法，将恒星光谱数据集分为训练样本集和测试样本集。

Step3：在训练样本集上，利用式（6.2.1）～式（6.2.4）表示的最优化问题对多类支持向量机进行训练，并建立分类模型。

Step4：利用 Lagrange 乘子法求得多类支持向量机优化问题的对偶形式，并根据式（6.2.12）得到多类支持向量机的决策函数。

Step5： 在测试样本集上，利用多类支持向量机的决策函数确定各测试样本的类属。

6.2.2 实验分析

实验采用的数据集来自美国斯隆望远镜巡天获得的 SDSS DR8（Sloan Digital Sky Survey，Data Release 8）恒星光谱数据集，实验对象包括 K 型、F 型、G 型和 M 型四类恒星。鉴于数据规模较大，随机选取上述恒星数据集的 60%作为实验数据集。K 型恒星包括 K1、K3、K5、K7 四类次型；F 型恒星包括 F2、F5、F9 三类次型；G 型恒星包括 G0、G2、G5 三类次型；M 型恒星包括 M0～M9 次型。这些数据在实验前要做一定的预处理：选取间隔为 20 的 200 个波长作为条件属性；根据每个波长处的流量、峰宽和形状，将其离散化为 13 个数值之一；将恒星类别作为判定属性。在实验中，分别选取实验数据集的 40%、50%、60%、70%、80%作为训练样本集，剩下的数据作为测试样本集。多类支持向量机中的惩罚因子 c 是一个自由参数，该参数的选取对于分类器的性能有较大影响。因此，采用 20 倍交叉验证法来获取该参数。惩罚因子 c 在网格 $\{0.1, 0.5, 1, 5, 10\}$ 中选取。

以支持向量机为代表的传统二分类方法，在处理多分类问题时，一般采用以下两种策略。

（1）一对多（One Versus Rest，1−v−r）策略。针对 K 类分类问题，可以构建 K 个二类分类器，每个类对应一个二类分类器，用于将其与其他类分开。

（2）一对一（One Versus One，1−v−1）策略。任意两类间训练一个分类器，因此对于 K 类分类问题，共有 $K(K-1)/2$ 个分类器。在对未知样本进行类属判定时，各分类器对其类别进行判定并给出相应的得分，得分高者即为该样本类属。

实验中，将上述两种分类策略与所提方法进行对比，得到如表 6.2 所示的实验结果。

表 6.2 对比实验结果

Training Size	Test Size	1−v−r	1−v−1	MCSVM
40%	60%	0.6374	0.6521	0.6845
50%	50%	0.7215	0.7334	0.7763
60%	40%	0.8017	0.8221	0.8550
70%	30%	0.8491	0.8656	0.8898
80%	20%	0.8974	0.9117	0.9483
Average Accuracy		0.7814	0.7970	0.8308

由表 6.2 可以看出，随着训练样本规模的增大，3 种方法的分类精度均有所提升。当训练样本分别取 40%、50%、60%、70%、80%时，MCSVM 的分类精度均最优，其次是 1−v−1 策略，最后是 1−v−r 策略。从平均分类能力看，MCSVM 的分类精度比 1−v−r 策略高出近 5%，比 1−v−1 策略高出 3.4%。

6.2.3　结论

光谱自动分类是天文数据挖掘领域的一大研究热点。在众多分类方法中，支持向量机以其优良的分类性能受到人们的广泛关注。然而，该方法是针对二分类问题提出的，在解决多分类问题时，常见的做法是将多个二类分类器进行某种组合，从而达到解决多分类问题的目的。但这种做法的复杂度过高，无法处理规模较大的光谱数据。鉴于此，本节在支持向量机的基础上，深入探讨了多类支持向量机，并提出了基于多类支持向量机的恒星光谱分类方法。该方法通过一次分类过程，就能将所有类别的样本分开。在 SDSS DR8 恒星光谱数据上的比较实验表明，所提方法相较于已有方法在分类精度上具有一定的优势。

6.3　基于流形判别分析和支持向量机的恒星光谱数据自动分类方法

支持向量机（SVM）易受输入数据仿射或伸缩等变换的干扰，其原因是该方法在进行分类决策时只考虑类间的绝对间隔而忽略各类的分布性状。作者提出的流形判别分析（MDA）将线性判别分析（LDA）善于发现样本的全局特征，以及保局投影算法（LPP）保持样本的局部流形结构的优势有机地结合起来，准确地获取样本的全局特征和局部特征。为了充分发挥 MDA 和 SVM 分别在特征提取和智能分类方面的优势，本节提出基于 MDA 和 SVM 的恒星光谱数据自动分类方法。该方法在进行分类决策时，不仅考虑样本的类间信息和分布特征，而且保持各类的局部流形结构。在 SDSS 恒星光谱数据集上的比较实验表明了所提方法的有效性。

6.3.1　基于流形判别分析的支持向量机

1. 最优化问题

为了解决 SVM 分类能力有限的问题，提出基于流形判别分析的支持向量机（MDA-based SVM，MDASVM），其最优化问题可描述为

$$\min_{\boldsymbol{W}} \ \boldsymbol{W}^{\mathrm{T}}(\boldsymbol{M}_{\mathbf{W}}-\boldsymbol{M}_{\mathbf{B}})\boldsymbol{W}+C\sum_{i=1}^{N}\xi_i \tag{6.3.1}$$

$$\text{s.t.} \ \ y_i(\boldsymbol{W}^{\mathrm{T}}\boldsymbol{x}_i+b)\geqslant 1-\xi_i, \ \ \xi_i\geqslant 0, \ i=1,\cdots,N$$

由 Lagrange 定理可得

$$L(\boldsymbol{W},b,\boldsymbol{\alpha},\boldsymbol{\beta},\boldsymbol{\xi})=\boldsymbol{W}^{\mathrm{T}}(\boldsymbol{M}_{\mathbf{W}}-\boldsymbol{M}_{\mathbf{B}})\boldsymbol{W}+C\sum_{i=1}^{N}\xi_i-\sum_{i=1}^{N}\alpha_i[y_i(\boldsymbol{W}^{\mathrm{T}}\boldsymbol{x}_i+b)-1+\xi_i]-\sum_{i=1}^{N}\beta_i\xi_i \tag{6.3.2}$$

将 L 分别对 $\boldsymbol{W}$、b、ξ_i 求导并令导数等于 0，可得

$$\frac{\partial L}{\partial \boldsymbol{W}}=0\Leftrightarrow(\boldsymbol{M}_{\mathbf{W}}-\boldsymbol{M}_{\mathbf{B}})\boldsymbol{W}=\frac{1}{2}\sum_{i=1}^{N}\alpha_i y_i\boldsymbol{x}_i$$

当 $\boldsymbol{M}_{\mathbf{W}}-\boldsymbol{M}_{\mathbf{B}}$ 非奇异时，有

$$\boldsymbol{W}=\frac{1}{2}(\boldsymbol{M}_{\mathbf{W}}-\boldsymbol{M}_{\mathbf{B}})^{-1}\sum_{i=1}^{N}\alpha_i y_i\boldsymbol{x}_i \tag{6.3.3}$$

$$\frac{\partial L}{\partial b}=0\Leftrightarrow\sum_{i=1}^{N}\alpha_i y_i=0 \tag{6.3.4}$$

$$\frac{\partial L}{\partial \xi_i}=0\Leftrightarrow\alpha_i+\beta_i=C \tag{6.3.5}$$

将式（6.3.3）～式（6.3.5）代入式（6.3.2）可得 MDASVM 原最优化问题的对偶形式：

$$\max_{\boldsymbol{\alpha}} \ \ \boldsymbol{\alpha}^{\mathrm{T}}\mathbf{1}-\frac{1}{2}\boldsymbol{\alpha}^{\mathrm{T}}\boldsymbol{P}\boldsymbol{\alpha} \tag{6.3.6}$$

$$\text{s.t.} \ \ \boldsymbol{\alpha}^{\mathrm{T}}\boldsymbol{Y}=0, \ \ \mathbf{0}\leqslant\boldsymbol{\alpha}\leqslant\boldsymbol{C}$$

其中，$\boldsymbol{\alpha}=[\alpha_1,\cdots,\alpha_N]^{\mathrm{T}}$，$\mathbf{1}=[1,\cdots,1]^{\mathrm{T}}$，$\boldsymbol{Y}=[y_1,\cdots,y_N]^{\mathrm{T}}$，$\mathbf{0}=[0,\cdots,0]^{\mathrm{T}}$，$\boldsymbol{C}=[C,\cdots,C]^{\mathrm{T}}$，$\boldsymbol{P}=[\frac{1}{2}y_i y_j\boldsymbol{x}_i^{\mathrm{T}}(\boldsymbol{M}_{\mathbf{W}}-\boldsymbol{M}_{\mathbf{B}})^{-1}\boldsymbol{x}_j]$。当 $\boldsymbol{M}_{\mathbf{W}}-\boldsymbol{M}_{\mathbf{B}}$ 奇异时，采用扰动法予以解决，即在 $\boldsymbol{M}_{\mathbf{W}}-\boldsymbol{M}_{\mathbf{B}}$ 主对角线上增加一个小的扰动 $\varDelta$，使扰动后的 $\boldsymbol{M}_{\mathbf{W}}-\boldsymbol{M}_{\mathbf{B}}$ 变得非奇异。

2. 判别函数

MDASVM 的判别函数定义为

$$f(\boldsymbol{x})=\operatorname{sgn}(\boldsymbol{W}^{\mathrm{T}}\boldsymbol{x}+b) \tag{6.3.7}$$

将式（6.3.3）代入式（6.3.7）可得

$$f(\boldsymbol{x})=\mathrm{sgn}\left[\frac{1}{2}\sum_{i=1}^{N}\alpha_i y_i \boldsymbol{x}_i^{\mathrm{T}}(\boldsymbol{M}_{\mathbf{W}}-\boldsymbol{M}_{\mathbf{B}})^{-1}\boldsymbol{x}+b\right] \tag{6.3.8}$$

其中，截距 b 的求法如下。

对于任意的支持向量 $\boldsymbol{x}_i$，有

$$y_i\left[\frac{1}{2}\sum_{j=1}^{N}\alpha_j y_j \boldsymbol{x}_j^{\mathrm{T}}(\boldsymbol{M}_{\mathbf{W}}-\boldsymbol{M}_{\mathbf{B}})^{-1}\boldsymbol{x}_i+b\right]=1 \tag{6.3.9}$$

求解上式得

$$b=y_i-\frac{1}{2}\sum_{j=1}^{N}\alpha_j y_j \boldsymbol{x}_j^{\mathrm{T}}(\boldsymbol{M}_{\mathbf{W}}-\boldsymbol{M}_{\mathbf{B}})^{-1}\boldsymbol{x}_i \tag{6.3.10}$$

3. 算法描述

MDASVM 的算法描述如下。

Input： 训练集 X_Train。

Output： 测试集 X_Test 中各样本的类属。

Step1： 创建邻接图 $G_{\mathrm{D}}=\{X\_Train,D\}$ 和 $G_{\mathrm{S}}=\{X\_Train,S\}$，其中，$D$ 和 S 分别表示异类和同类样本间的权重。当两个样本 $\boldsymbol{x}_i$ 和 $\boldsymbol{x}_j$ 异类时，在两者之间新增一条边，形成异类邻接图；同理，形成同类邻接图。

Step2： 计算 MDA 中的同类权重 S 和异类权重 D。若同类样本 $\boldsymbol{x}_i$ 和 $\boldsymbol{x}_j$ 之间有边相连，则计算同类权重 S；若异类样本 $\boldsymbol{x}_i$ 和 $\boldsymbol{x}_j$ 之间有边相连，则计算异类权重 D。

Step3： 计算 MDA 中基于流形的类内离散度 $\boldsymbol{M}_{\mathbf{W}}$、基于流形的类间离散度 $\boldsymbol{M}_{\mathbf{B}}$、类内离散度 $\boldsymbol{S}_{\mathbf{W}}$ 及类间离散度 $\boldsymbol{S}_{\mathbf{B}}$。

Step4： 解决 $\boldsymbol{M}_{\mathbf{W}}-\boldsymbol{M}_{\mathbf{B}}$ 奇异性问题。当 $\boldsymbol{M}_{\mathbf{W}}-\boldsymbol{M}_{\mathbf{B}}$ 奇异时，采用扰动法解决。

Step5： 通过将 MDASVM 最优化问题转化为 QP 对偶形式求得支持向量；利用式（6.3.3）求得分类面的方向矩阵 $\boldsymbol{W}$；对于任意一个支持向量，利用式（6.3.10）求得分类面的截距 b；将方向矩阵 $\boldsymbol{W}$ 和截距 b 代入式（6.3.8）可得 MDASVM 的决策函数。

Step6： 利用 MDASVM 的决策函数对任意一个测试样本 $\boldsymbol{x}\in X\_Test$ 进行类属

判定。若 $f(\boldsymbol{x})>0$ 则 $\boldsymbol{x}$ 属于第一类，否则 $\boldsymbol{x}$ 属于第二类。

6.3.2 实验分析

实验主要硬件环境为 3GHz Pentium4 CPU、4G RAM，主要软件环境为 Windows XP、MATLAB 7.0。采用 8 315 条 SDSS 恒星光谱数据作为实验对象。监督学习方法包括两类数据集，用于构造分类器的一类称为训练集，用于检验分类器性能的一类称为测试集。实验分别选取 SDSS 光谱数据的 30%、40%、50%、60%、70%作为训练集，剩余的光谱数据作为测试集。通过与 C-SVM、ν-SVM 及 KNN 等主流分类方法的比较实验来验证 MDASVM 的有效性。上述分类方法的分类精度均与参数选择有关。当前参数选择方法众多，如留一法、单一验证估计、k 倍交叉验证法等。这里采用 10 倍交叉验证法来获取实验参数。参数通过网格搜索策略选择。在 C-SVM 和 MDASVM 中，惩罚因子 C 在网格{0.01, 0.05, 0.1, 0.5, 1, 5, 10}中搜索选取；在 ν-SVM 中，参数 ν 在网格{0.1, 0.5, 1, 5, 10}中搜索选取；在 KNN 中，参数 K 在网格{1, 3, 5, 7, 9}中搜索选取；在 MDASVM 中，参数 λ、μ 在网格{0.1, 0.2, 0.3, 0.4, 0.5, 0.6, 0.7, 0.8, 0.9}中搜索选取。实验结果见表 6.3，其中，Training Size 表示训练集规模，Test Size 表示测试集规模，Average Accuracy 表示平均分类精度。

表 6.3 C-SVM、ν-SVM、KNN 和 MDASVM 的实验结果

Training Size	Test Size	C-SVM	ν-SVM	KNN	MDASVM
2 495(30%)	5 820(70%)	0.6797	0.7096	0.6500	0.7500
3 326(40%)	4 989(60%)	0.7777	0.8000	0.7799	0.8400
4 158(50%)	4 157(50%)	0.8552	0.8661	0.8422	0.9105
4 989(60%)	3 326(40%)	0.8902	0.8800	0.8503	0.9408
5 821(70%)	2 494(30%)	0.9006	0.9006	0.8508	0.9607
Average Accuracy		0.8207	0.8313	0.7946	0.8804

由表 6.3 可以看出，随着训练样本规模的增大，各算法的分类精度呈上升趋势。当训练样本分别选取 SDSS 光谱数据的 30%、40%、50%、60%、70%时，MDASVM 的分类精度均最优。从平均分类精度看，MDASVM 也最优。究其原因是 MDASVM 在进行分类决策时，不仅考虑样本的类间信息和分布特征，而且保持各类的局部流形结构。上述实验验证了 MDASVM 相较于传统分类方法具有更为稳定且高效的分类能力。

6.3.3　结论

针对 SVM 分类能力有限的问题，本节提出了基于 MDA 和 SVM 的恒星光谱数据自动分类方法。该方法在分类决策的同时考虑了样本的类间信息、分布特征及类内流形结构，具有比传统方法更优的分类能力。在 SDSS 恒星光谱数据上的比较实验验证了所提方法的有效性。

6.4　基于最小类内散度、最大类间散度支持向量机的恒星光谱分类

SVM 试图找到一个具有最大间隔的分类超平面将两类分开，但其并未将样本分布性状考虑在内，因而，分类精度有待进一步提高。鉴于此，本节提出最小类内散度、最大类间散度支持向量机（Minimum Within-class and Maximum Between-class Scatter Support Vector Machine，MMSVM）。该方法将线性判别分析（LDA）引入 SVM 中，在分类决策时，充分考虑样本的分布性状。该方法有效地集成了 LDA 和 SVM 在数据处理方面的优势。

6.4.1　MMSVM

SVM 在光谱分类中得到广泛应用，并取得了较好的效果。但该方法并未将样本的分布特征考虑在内，因而其分类性能有待进一步提升。鉴于此，在 SVM 中引入 LDA，并基于此提出最小类内散度、最大类间散度支持向量机（MMSVM）。MMSVM 充分利用 LDA 和 SVM 的优势，同时将样本分布特征和分类边界样本考虑在内，有效地提升了传统 SVM 的分类能力。MMSVM 的最优化问题可表示为如下形式：

$$\min J(\boldsymbol{W},b,\xi_i)=\frac{1}{2}\boldsymbol{W}^{\mathrm{T}}(\boldsymbol{S}_{\mathbf{W}}-\boldsymbol{S}_{\mathbf{B}})\boldsymbol{W}+C\sum_{i=1}^{N}\xi_i \tag{6.4.1}$$

$$\text{s.t. } y_i(\boldsymbol{W}^{\mathrm{T}}\boldsymbol{x}_i+b)\geqslant 1-\xi_i,\quad i=1,2,\cdots,N$$

$$\xi_i\geqslant 0,\quad i=1,2,\cdots,N$$

其中，$\boldsymbol{S}_{\mathbf{W}}$ 和 $\boldsymbol{S}_{\mathbf{B}}$ 分别表示类内离散度和类间离散度。参数 $\boldsymbol{W}$、C、ξ_i 的定义与 SVM 中相同。在式（6.4.1）中，$\frac{1}{2}\boldsymbol{W}^{\mathrm{T}}(\boldsymbol{S}_{\mathbf{W}}-\boldsymbol{S}_{\mathbf{B}})\boldsymbol{W}$ 试图找到最佳降维方向，其中，$\boldsymbol{S}_{\mathbf{W}}$ 和 $\boldsymbol{S}_{\mathbf{B}}$ 反映了样本的分布性状。$\boldsymbol{S}_{\mathbf{W}}-\boldsymbol{S}_{\mathbf{B}}$ 保证 MMSVM 同类样本尽可能接近，而

异类样本尽可能远离。$C\sum_{i=1}^{N}\xi_i$ 表示软边界，它能提高 MMSVM 的稳健性。MMSVM 同时将样本分布特征和分类边界样本考虑在内，能够给出更为理想的分类结果。

由 Lagrange 定理可知，上述优化问题可转化为如下对偶形式：

$$\max_{\alpha} \ \boldsymbol{\alpha}^{\mathrm{T}}\mathbf{1}-\frac{1}{2}a^{\mathrm{T}}\boldsymbol{Q}\boldsymbol{\alpha}$$

$$\text{s.t.} \ \boldsymbol{\alpha}^{\mathrm{T}}\boldsymbol{Y}=0, \ \boldsymbol{\alpha}\geqslant 0$$

其中，$\boldsymbol{Q}=\frac{1}{2}[y_i y_j \boldsymbol{x}_i^{\mathrm{T}}(\boldsymbol{S}_{\mathbf{W}}-\boldsymbol{S}_{\mathbf{B}})^{-1}\boldsymbol{x}_j+\mu_{ij}]$，$\mu_{ij}=\begin{cases}\frac{1}{C}, & i=j\\ 0, & i\neq j\end{cases}$，$\boldsymbol{Y}=[y_1,y_2,\cdots,y_N]^{\mathrm{T}}$，$\mathbf{1}=[1,1,\cdots,1]^{\mathrm{T}}$。

MMSVM 的决策函数与 SVM 的决策函数类似，但参数 $\boldsymbol{W}$ 的定义不同。由 Lagrange 定理可得 $\boldsymbol{W}=\sum_{i=1}^{N}\alpha_i y_i \boldsymbol{x}_i(\boldsymbol{S}_{\mathbf{W}}-\boldsymbol{S}_{\mathbf{B}})$。

MMSVM 的决策函数可表示为

$$f(\boldsymbol{x})=\operatorname{sign}(\boldsymbol{W}^{\mathrm{T}}\boldsymbol{x}+b)=\operatorname{sign}\left[\frac{1}{2}\sum_{i=1}^{N}\alpha_i y_i \boldsymbol{x}_i^{\mathrm{T}}(\boldsymbol{S}_{\mathbf{W}}-\boldsymbol{S}_{\mathbf{B}})^{-1}\boldsymbol{x}+b_0\right]$$

根据 KKT 条件，可以求出 b_0 的值。对于任意支持向量 $\boldsymbol{x}_i\in\boldsymbol{S}=\{\boldsymbol{x}_i|\alpha_i>0, i=1,2,\cdots,N\}$，以下等式成立：

$$y_i\left[\frac{1}{2}\sum_{j=1}^{N}\alpha_j y_j \boldsymbol{x}_j^{\mathrm{T}}(\boldsymbol{S}_{\mathbf{W}}-\boldsymbol{S}_{\mathrm{B}})^{-1}\boldsymbol{x}_i+b_0\right]=1$$

求解上式可得

$$b_0=\frac{1}{N}\sum_{i\in S}\left[y_i-\frac{1}{2}\sum_{j=1}^{N}\alpha_j y_j \boldsymbol{x}_j^{\mathrm{T}}(\boldsymbol{S}_{\mathbf{W}}-\boldsymbol{S}_{\mathbf{B}})^{-1}\boldsymbol{x}_i\right]$$

6.4.2 实验分析

下面通过与 SVM 的比较实验来验证 MMSVM 的有效性。实验数据来自 SDSS DR8。实验数据包括：①K 型恒星光谱的 K1、K3、K5、K7 四类次型，其信噪比的范围是(10, 20)；②F 型恒星光谱的 F2、F5、F9 三类次型，其信噪比的范围是(50, 60)。在数据预处理中，将所有流量统一插值到 3 800～9 000 A。实验数据集见表 6.4 和表 6.5。

表 6.4　K 型恒星光谱数量（10<SNR<20）

Stellar Subclass Type	K1	K3	K5	K7
Number	5 505	6 092	4 597	4 476

表 6.5　F 型恒星光谱数量（50<SNR<60）

Stellar Subclass Type	F2	F5	F9
Number	1 416	8 156	13 785

实验步骤如下。

Step1： 将实验数据集分为训练样本和测试样本。

Step2： 利用 PCA 对恒星光谱数据进行降维处理。

Step3： 分别利用 SVM 和 MMSVM 对测试样本进行分类，得到分类结果。

分别选取 K 型、F 型光谱数据集的 30%、40%、50%、60%、70%作为训练样本，剩余数据作为测试样本。将光谱数据降至 5 维。对比实验结果见表 6.6 和表 6.7。

表 6.6　K 型恒星光谱上的对比实验结果

Training Size	Test Size	SVM	MMSVM
6 201	14 469	0.580 1	0.678 1
8 268	12 402	0.596 6	0.677 6
10 335	10 335	0.719 8	0.804 3
12 402	8 268	0.789 1	0.860 2
14 469	6 201	0.870 4	0.919 9
Average Accuracy		0.711 2	0.788 0

表 6.7　F 型恒星光谱上的对比实验结果

Training Size	Test Size	SVM	MMSVM
7 007	16 350	0.510 2	0.536 8
9 343	14 014	0.601 2	0.722 2
11 679	11 678	0.633 3	0.770 8
14 014	9 343	0.700 3	0.748 4
16 530	7 007	0.743 8	0.871 0
Average Accuracy		0.637 8	0.729 8

由表 6.6 和表 6.7 可以看出，SVM 和 MMSVM 的分类精度随着训练样本规模的增大而提升。从分类结果看，MMSVM 的性能优于 SVM。从平均性能看，MMSVM 明显优于 SVM。

6.4.3 结论

SVM 被广泛应用于恒星光谱分类中。其最大的弊端是在分类决策时并未考虑样本分布性状，因而分类能力有限。鉴于此，本节提出最小类内散度、最大类间散度支持向量机。该方法将 LDA 引入 SVM 中，利用 LDA 中的类间离散度和类内离散度表征样本的分布性状。在 SDSS 恒星光谱数据集上的比较实验表明 MMSVM 的分类性能优于 SVM。

6.5 基于模糊最小类内散度支持向量机的恒星光谱分类

前面提到，尽管 SVM 在实际应用中受到广泛推崇，但其在进行分类决策时并未考虑样本的分布性状。更重要的是，该方法易受离群点或噪声点的干扰。鉴于此，本节提出基于模糊最小类内散度支持向量机（Fuzzy Minimum Within-class Support Vector Machine，FMWSVM）。该方法将 LDA 中的类内离散度 $\boldsymbol{S}_{\mathrm{W}}$ 引入 SVM 中，用以描述样本的分布特征；利用模糊隶属度函数来表征样本的重要程度。

6.5.1 FMWSVM

SVM 受限于以下两方面问题：①其分类过程并未考虑样本分布性状，且分类结果不具有稳健性；②分类结果受噪声影响较大。鉴于此，受 LDA 和 SVM 的启发，本节提出 FMWSVM。该方法能够将样本分布性状考虑在内，并尽量减少噪声对分类结果的影响，从而得到稳健的分类结果。FMWSVM 的最优化问题可以表示为

$$\min_{\boldsymbol{w},b,\xi} J(\boldsymbol{W},b,\xi_i)=\boldsymbol{W}^{\mathrm{T}}\boldsymbol{S}_{\mathrm{W}}\boldsymbol{W}+C\sum_{i=1}^{N}s_i\xi_i \tag{6.5.1}$$

$$\text{s.t.}\quad y_i(\boldsymbol{W}^{\mathrm{T}}\boldsymbol{x}_i+b)\geqslant 1-\xi_i,\ i=1,2,\cdots,N$$

$$\xi_i\geqslant 0,\ i=1,2,\cdots,N$$

其中，$\boldsymbol{S}_{\mathrm{W}}$ 表示 LDA 中的类内离散度，参数 $\boldsymbol{W}$、C、ξ_i 的定义与 SVM 相同。在式（6.5.1）中，$\boldsymbol{W}^{\mathrm{T}}\boldsymbol{S}_{\mathrm{W}}\boldsymbol{W}$ 用来找到最优分类面，其中，$\boldsymbol{S}_{\mathrm{W}}$ 表示样本的分布性状；

$C\sum_{i=1}^{N} s_i\xi_i$ 表示软边界，其可以提高算法的稳健性；模糊隶属度函数 s_i 用来保证样本的重要程度，s_i 越大，则该样本越重要，因此，给噪声赋予较小的权重，用以降低其对分类结果的影响。

根据 Lagrange 定理，可得上述优化问题的对偶形式：

$$\min_{\alpha} \ \frac{1}{2}\sum_{i=1}^{N}\sum_{j=1}^{N} y_i y_j \alpha_i \alpha_j \boldsymbol{x}_i^{\mathrm{T}} \boldsymbol{S}_{\mathbf{W}} \boldsymbol{x}_j - \sum_{i=1}^{N}\alpha_i$$

$$\text{s.t.} \sum_{i=1}^{N}\alpha_i y_i = 0\,, 0 \leqslant \alpha_i \leqslant s_i C \quad (i=1,2,\cdots,N)$$

FMWSVM 的决策函数与 SVM 相同，但参数 $\boldsymbol{W}$ 的定义不同。由 Lagrange 定理可得

$$\boldsymbol{W} = \frac{1}{2}\boldsymbol{S}_{\mathbf{W}}^{-1}\sum_{i=1}^{N}\alpha_i y_i \boldsymbol{x}_i$$

当样本规模远大于样本维度时，类内离散度 $\boldsymbol{S}_{\mathbf{W}}$ 非奇异；否则，类内离散度 $\boldsymbol{S}_{\mathbf{W}}$ 奇异，其导数不存在。在这种情况下，利用奇异值扰动法（Singular Value Perturbation，SVP）来解决 $\boldsymbol{S}_{\mathbf{W}}$ 奇异性问题。

基于上述分析，可得 FMWSVM 的决策函数：

$$f(\boldsymbol{x}) = \mathrm{sign}(\boldsymbol{W}^{\mathrm{T}}\boldsymbol{x} + b) = \mathrm{sign}(\frac{1}{2}\sum_{i=1}^{N}\alpha_i y_i \boldsymbol{x}_i^{\mathrm{T}}\boldsymbol{S}_{\mathbf{W}}^{-1}\boldsymbol{x} + b_0)$$

根据 KKT 条件，可以求出 b_0 的值。对于任意支持向量 $\boldsymbol{x}_i \in S = \left\{\boldsymbol{x}_i \middle| \alpha_i > 0,\ i = 1,2,\cdots,N\right\}$，以下等式成立：

$$y_i\left[\frac{1}{2}\sum_{j=1}^{N}\alpha_j y_j \boldsymbol{x}_j^{\mathrm{T}}(\boldsymbol{S}_{\mathbf{W}} - \boldsymbol{S}_{\mathbf{B}})^{-1}\boldsymbol{x}_i + b_0\right] = 1$$

求解上式可得

$$b_0 = \frac{1}{N}\sum_{i\in S}\left[y_i - \frac{1}{2}\sum_{j=1}^{N}\alpha_j y_j \boldsymbol{x}_j^{\mathrm{T}}(\boldsymbol{S}_{\mathbf{W}} - \boldsymbol{S}_{\mathbf{B}})^{-1}\boldsymbol{x}_i\right]$$

6.5.2 实验分析

下面通过与 SVM 的比较实验来验证 FMWSVM 的有效性。实验数据来自 SDSS DR8。实验数据包括：①K 型恒星光谱的 K1、K3、K5、K7 四类次型，其

信噪比的范围是(30, 40)；②F 型恒星光谱的 F2、F5、F9 三类次型，其信噪比的范围是(60, 70)。在数据预处理中，将所有流量统一插值到 3 800～9 000 A。实验数据集见表 6.8 和表 6.9。

表 6.8　K 型恒星光谱数量（30<SNR<40）

Stellar Subclass Type	K1	K3	K5	K7
Number	5 505	6 108	5 151	2 689

表 6.9　F 型恒星光谱数量（60<SNR<70）

Stellar Subclass Type	F2	F5	F9
Number	810	4 136	7 588

分别选取实验数据集的 30%、40%、50%、60%、70%作为训练样本，剩余数据作为测试样本。利用 PCA 对恒星光谱进行降维处理，光谱维度降至 5 维。对比实验结果记录于表 6.10、表 6.11 和图 6.1 中。

表 6.10　K 型恒星数据集上的对比实验结果

Training Size	Test Size	SVM	FMWSVM
30%(5 836)	70%(13 617)	0.650 0	0.768 0
40%(7 781)	60%(11 672)	0.682 0	0.757 5
50%(9 727)	50%(9 726)	0.806 6	0.887 0
60%(11 672)	40%(7 781)	0.878 2	0.930 2
70%(13 617)	30%(5 836)	0.930 4	0.969 8
Average Accuracy		0.789 4	0.862 5

表 6.11　F 型恒星数据集上的对比实验结果

Training Size	Test Size	SVM	FMWSVM
30%(3 760)	70%(8 774)	0.559 7	0.589 8
40%(5 014)	60%(7 520)	0.639 6	0.760 0
50%(6 267)	50%(6 267)	0.676 9	0.799 7
60%(7 520)	40%(5 014)	0.745 9	0.790 8
70%(8 774)	30%(3 760)	0.791 8	0.888 6
Average Accuracy		0.682 8	0.765 8

由表 6.10、表 6.11 和图 6.1 可以看出，随着训练样本规模的增大，两类方法的分类精度均有所提升。从分类精度看，SVM 和 FMWSVM 均能较好地完成分类任务。但与 SVM 相比，FMWSVM 在不同规模训练样本集上的分类精度更优。从

平均分类精度看，FMWSVM 也优于 SVM。基于上述分析，可以得到如下结论：FMWSVM 的分类性能明显优于 SVM。

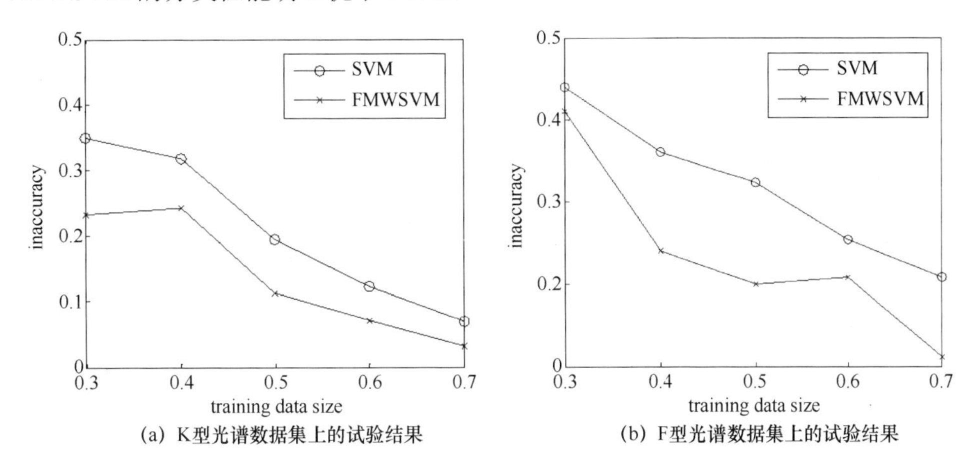

图 6.1　K 型、F 型光谱数据集上分类精度与训练样本规模间的关系

6.5.3　结论

SVM 作为一种经典的分类方法，已被广泛应用于天文学领域，特别是光谱自动分类方面。尽管其在实际应用中表现优良，但其在分类决策中并未考虑样本分布性状且易受噪声点影响，因此分类性能有待进一步提高。鉴于此，受 LDA 和 SVM 的启发，本节提出 FMWSVM。该方法通过 LDA 中的类内离散度来表征样本的分布特征，同时利用模糊隶属度函数来降低噪声对分类结果的影响。在 SDSS 数据集上的比较实验表明 FMWSVM 的分类性能优于 SVM。

第 7 章　稀有天体光谱自动发现方法

随着大型天文观测设备的建成和持续运行，人们获得了海量的光谱数据。这些光谱数据蕴含着丰富的稀有天体信息，甚至是未知天体信息。稀有天体搜寻是天文领域最为激动人心和极富创新意义的研究之一。该研究有助于天文学家深入理解极端物理过程或天体物理现象，从而更好地挑战或限制天体物理中已有的重要理论模型。稀有天体是指与已知天体相比数量相对较少的天体。目前，稀有天体搜寻已有一些研究，这些研究由于探测方法的局限性及此类天体的稀有性，通常发现的天体数目较少且样本不够完备，因此无法进行详细的统计学研究。如何高效地搜寻更多的稀有天体，成为天文领域面临的重要问题之一。该问题的解决有助于天文学家进行系统且完备的统计分析，以便加深对稀有天体的认识。

相对于天文数据的急剧增长，目前稀有天体搜寻的技术和方法还处于一个相对落后的状态，传统人工或半人工的处理方式已经不能满足实际需求，研究高效且准确的稀有天体自动搜寻方法成为一个迫切且实际的任务。很多国内外的研究人员在相关领域展开研究，开始尝试利用数据挖掘算法来搜寻稀有天体。这种尝试在一定程度上降低了人工参与度，在部分研究中取得了较好的效果，但一个不容忽视的事实是，大多数已有数据挖掘算法的适用范围均存在一定的局限性，直接将其应用于稀有天体搜寻，工作效率难以保证。因此，有必要研究适用于稀有天体搜寻的数据挖掘新算法。

本章针对稀有天体搜寻方法展开研究，重点探讨离群点发现问题。通过研究，进一步充实已有的稀有天体库，为天体演化、密度分布、宇宙结构等问题的研究提供有力的技术支持，为进一步探究银河系的形成与演化奠定坚实的理论基础，也为提高稀有天体搜寻效率及观测产出量开拓新的思路。

本章对稀有天体光谱自动发现方法进行探讨，分别利用基于熵的单类学习机、基于互信息的非平衡分类方法及基于模糊大间隔最小球分类模型来发现稀有天体光谱。

7.1　利用基于熵的单类学习机发现稀有光谱

离群点往往含有重要的稀有天体或未知天体信息，但已有的天体光谱分类方法对稀有光谱不敏感，因而无法发现稀有光谱，进而无法发现稀有天体。鉴于此，本节提出基于熵的单类学习机（One-Class Learning Machine Based on Entropy，OCLM）。该方法具有以下优势：①在分类过程中考虑光谱数据的分布性状；②其分类能力相较于传统方法有一定提升。然而，该方法也存在不足：其时间复杂度与训练样本规模成指数关系。因此，该方法无法解决大规模分类问题。幸运的是，Tsang 等人的研究表明，如果任意一个分类器的对偶形式与最小包含球（MEB）等价，则可引入核心向量机（CVM）来解决大规模分类问题。鉴于此，本节还将探讨 OCLM 与 MEB 的等价性问题，试图将 OCLM 的适用范围由中小规模数据集扩展到大规模数据集。

7.1.1 熵理论

熵用来表示系统的不确定程度，目前已被广泛应用于信息论、自然科学、生命科学和生态环境等领域。在信息论中，熵用来反映信息系统的不确定性，即熵越大，系统不确定性越大；反之，系统不确定性越小。

常见的熵有条件熵、香农熵、平方熵、立方熵等。为了方便表示和推导，选用连续型平方熵来表征分类过程的不确定性。设给定数据集为 $X=\{\boldsymbol{x}_1,\boldsymbol{x}_2,\cdots,\boldsymbol{x}_N\}$，$N$ 为样本个数，连续型平方熵定义如下：

$$H_{\mathrm{p}}=1-\int p(\boldsymbol{x})^2\mathrm{d}x \tag{7.1.1}$$

其中，$p(\boldsymbol{x})$ 为 Parzen 窗函数，它能充分反映数据的分布性状。Parzen 窗定义如下：

$$p(\boldsymbol{x})=\sum_{i=1}^{N}\alpha_i k(\boldsymbol{x},\boldsymbol{x}_i) \tag{7.1.2}$$

$$\text{s.t.}\ \sum_{i=1}^{N}\alpha_i=1 \tag{7.1.3}$$

$$\alpha_i\geqslant 0(i=1,2,\cdots,N) \tag{7.1.4}$$

7.1.2 基于熵的单类学习机

1. 目标函数

在物理学中，熵表示分类的不确定性，分类器的设计准则应保证分类过程的不确定性最小，即熵最小。因此，基于熵的单类学习机通过最小化表示分类不确定性的平方熵，实现对未知样本类属的判定。上述思想可表示为如下最优化表达式：

$$\min\ 1-\int p(\boldsymbol{x})^2\mathrm{d}x \tag{7.1.5}$$

分别将式（7.1.2）～式（7.1.4）代入式（7.1.5），可得

$$\min\ 1-\int\sum_{i=1}^{N}\sum_{j=1}^{N}\alpha_i\alpha_j k_\delta(\boldsymbol{x},\boldsymbol{x}_i)k_\delta(\boldsymbol{x},\boldsymbol{x}_j)\mathrm{d}x \tag{7.1.6}$$

$$\text{s.t.}\ \sum_{i=1}^{N}\alpha_i=1$$

$$\alpha_i\geqslant 0(i=1,2,\cdots,N)$$

已知 Gaussian 函数有如下性质：

$$\int k_\delta(\boldsymbol{x},\boldsymbol{x}_i)k_\delta(\boldsymbol{x},\boldsymbol{x}_j)\mathrm{d}x=k_{\sqrt{2}\delta}(\boldsymbol{x}_i,\boldsymbol{x}_j) \tag{7.1.7}$$

则式（7.1.6）可表示为

$$\min\ 1-\sum_{i=1}^{N}\sum_{j=1}^{N}\alpha_i\alpha_j k_{\sqrt{2}\delta}(\boldsymbol{x}_i,\boldsymbol{x}_j) \tag{7.1.8}$$

基于以上分析，OCLM 最优化问题可归纳为如下形式：

$$\min\ 1-\sum_{i=1}^{N}\sum_{j=1}^{N}\alpha_i\alpha_j k_{\sqrt{2}\delta}(\boldsymbol{x}_i,\boldsymbol{x}_j)$$

$$\text{s.t.}\ \sum_{i=1}^{N}\alpha_i=1$$

$$\alpha_i\geqslant 0(i=1,2,\cdots,N)$$

2. 决策函数

为了判定新进样本 $\boldsymbol{x}\in\boldsymbol{R}^d$ 是否属于正常类，OCLM 通过比较该样本落入正常类的概率与边界概率间的关系，来确定其是否为正常样本。在 OCLM 最优化问题中，当 $0<\alpha_i<1$ 时，称其对应的 $\boldsymbol{x}_i$ 为边界支持向量，其中 $1\leqslant i\leqslant N$。任取一边界支持向量 $\boldsymbol{x}_k$，称其对应的概率 $p(\boldsymbol{x}_k)$ 为边界概率。基于以上分析，可得如下的 OCLM 决策函数：

$$f(x)=\mathrm{sgn}[p(\boldsymbol{x})-p(\boldsymbol{x}_k)] \tag{7.1.9}$$

如果 $f(\boldsymbol{x})<0$，则 $\boldsymbol{x}$ 属于正常类；否则，$\boldsymbol{x}$ 属于异常类。

7.1.3 基于核心向量机的 OCLM

令给定数据集 D 的最小包含球为 MEB(D)，球心为 $\boldsymbol{c}$，半径为 R。映射函数 $\phi(\bullet)$ 保证低维空间不可分的样本在高维空间可分。最小包含球的定义如下：

$$\min R^2 \tag{7.1.10}$$

$$\|\boldsymbol{c}-\phi(\boldsymbol{x}_i)\|^2 \leqslant R^2 \tag{7.1.11}$$

用核函数 $k(\boldsymbol{x}_i, \boldsymbol{x}_j)$替换$\phi(\boldsymbol{x}_i)^{\mathrm{T}}\phi(\boldsymbol{x}_j)$，由拉普拉斯定理可得如下对偶形式：

$$\max \sum_{i=1}^{N}\alpha_i k(\boldsymbol{x}_i,\boldsymbol{x}_i)-\sum_{i=1}^{N}\sum_{j=1}^{N}\alpha_i\alpha_j k(\boldsymbol{x}_i,\boldsymbol{x}_j) \tag{7.1.12}$$

$$\text{s.t.}\ \sum_{i=1}^{N}\alpha_i=1$$

$$\alpha_i \geqslant 0，\ i=1,2,\cdots,N$$

由于 Gaussian 核函数有如下性质：

$$\sum_{i=1}^{N}\alpha_i k(x_i,x_i)=1$$

因此，将 Gaussian 核函数作为式（7.1.12）中的核函数，则式（7.1.12）变为

$$\max 1-\sum_{i=1}^{N}\sum_{j=1}^{N}\alpha_i\alpha_j k(\boldsymbol{x}_i,\boldsymbol{x}_j) \tag{7.1.13}$$

可以看出，式（7.1.8）与式（7.1.13）等价，且它们的约束条件均为$\sum_{i=1}^{N}\alpha_i=1$和$\alpha_i \geqslant 0$，$i=1,2,\cdots,N$。由此可以得到结论：OCLM 的最优化问题与最小包含球等价。因此，基于 CVM 的 OCLM 可以用来解决大规模稀有光谱发现问题。

7.1.4　实验分析

实验部分用来检验 OCLM 及基于 CVM 的 OCLM 的有效性。传统的分类方法 KNN 和 SVM 在实际应用中表现优良，因此，将上述方法用于比较实验。实验的软硬件环境是 Intel Core i3 CPU、4G RAM、Windows 7 和 MATLAB 7.0。实验数据集采用 SDSS DR8。在数据预处理中，将所有流量统一插值到 3 800～9 000 A。

实验主要包括以下几个步骤。

Step1：将实验数据集分为训练样本集和测试样本集。

Step2：利用 PCA 对实验数据集进行降维处理。

Step3：在低维训练样本集上训练 OCLM、SVM 分类器，得到分类依据。

Step4：在低维测试样本集上利用 OCLM、SVM、KNN 分类器对测试样本进

行类属判定，并得到分类结果。

1. 中小规模数据集上的实验

实验数据包括：①K型恒星光谱的 K1、K3、K5、K7 四类次型，其信噪比（Signal-to-Ratio，SNR）的范围是(55, 60)；②F 型恒星光谱的 F2、F5、F9 三类次型，其 SNR 的范围是(65, 70)；③G 型恒星光谱的 G0、G2、G5 三类次型，其 SNR 的范围是(60, 65)。实验数据集见表 7.1～表 7.3。

表 7.1　K 型恒星光谱数量（55<SNR<60）

Stellar Subclass Type	K1	K3	K5	K7
Number	1 885	1 804	1 699	659

表 7.2　F 型恒星光谱数量（65<SNR<70）

Stellar Subclass Type	F2	F5	F9
Number	311	1 671	3 223

表 7.3　G 型恒星光谱数量（60<SNR<65）

Stellar Subclass Type	G0	G2	G5
Number	382	992	58

稀有类和大众类光谱对比表见表 7.4～表 7.6。

表 7.4　K 型恒星（55<SNR<60）稀有类和大众类光谱对比表

Majority/ Rareness	Majority			Rareness
Stellar Subclass Type	K1	K3	K5	K7
Proportion (%)	89.10			10.90

表 7.5　F 型恒星（65<SNR<70）稀有类和大众类光谱对比表

Majority/ Rareness	Majority		Rareness
Stellar Subclass Type	F5	F9	F2
Proportion (%)	94.02		5.98

表 7.6　G 型恒星（60<SNR<65）稀有类和大众类光谱对比表

Majority/ Rareness	Majority		Rareness
Stellar Subclass Type	G0	G2	G5
Proportion (%)	94.67		5.33

分别将上述实验数据集的 30%、40%、50%、60%、70%作为训练样本，剩余数据作为测试样本，分别运行 KNN、SVM 和 OCLM，得到的分类结果见表 7.7～

表 7.9。其中，前两列分别是训练样本或测试样本的数量及所占比重，以及稀有类训练样本和测试样本的数量及所占比重。

表 7.7　K 型恒星光谱上的实验结果

Training Size (%)/ The Number of Rareness	Test Size (%)/ The Number of Rareness	KNN	SVM	OCLM
1 814(30%)/198	4 233(70%)/461	0.410 0	0.488 1	0.555 3
2 419(40%)/264	3 628(60%)/395	0.468 4	0.589 9	0.715 7
3 024(50%)/330	3 023(50%)/329	0.541 0	0.629 2	0.744 7
3 628(60%)/395	2 419(40%)/264	0.602 3	0.708 3	0.803 0
4 233(70%)/461	1 814(30%)/198	0.681 9	0.742 4	0.873 7
Average Accuracy		0.540 7	0.631 6	0.738 5

表 7.8　F 型恒星光谱上的实验结果

Training Size (%)/ The Number of Rareness	Test Size (%)/ The Number of Rareness	KNN	SVM	OCLM
1 562(30%)/93	3 643(70%)/218	0.403 7	0.481 7	0.580 0
2 082(40%)/124	3 123(60%)/187	0.422 5	0.529 4	0.609 6
2 603(50%)/156	2 602(50%)/155	0.477 4	0.567 7	0.677 4
3 123(60%)/187	2 082(40%)/124	0.564 5	0.661 3	0.790 3
3 643(70%)/218	1 562(30%)/93	0.612 9	0.698 9	0.849 5
Average Accuracy		0.496 2	0.587 8	0.701 4

表 7.9　G 型恒星光谱上的实验结果

Training Size (%)/ The Number of Rareness	Test Size (%)/ The Number of Rareness	KNN	SVM	OCLM
430(30%)/17	1 002(70%)/41	0.512 2	0.512 2	0.634 1
573(40%)/23	859(60%)/35	0.571 4	0.542 9	0.685 7
716(50%)/29	716(50%)/29	0.620 7	0.586 2	0.724 1
859(60%)/35	573(40%)/23	0.695 7	0.739 1	0.782 6
1 002(70%)/41	430(30%)/17	0.823 5	0.764 7	0.823 5
Average Accuracy		0.644 7	0.629 0	0.730 0

由表 7.7～表 7.9 可以看出，KNN、SVM 和 OCLM 的分类精度随样本数的增加而上升。与 KNN 和 SVM 相比，OCLM 在 K、F、G 型恒星光谱上发现稀有光谱的能力均更优。从分类平均性能看，OCLM 也优于 KNN 和 SVM。由此可见，OCLM 在发现稀有光谱方面具有一定的优势。

2. 大规模样本上的实验

实验数据包括：①K 型恒星光谱的 K1、K3、K5、K7 四类次型，其 SNR 的范围是(40, 60)；②F 型恒星光谱的 F2、F5、F9 三类次型，其 SNR 的范围是(50, 65)。实验数据集见表 7.10 和表 7.11。

表 7.10　K 型恒星光谱数量（40<SNR<60）

Stellar Subclass Type	K1	K3	K5	K7
Number	8 717	8 103	7 734	3 181

表 7.11　F 型恒星光谱数量（50<SNR<65）

Stellar Subclass Type	F2	F5	F9
Number	1 915	10 621	18 150

稀有类和大众类光谱对比见表 7.12 和表 7.13。

表 7.12　K 型恒星（40<SNR<60）稀有类和大众类光谱对比表

Majority/ Rareness	Majority			Rareness
Stellar Subclass Type	K1	K3	K5	K7
Proportion (%)	88.53			11.47

表 7.13　F 型恒星（50<SNR<65）稀有类和大众类光谱对比表

Majority/ Rareness	Majority		Rareness
Stellar Subclass Type	F5	F9	F2
Proportion (%)	93.76		6.24

分别将上述实验数据集的 30%、40%、50%、60%、70%作为训练样本，剩余数据作为测试样本。对比实验结果见表 7.14 和表 7.15。其中，“%”表示分类精度；“Time”表示训练时间，单位为秒（s）；“—”表示在有限时间内（鉴于实验样本规模，有限时间上限设定为 1 000s）无法求解。

表 7.14　K 型恒星光谱上的对比实验结果

Training Size (%)/The Number of Rareness	Test Size (%)/The Number of Rareness	KNN		SVM		OCLM	
		%	Time	%	Time	%	Time
8 321(30%)/954	19 414(70%)/2 227	0.549 6	585.0	0.590 0	594.2	0.600 4	18.8
11 094(40%)/1 272	16 641(60%)/1 909	0.609 7	871.2	0.630 2	903.5	0.680 5	26.7
13 868(50%)/1 591	13 867(50%)/1 590	—	—	—	—	0.748 4	59.0
16 641(60%)/1 909	11 094(40%)/1 272	—	—	—	—	0.811 3	198.3
19414(70%)/2 227	8 321(30%)/954	—	—	—	—	0.839 6	278.9

表 7.15　F 型恒星光谱上的对比实验结果

Training Size (%)/ The Number of Rareness	Test Size (%)/ The Number of Rareness	KNN		SVM		OCLM	
		%	Time	%	Time	%	Time
9 206(30%)/575	21 480(70%)/1 340	0.5201	696.4	0.5731	780.2	0.600 0	26.3
12 274(40%)/766	18 412(60%)/1 149	—	—	—	—	0.640 6	78.4
15 343(50%)/958	15 343(50%)/957	—	—	—	—	0.711 6	159.8
18 412(60%)/1 149	122274(40%)/766	—	—	—	—	0.819 8	301.2
21 480(70%)/1 340	9 206(30%)/575	—	—	—	—	0.838 3	478.6

由实验结果可以看出，分类精度和训练时间随训练样本规模的增大而上升。当训练样本规模增大到 K 型恒星光谱总数的 50%及 F 型恒星光谱总数的 40%时，KNN 和 SVM 无法在 1 000s 内完成分类任务，但基于 CVM 的 OCLM 仍可较快地获得分类结果且分类精度良好。上述比较实验表明，基于 CVM 的 OCLM 能高效地处理大规模稀有光谱发现问题。

7.1.5　结论

为了能够从大规模光谱中发现稀有光谱，本节提出了基于熵的单类学习机（OCLM）。OCLM 巧妙地引入 Parzen 窗和熵理论来构建其优化问题。OCLM 充分考虑了样本的分布性状，因此，与传统分类器相比，具有更好的稀有光谱发现能力。然而，该方法的时间复杂度与样本规模呈指数关系，无法处理大规模样本问题。如何将 OCLM 的适用范围由中小规模样本扩展到大规模样本这一问题值得关注。经研究发现，OCLM 的对偶形式与最小包含球等价。基于此，本书提出了基于 CVM 的 OCLM，该方法能处理大规模稀有光谱发现问题。在 SDSS DR8 数据集上的对比实验表明，与传统分类器相比，OCLM 在中小规模样本上、基于 CVM 的 OCLM 在大规模样本上具有更好的性能。

7.2　利用基于互信息的非平衡分类方法识别稀有光谱

恒星光谱分类是天文数据挖掘中的一项重要内容。近年来，研究人员提出了多种智能分类方法，这些方法以提高分类精度为唯一目标。然而，在稀有光谱发现应用中，训练样本数量在类间分布很不平衡，已有分类方法大多倾向于把光谱数较少类别（稀有类）的样本错误地分到光谱数较多的类别（大众类）中。尽管得到的分类精度很高，但其并未达到预期目标。特别是稀有光谱往往含有重要的稀有天体或未知天体信息，发现这些光谱对于天文学研究具有重要意义。鉴于此，研究人员对不平衡数据分类问题展开研究，试图在保证大众类样本准确分类的前提下，提高稀有类样本的识别率。在不平衡分类问题中，稀有类样本比大众类样本更重要，错分一个稀有类样本的代价比错分一个大众类样本的代价更大。因此，不平衡分类问题与代价敏感分类问题密切相关。代价敏感分类弥补了传统分类方法只关注正确率的不足，为不同类型的错误分配不同代价，保证高代价错误发生的数量和错分总代价最小。代价敏感分类方法假设错分代价事先给定且分类结果可靠。然而，在实际应用中，用户往往无法提供准确的错分代价，而在传统分类方法中所有错分代价都相等的假设在解决不平衡分类问题时并不成立，因而传统分类方法无法保证分类结果的可靠性。

鉴于此，本节在分析当前主流分类方法的基础上，通过对决策树和互信息之间关系的分析，提出基于互信息的代价缺失决策树（Cost-Free Decision Tree Based on Mutual Information，CDTM），用以解决稀有光谱发现问题。

7.2.1 背景知识

1. 熵

熵是信息论中的概念，假设数据集为 D，熵的计算公式为

$$\text{entropy}(D) = -\sum_{i=1}^{|C|} \Pr(c_i)\log_2 \Pr(c_i) \tag{7.2.1}$$

其中，$|C|$ 表示类数，$\Pr(c_i)$ 表示 c_i 类在数据集 D 中的概率。熵越小，数据越纯净，因此熵可作为数据混杂度或混乱度的衡量指标。

2. 信息增益

信息增益可以衡量混杂度或混乱度的减少量。假设 A_i 是 D 的属性，可取 v 个值，则 D 可划分成 v 个不相交的子集 $D_1, D_2,\cdots, D_v$。划分后 D 的熵为

$$\text{entropy}(A_i, D) = \sum_{i=1}^{v} \frac{|D_i|}{|D|}\text{entropy}(D_i) \tag{7.2.2}$$

则属性 A_i 的信息增益为

$$\text{gain}(D, A_i) = \text{entropy}(D) - \text{entropy}(A_i, D) \tag{7.2.3}$$

3. 信息增益率

信息增益偏向于选择取值较多的属性，为了修正这种偏袒性，利用数据集的

相对于属性值分布的熵归一化信息增益，使得熵都是相对于类属性的，称为信息增益率，计算公式为

$$\text{gainRatio}(D, A_i) = \frac{\text{gain}(D, A_i)}{-\sum_{i=1}^{s}(\frac{|D_i|}{|D|}\log_2\frac{|D_i|}{|D|})} \tag{7.2.4}$$

其中，s 表示属性 A_i 的可能取值数目，D_i 表示 D 中具有 A_i 属性第 i 个值的子集。

7.2.2　决策树的构造

决策树是一种重要的数据挖掘方法，它通过构造一个树状结构来确定数据的类属。决策树易于理解并在实际中得到广泛应用。构造决策树的主要流程是，首先将训练数据集总体视为根节点，确定适当的标准，选出分裂属性；然后根据分裂属性的不同取值，将训练数据集分为若干子数据集，作为根节点下的第一层子节点；再分别将这些子节点视为根节点，重复以上步骤，直到满足终止条件，则停止构造，得到所需的决策树。

假设 D 表示训练样本集，A 表示候选属性集。决策树算法如下。

Algorithm： Generate_decision_tree。

Input： 训练样本集 D 和候选属性集 A。

Output： 决策树。

Step1： 创建根节点 T。

Step2： 若训练样本属于同一类 C，则返回 T 为叶节点，标记 C 为其类标签。

Step3： 若 A=Null 或剩余样本数少于某给定值，则标记 T 为叶节点，标记其为 D 中出现最多的类。

Step4： 计算 A 中每个属性的信息增益。

Step5： 选择具有最大信息增益的属性作为测试属性 *test_A*。

Step6： 将 T 节点标记为 *test_A*。

Step7： 若 *test_A* 为连续型，则找到该属性的分割阈值。

Step8： 对于 *test_A* 中的每个属性 A_i，由节点 T 生成一个条件为 *test_A*= A_i 的分支。

Step9：假设样本集 D_i 满足条件 $test\_A = A_i$。若 D_i =Null，则增加一个叶节点，并将 D 标记为出现最多的类；否则，增加一个由 Generate_decision_tree(D_i, $D - test\_A$)返回的节点。

Step10：计算每个节点的分类错误，进行剪枝。

7.2.3 剪枝方法

剪枝是删除一些最不可靠的分枝，用多个类的叶节点代替，以加快分类的速度和提高决策树正确分类新数据的能力。常用的剪枝方法有预剪枝和后剪枝。预剪枝就是提早结束决策树的构造过程，通过选取一个阈值判断是否停止树的构造，因为适当的阈值很难界定，所以预剪枝存在风险，不能保证树的可靠性。后剪枝是在决策树构造完毕后得到一棵完整的树再进行剪枝，通常的思想是对每个树节点进行错误估计，通过与其子树的错误估计的比较来判断子树的裁剪，如果子树的错误估计较大则被剪枝，最后用一个独立的测试集去评估剪枝后的准确率，以此得到估计错误率最小的决策树。

在实际应用中，后剪枝优于预剪枝。因此，我们选用后剪枝方法进行决策树剪枝。

7.2.4 基于互信息的代价缺失决策树

当前主流分类方法主要分为代价敏感学习和代价缺失学习两类。代价敏感学习主要考虑在训练分类器时不同的分类错误导致不同的惩罚力度，该方法与用户事先给定的代价信息有关。然而，在实际应用时往往面临代价信息无法事先给定或给定的代价信息不准确的情况，导致代价敏感学习的效率很不理想。鉴于此，研究人员提出了代价缺失学习，该方法与代价信息无关，有效地解决了代价敏感学习方法对代价信息过分依赖的不足。研究思路是在代价信息未知的情况下修正C4.5 决策树算法。具体做法是，在传统分类器中，用混淆矩阵［见式（7.2.5）］存放分类结果，其中，TN 和 TP 反映分类器的性能。对混淆矩阵进行归一化处理，可得到只有一个自由变量的混淆矩阵。在决策树生成过程中，将代价信息作为未知变量对节点产生的信息熵进行加权，加权公式见式（7.2.6）。通过最大化预测类别和真实类别之间的互信息可以自动获取自由变量值［见式（7.2.7）］。该方法不仅可以确定代价矩阵，而且可以在代价未知的情况下对不平衡数据进行分类。基于互信息的决策树剪枝方法类似于传统 C4.5 决策树的剪枝方法，其目标是保证互信息最大：若剪枝后互信息变大或不变，则剪枝；否则，保留该节点。

$$C = \begin{bmatrix} \text{TN} & \text{FP} \\ \text{FN} & \text{TP} \end{bmatrix} \tag{7.2.5}$$

其中，$\boldsymbol{C}$ 表示混淆矩阵，TN 表示正确识别的负类样本数，FP 表示错误识别的正类样本数，FN 表示错误识别的负类样本数，TP 表示正确识别的正类样本数。

$$\text{entropy}(D \mid \alpha_1, \alpha_2, \cdots, \alpha_m) = \sum_{i=1}^{m} \alpha_i (-\lambda_i \log_2 \lambda_i) \tag{7.2.6}$$

其中，D 表示训练样本集，m 表示类别个数，λ_i 表示第 i 类训练样本所占的比例。

$$\alpha^* = \arg\max_{\alpha} \text{NI}[t, y = f[g(\boldsymbol{x}), \alpha)] \tag{7.2.7}$$

其中，α 为未知参数，t 为真实类别，y 为预测类别，$g(\boldsymbol{x})$ 表示样本 $\boldsymbol{x}$ 对应的决策树内部信息。

剪枝方法与传统决策树剪枝方法类似，剪枝的目的是确保互信息最大。若剪枝后互信息保持不变或变大，则剪枝；否则，不做处理。

算法描述如下。

假设 X 表示恒星光谱数据集，*X_train* 表示训练样本集，*X_test* 表示测试样本集。

Input：恒星光谱数据集 X，包括稀有类光谱和大众类光谱。

Output：*X_test* 中每条光谱的类属。

Step1：将恒星光谱数据集 X 分为训练样本集和测试样本集。

Step2：对数据集 X 做预处理，包括去噪和归一化。

Step3：在训练样本集 *X_train* 上运行基于互信息的决策树，得到分类依据。

Step4：利用分类依据预测 *X_test* 中每条光谱的类属。

Step5：比较 *X_test* 中每条光谱的类属与其预测类属，确定分类精度。

7.2.5　实验分析

实验部分用于验证基于互信息的决策树在稀有光谱发现方面的有效性。实验数据来自 SDSS DR8。实验数据包括：①K 型恒星光谱的 K1、K3、K5、K7 四类次型，其 SNR 的范围是（60, 65）；②F 型恒星光谱的 F2、F5、F9 三类次型，其

SNR 的范围是（30, 60）；③G 型恒星光谱的 G0、G2、G5 三类次型，其 SNR 的范围是（40, 80）；④M 型恒星光谱的 M1、M2、M3、M4、M5 五类次型，其 SNR 的范围是（30, 40）。在数据预处理中，将所有流量统一插值到 3 800～9 000A。实验数据集见表 7.16～表 7.19。

表 7.16　K 型恒星光谱数量（60<SNR<65）

Stellar Subclass Type	K1	K3	K5	K7
Number	1 115	959	850	317

表 7.17　F 型恒星光谱数量（30<SNR<60）

Stellar Subclass Type	F2	F5	F9
Number	6 412	49 507	56 633

表 7.18　G 型恒星光谱数量（40<SNR<80）

Stellar Subclass Type	G0	G2	G5
Number	3 873	10 009	678

表 7.19　M 型恒星光谱数量（30<SNR<40）

Stellar Subclass Type	M1	M2	M3	M4	M5
Number	654	764	673	338	43

稀有类和大众类光谱对比见表 7.20～表 7.23。

表 7.20　K 型恒星（60<SNR<65）稀有类和大众类光谱对比

Majority/Rareness	Majority			Rareness
Stellar Subclass Type	K1	K3	K5	K7
Proportion (%)	90.2			9.8

表 7.21　F 型恒星（30<SNR<60）稀有类和大众类光谱对比

Majority/Rareness	Majority		Rareness
Stellar Subclass Type	F5	F9	F2
Proportion (%)	94.3		5.7

表 7.22　G 型恒星（40<SNR<80）稀有类和大众类光谱对比

Majority/Rareness	Majority		Rareness
Stellar Subclass Type	G0	G2	G5
Proportion (%)	95.3		4.7

表 7.23　M 型恒星（30<SNR<40）稀有类和大众类光谱对比

Majority/Rareness	Majority				Rareness
Stellar Subclass Type	M1	M2	M3	M4	M5
Proportion (%)	98.3				1.7

1. 稀有光谱发现实验

分别将上述实验数据集的 30%、40%、50%、60%、70%作为训练样本，剩余数据作为测试样本。将基于互信息的决策树用于稀有光谱发现。实验结果记录于表 7.24～表 7.27 中。其中，前两列是训练样本或测试样本的数量及所占比重，以及稀有类训练样本和测试样本的数量及所占比重。

表 7.24　K 型恒星光谱上的实验结果

Training Size (%)/ The Number of Rareness	Test Size (%)/ The Number of Rareness	Classification Accuracy
972(30%)/95	2 269(70%)/222	0.545 0
1 296(40%)/127	1 945(60%)/190	0.673 7
1 621(50%)/159	1 620(50%)/158	0.746 8
1 945(60%)/190	1 296(40%)/127	0.787 4
2 269(70%)/222	972(30%)/95	0.852 6
Average Accuracy		0.721 1

表 7.25　F 型恒星光谱上的实验结果

Training Size (%)/ The Number of Rareness	Test Size (%)/ The Number of Rareness	Classification Accuracy
33 766(30%)/1 924	78 786(70%)/4 488	0.550 6
45 021(40%)/2 565	67 531(60%)/3 847	0.597 1
56 276(50%)/3 206	56276(50%)/3 206	0.655 6
67 531(60%)/3 847	45 021(40%)/2 565	0.747 8
78 786(70%)/4 488	33 766(30%)/1 924	0.787 4
Average Accuracy		0.667 7

表 7.26　G 型恒星光谱上的实验结果

Training Size (%)/ The Number of Rareness	Test Size (%)/ The Number of Rareness	Classification Accuracy
4 368(30%)/203	10 192(70%)/475	0.505 3
5 824(40%)/271	8 736(60%)/407	0.619 2
7 280(50%)/339	7 280(50%)/339	0.710 9

（续表）

Training Size (%)/ The Number of Rareness	Test Size (%)/ The Number of Rareness	Classification Accuracy
8 736(60%)/407	5 824(40%)/271	0.763 8
10 192(70%)/475	4 368(30%)/203	0.832 5
Average Accuracy		0.686 3

表 7.27　M 型恒星光谱上的实验结果

Training Size (%)/ The Number of Rareness	Test Size (%)/ The Number of Rareness	Classification Accuracy
742(30%)/13	1 730(70%)/30	0.533 3
989(40%)/17	1 483(60%)/26	0.538 5
1 236(50%)/22	1 236(50%)/21	0.666 7
1 483(60%)/26	989(40%)/17	0.654 1
1 730(70%)/30	742(30%)/13	0.769 2
Average Accuracy		0.632 4

由实验结果可以看出，随着训练样本规模的增大，所提方法的分类精度呈上升趋势。当训练样本分别从 K 型、F 型、G 型、M 型光谱总量的 30%上升到 70%时，所提方法的分类精度分别从 0.5450 上升到 0.8526，从 0.5506 上升到 0.7874，从 0.5053 上升到 0.8325，从 0.5333 上升到 0.7692。从平均分类精度的角度看，所提方法表现优良，在所有数据集上的分类精度均超过 60%。因此，基于互信息的决策树能够在 SDSS 恒星光谱上完成稀有天体发现任务。

2. 与传统分类方法的比较实验

通过与传统分类方法 SVM 和 KNN 进行比较，验证所提方法的有效性。分别选取 K 型、F 型、G 型、M 型恒星光谱总量的 50%作为训练样本，而剩余数据作为测试样本。对比实验结果见表 7.28。

表 7.28　SDSS 数据集上的对比实验结果

Stellar Type	SVM	KNN	Proposed Method
K 型	0.367 0	0.310 1	0.746 8
F 型	0.449 8	0.403 3	0.655 6
G 型	0.501 5	0.516 2	0.710 9
M 型	0.476 2	0.428 6	0.666 7
Average Accuracy	0.452 0	0.414 6	0.695 0

由表 7.28 可以看出，与 SVM 和 KNN 相比，所提方法在稀有光谱发现方面

具有一定优势。具体而言，从平均分类性能的角度看，所提方法的分类精度高出 SVM 和 KNN 20%以上。由此可以得出结论：基于互信息的决策树适用于稀有光谱发现。

7.2.6　结论

为了解决传统分类方法面临的不平衡分类和代价敏感问题，本节提出了基于互信息的决策树。首先，利用混淆矩阵存放分类结果，并对混淆矩阵进行归一化处理，得到只有一个自由变量的混淆矩阵；其次，在决策树生成过程中，将代价信息作为未知变量对节点产生的信息熵进行加权；再次，通过最大化预测类别和真实类别之间的互信息，自动获取自由变量值；最后，对基于互信息的决策树进行剪枝。在 SDSS DR8 恒星光谱上的比较实验验证了所提方法在稀有光谱发现方面的有效性。

7.3　基于模糊大间隔最小球分类模型的恒星光谱离群数据挖掘方法

已有的分类方法均能较好地完成天体光谱分类任务，但它们均对离群数据不敏感，分类性能甚至受离群点影响较大，因而无法完成特殊天体发现任务。鉴于此，本书提出模糊最大间隔最小球分类模型（Fuzzy Large Margin and Minimum Ball Classification Model，FLM-MBC），该模型对离群点较为敏感，在一定程度上克服了已有分类方法在特殊天体发现方面的不足，为特殊天体发现研究提供了新的思路。在该模型中，模糊技术的引入可保证对样本区别对待，这样能减少噪声点和奇异点对分类结果的影响。

7.3.1　模糊大间隔最小球分类模型

给定 m_1 个由一般样本组成的集合 $X_1=\{(\boldsymbol{x}_1,y_1),\cdots,(\boldsymbol{x}_{m_1},y_{m_1})\}$，其中，$x_i$ 表示一般样本，y_i 表示类别标签（$1\leqslant i\leqslant m_1$）；$m_2$ 个由离群样本组成的集合 $X_2=\{(\boldsymbol{x}_{m_1+1},y_{m_1+1}),\cdots,(\boldsymbol{x}_n,y_n)\}$，其中，$\boldsymbol{x}_i$ 表示离群样本，y_i 表示类别标签（$m_1+1\leqslant i\leqslant n$），$n$ 为两类样本总和且 $n=m_1+m_2$，由于在实际应用中离群样本规模远小于一般样本，因此规定 $m_2<<m_1$。当 $1\leqslant i\leqslant m_1$ 时，$y_i=1$；当 $m_1+1\leqslant i\leqslant n$ 时，$y_i=-1$。

1. 最优化问题

为了解决传统分类方法无法解决的离群样本发现问题，本节提出模糊大间隔最小球分类模型（FLM-MBC）。该模型的基本思想是，首先，利用部分一般样本和离群样本构建最小球模型；其次，为了减小错分离群样本的可能性，将最小球边界与离群样本之间的间隔最大化；最后，通过引入模糊技术，使 FLM-MBC 对样本区别对待，从而减少噪声对分类结果的影响。上述思想可由如下最优化问题表示。

$$\min_{R,c,\rho,\xi} R^2 - \nu\rho^2 + \frac{1}{\nu_1 m_1}\sum_{i=1}^{m_1} s_i\xi_i + \frac{1}{\nu_2 m_2}\sum_{j=m_1+1}^{n} s_j\xi_j \tag{7.3.1}$$

$$\text{s.t.}\ \ \|\phi(\boldsymbol{x}_i)-\boldsymbol{c}\|^2 \leqslant R^2 + \xi_i,\ \ 1\leqslant i\leqslant m_1 \tag{7.3.2}$$

$$\|\phi(\boldsymbol{x}_j)-\boldsymbol{c}\|^2 \geqslant R^2 + \rho^2 - \xi_j,\ \ m_1+1\leqslant i\leqslant n \tag{7.3.3}$$

$$\xi_k \geqslant 0,\ \ 1\leqslant k\leqslant n \tag{7.3.4}$$

其中，$\boldsymbol{c}$ 和 R 分别为最小球的中心和半径；ρ^2 为最小球边界与离群样本之间的间隔；$\boldsymbol{\xi}=[\xi_1,\xi_2,\cdots,\xi_n]^{\mathrm{T}}$ 为松弛因子；$\boldsymbol{s}=[s_1,s_2,\cdots,s_n]^{\mathrm{T}}$ 为模糊因子；ν、ν_1、ν_2 为三个正常数；$\phi(\boldsymbol{x})$ 为样本 $\boldsymbol{x}$ 的核化形式，方便解决线性不可分问题。

上述最优化问题对应的 Lagrange 函数为

$$\begin{aligned} L(R,\boldsymbol{c},\rho,\boldsymbol{\xi},\alpha,\beta) &= R^2 - \nu\rho^2 + \frac{1}{\nu_1 m_1}\sum_{i=1}^{m_1} s_i\xi_i + \frac{1}{\nu_2 m_2}\sum_{j=m_1+1}^{n} s_j\xi_j + \\ &\sum_{i=1}^{m_1}\alpha_i(\|\phi(\boldsymbol{x}_i)-\boldsymbol{c}\|^2 - R^2 - \xi_i) - \sum_{j=m_1+1}^{n}\beta_j(\|\phi(\boldsymbol{x}_j)-\boldsymbol{c}\|^2 - R^2 - \rho^2 + \xi_j) - \sum_{k=1}^{n}\beta_k\beta_k \end{aligned} \tag{7.3.5}$$

其中，α_i 和 β_j 为 Lagrange 乘子且 $\alpha_i \geqslant 0$，$\beta_j \geqslant 0$。

将 L 分别对 R、$\boldsymbol{c}$、ρ、$\boldsymbol{\xi}$ 求导并令导数等于 0，可得

$$\frac{\partial L}{\partial R} = 2R(1-\sum_{i=1}^{n}\alpha_i y_i) = 0 \tag{7.3.6}$$

$$\frac{\partial L}{\partial \rho} = 2\rho(\sum_{j=m_1+1}^{n}\alpha_j - \nu) = 0 \tag{7.3.7}$$

$$\frac{\partial L}{\partial \xi_i} = \frac{s_i}{\nu_1 m_1} - \alpha_i - \beta_i = 0,\ \ 1\leqslant i\leqslant m_1 \tag{7.3.8}$$

$$\frac{\partial L}{\partial \xi_j} = \frac{s_j}{\nu_2 m_2} - \alpha_j - \beta_j = 0,\ \ m_1+1\leqslant j\leqslant n \tag{7.3.9}$$

$$\frac{\partial L}{\partial \boldsymbol{c}}=2\boldsymbol{c}\sum_{i=1}^{n}\alpha_i y_i-2\sum_{i=1}^{n}\alpha_i y_i\phi(\boldsymbol{x}_i)=0\Rightarrow \boldsymbol{c}=\frac{\sum_{i=1}^{n}\alpha_i y_i\phi(\boldsymbol{x}_i)}{\sum_{i=1}^{n}\alpha_i y_i}=\sum_{i=1}^{n}\alpha_i y_i\phi(\boldsymbol{x}_i) \quad (7.3.10)$$

将式（7.3.6）～式（7.3.10）代入式（7.3.5）可得原最优化问题的对偶形式：

$$\min_{R,c,\rho,\xi}\sum_{i=1}^{n}\sum_{j=1}^{n}\alpha_i\alpha_j y_i y_j K(\boldsymbol{x}_i,\boldsymbol{x}_j)-\sum_{i=1}^{n}\alpha_i y_i K(\boldsymbol{x}_i,\boldsymbol{x}_i) \quad (7.3.11)$$

$$\text{s.t.}\quad 0\leqslant\alpha_i\leqslant\frac{s_i}{v_1 m_1},\quad 1\leqslant i\leqslant m_1 \quad (7.3.12)$$

$$0\leqslant\alpha_j\leqslant\frac{s_j}{v_2 m_2},\quad m_1+1\leqslant j\leqslant n \quad (7.3.13)$$

$$\sum_{i=1}^{n}\alpha_i y_i=1 \quad (7.3.14)$$

$$\sum_{i=1}^{n}\alpha_i=2\nu+1 \quad (7.3.15)$$

其中，核函数 $K(\boldsymbol{x},\boldsymbol{y})=\phi(\boldsymbol{x})^{\mathrm{T}}\phi(\boldsymbol{y})$。

2. 决策函数

FLM-MBC 决策函数的基本思想是对于一个类属未知的样本 $\boldsymbol{x}$，考察其与最小球球心之间的距离，若该距离小于半径，则该样本为一般样本；若该距离大于半径，则该样本为离群样本。FLM-MBC 的决策函数定义如下。

$$\begin{aligned} f(\boldsymbol{x})&=\mathrm{sgn}[R^2-\|\phi(\boldsymbol{x})-\boldsymbol{c}\|^2]\\ &=\mathrm{sgn}[R^2-<\boldsymbol{c},\boldsymbol{c}>-K(\boldsymbol{x},\boldsymbol{x})+2\sum_{k=1}^{n}\alpha_k y_k K(\boldsymbol{x},\boldsymbol{x}_k)] \end{aligned} \quad (7.3.16)$$

其中，$<\boldsymbol{c},\boldsymbol{c}>=<\sum_{i=1}^{n}\alpha_i y_i\phi(\boldsymbol{x}_i)\cdot\sum_{j=1}^{n}\alpha_j y_j\phi(\boldsymbol{x}_j)>=\sum_{i=1}^{n}\sum_{j=1}^{n}\alpha_i\alpha_j y_i y_j K(\boldsymbol{x}_i,\boldsymbol{x}_j)$。

3. 算法描述

FLM-MBC 的算法描述如下。

Input: 训练样本集 *X_Train*。

Output: 测试样本集 *X_Test* 中样本的类别。

Step1：将样本分为训练集和测试集。由样本分布的先验知识可知，一般样本和离群样本在全体样本中所占的比例分别为 m_1/n 和 m_2/n。为了保证训练样本和测试样本均保持原数据集的分布性状，对训练集和测试集中的样本应随机选取并保证所占比例不变。

Step2：利用训练样本集 X_Train，以及式（7.3.1）～式（7.3.4）表示的 FLM-MBC 最优化问题构建模糊大间隔最小球分类模型。

Step3：根据实际需要选取合适的模糊隶属度函数。

Step4：利用 Lagrange 乘子法将 FLM-MBC 最优化问题转化为 QP 对偶形式，利用式（7.3.10）求得 FLM-MBC 的球心 $\boldsymbol{c}$，将球心 $\boldsymbol{c}$ 代入式（7.3.16）求得决策函数。

Step5：利用上一步得到的决策函数对测试样本集中的任意一个样本 $\boldsymbol{x} \in X\_Test$ 判定类别。若 $f(\boldsymbol{x}) > 0$，则表明样本 $\boldsymbol{x}$ 属于一般类；否则，样本 $\boldsymbol{x}$ 属于离群类。

7.3.2　实验分析

实验采用美国 SLOAN 巡天项目发布的第 8 批恒星光谱数据 SDSS DR8。将 K 型中的 5 500 条 K1 次型光谱数据作为一般样本集，将 500 条 K7 次型光谱数据作为离群样本集。实验数据经过如下预处理：①选择间隔为 20 的 200 个波长作为条件属性；②根据每个波长处的流量、峰宽和形状，将其离散化为 13 个数值之一；③恒星类别为决策属性。实验分别选取一般样本集和离群样本集的 30%、40%、50%、60%、70%作为训练集，剩余的光谱数据作为测试集。实验选用基于距离的模糊隶属度函数。

通过与 C-SVM、SVDD、KNN 等当前主流分类方法的比较实验验证 FLM-MBC 的有效性。实验参数采用 10 倍交叉验证法获取。利用网格搜索策略对最佳实验参数进行选择。C-SVM 中的参数 C 在网格{0.1, 0.5, 1, 5, 10}中搜索；KNN 中的参数 K 在网格{1, 3, 5, 7, 9}中搜索；FLM-MBC 中的参数 ν、ν_1、ν_2 在网格{0.1, 0.2, 0.3, 0.4, 0.5, 0.6, 0.7, 0.8, 0.9}中搜索。实验重点考察上述算法对离群样本的识别率，实验结果见表 7.29。其中，Training Size、Test Size、Average 分别表示训练样本集大小、测试样本集大小及平均分类性能。在 Training Size 和 Test Size 中，括号前的值表示训练样本和测试样本的规模，括号中的值依次表示一般样本和离群样本的规模。

表 7.29　C-SVM、SVDD、KNN、FLM-MBC 的分类结果

Training Size	Test Size	C-SVM	SVDD	KNN	FLM-MBC
1 800 (1 650，150)	4 200(3 850，350)	0.340 0	0.511 0	0.477 0	0.648 6
2 400 (2 200，200)	3 600 (3 300，300)	0.403 3	0.636 7	0.530 0	0.740 0
3 000 (2 750，250)	3 000 (2 750，250)	0.468 0	0.708 0	0.556 0	0.796 0
3 600 (3 300，300)	2 400 (2 200，200)	0.520 0	0.715 0	0.615 0	0.835 0
4 200 (3 850，350)	1 800 (1 650，150)	0.540 0	0.753 3	0.693 3	0.853 3
Average		0.452 3	0.664 8	0.574 3	0.774 6

由表 7.29 可以看出，随着训练样本规模的增大，各类算法的分类效率均有不同程度的提升。当选取不同的训练样本规模时，FLM-MBC 较 C-SVM、SVDD、KNN 等传统方法均具有更优的分类能力。从平均分类性能看，FLM-MBC 也具有较大优势。究其原因，一方面是 FLM-MBC 在建立最优化问题时就将离群数据考虑在内；另一方面是模糊技术的引入，使得 FLM-MBC 在分类决策时减小了噪声对分类结果的影响。

上述实验选取的是 SDSS DR8 中的 K 型恒星数据 K1 次型和 K7 次型，两种次型具有较大的相似性，但从分类效果看，本节所提算法能较好地完成离群数据发现任务。在实际应用中，如果两类天体光谱数据差异较大，FLM-MBC 的识别率较本实验所得结果则更优，这显示了 FLM-MBC 在特殊天体发现方面的优越性。

7.3.3　结论

分类是天体光谱数据处理的主流技术之一，随着研究的深入，众多分类方法不断涌现。尽管这些方法在实际应用中发挥出一定优势，但它们大多在特殊天体发现方面表现不佳。鉴于此，本书提出了模糊大间隔最小球分类模型。该方法利用部分一般样本和离群样本建立最小球模型，并在此基础上引入模糊技术，将样本区别对待，进而减少噪声对分类性能的影响。在 SDSS DR8 上的比较实验表明，FLM-MBC 较传统方法在特殊天体发现方面具有一定的优势。

第 8 章　恒星光谱自动分类方法新发展

8.1　基于非线性学习机的大规模恒星光谱分类方法

目前，利用数据挖掘算法进行天体光谱分类逐渐成为研究热点。然而，随着光谱数据规模的增大，已有的数据挖掘算法由于时间复杂度过高而无法工作。因此，如何解决大规模光谱分类问题值得关注。大规模数据分类通常有两种方法：一是开发复杂度较低的算法，通常认为，当算法的时间和空间复杂度与数据规模成线性关系时，算法适合处理大规模数据；二是对原数据集进行压缩或采样，在尽量不影响分类结果的前提下获得原数据集的子集。

基于以上分析，为了解决大规模光谱分类问题，并充分利用已有分类器的优势，本书提出基于协同管理思想的非线性集成学习机。该方法创新性地将管理学中的协同管理思想引入光谱分类，有效地将已有分类器的适用范围从中小规模数据集扩展到大规模数据集。

8.1.1　非线性集成学习机

1. 算法描述

在管理学中，协同是指协调两个或两个以上不同资源或个体，共同完成某个目标的过程或能力。协同体现了元素在整体发展运行过程中协调与合作的性质。在一个系统内，若各子系统能很好地配合，就能形成大大超越各自功能总和的新功能。将上述思想应用于大规模数据分类，可以得出如下结论：将大规模数据分成规模较小的子集，然后分别在子集上运行分类算法，最后将各子集上的分类结果进行集成，得到最终的分类结果。

基于上述分析，得到非线性集成学习机（Nonlinearly Assembling Learning Machine，NALM），其工作原理如下。

Step1：将数据集 D 分为 M 个子集$\{D_1,D_2,\cdots,D_M\}$，并在每个数据子集 D_i（$i=1,2,\cdots,M$）上分别用 SH 算法得到相应的决策函数 $f_i(\boldsymbol{x})$。

Step2：通过非线性函数将上述决策函数 $f_i(\boldsymbol{x})$进行集成，得到最终的决策函数 $f(\boldsymbol{x})$。

NALM 的工作原理如图 8.1 所示。

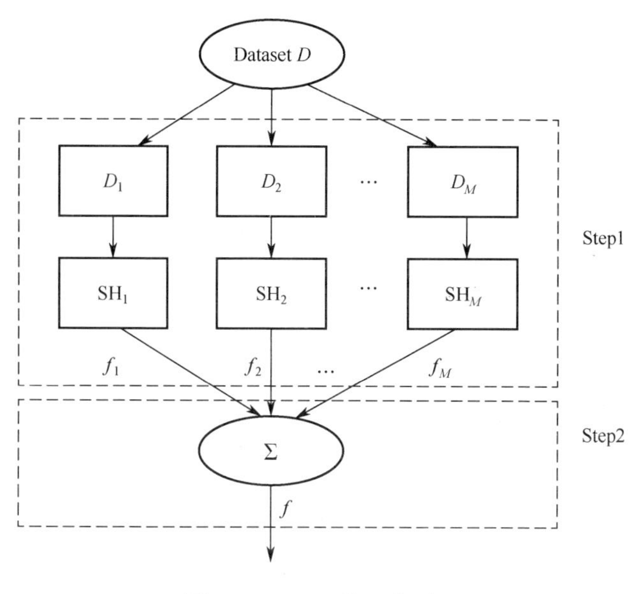

图 8.1　NALM 的工作原理

由 NALM 的工作原理可以看出，Step1 不仅能最大限度地发挥 SH 在中小数据集上的优势，而且能充分利用 SH 的一些重要性质，如 NALM 的 VC 维小于或等于 9，该性质从理论上保证了 NALM 对大规模样本分类的有效性；Step2 通过非线性函数集成的方法将 SH 从原始线性空间推广到非线性空间，有效地扩大了 NALM 的适用范围。

2. 数据集划分方法

为了使数据子集保持原数据集的分布性状，同时避免引入“数据不平衡”问题，采用随机等分法对数据集进行划分。假设两类样本数分别为 n_+和 n_-，则两类样本数之比为 $p=n_+/n_-$。若将两类样本组成的集合 T 等分成 M 份，则每个子集的规模为 $s=[(n_+ + n_-)/M]$，其中，[•]表示取整。随机等分法要求每个子集中的样本从集合 T 中随机选取，各子集满足两类样本数之比及子集规模分别等于 p 和 s，并且各子集无交集。这样，在一定程度上避免了数据子集出现只有一类数据，或一类数据过多而另一类数据过少等“数据不平衡”问题。

3. 非线性集成方法

SH 作为一种线性方法，无法解决非线性分类问题，而且在面对大规模数据时，由于时空复杂度过大而无法求解。NALM 试图通过数据集划分及非线性集成两步解决大规模数据分类问题。其中，非线性集成函数的选取至关重要。

径向基函数（Radial Based Function，RBF）是一种常见的核函数，其表达式为

$$k(\boldsymbol{x},\boldsymbol{\mu}) = \mathrm{e}^{(-\|x-\mu\|^2/h)}$$

其中，参数 $\boldsymbol{\mu}$ 和 h 分别表示基函数的中心和宽度，两者控制了函数的径向作用范围。在实际应用中，该函数在非线性分类方面显示出一定优势。此外，该函数直观地反映出数据与其类中心间的相似度。为了提高 NALM 的非线性分类能力，以及解决大规模数据分类问题，将 RBF 的非线性特性和 SH 的隐私保护特性有机地结合起来，从而将 SH 的适用范围从线性空间推广到非线性空间，从中小规模样本推广到大规模样本。同时，为了将各数据子集上的分类结果有效集成，引入非线性输出权重 $\alpha_i(i=1,2,\cdots,M)$，其满足 $\alpha_i \geqslant 0$。综上所述，非线性集成函数可表示为

$$f(\boldsymbol{x}) = \sum_{i=1}^{M} \alpha_i \exp(-\|\boldsymbol{x}-\boldsymbol{\mu}_i\|^2/h)(\boldsymbol{W}_i^{\mathrm{T}}\boldsymbol{x}-b_i) \tag{8.1.1}$$

其中，径向基核函数中的参数 $\boldsymbol{\mu}_i$ 通过求解各数据子集的中心获得；参数 h 通过网格搜索获得。由数据集划分方法可知，各数据子集的分布性状近似，因此特别地令 $\alpha_i = 1/M$。为了表述方便，将式（8.1.1）中的径向基核函数称为非线性集成核函数。

8.1.2 实验分析

实验部分通过与支持向量机（SVM）、K 近邻算法（KNN）等传统分类器进行比较，验证所提方法（NALM）的有效性。在实验中，KNN 算法中的参数 K 取值为 5。实验的软硬件环境为 Intel Core i3 CPU、4G RAM、Windows 7 及 MATLAB 7.0。实验数据集来自 UCI 机器学习数据集和 SDSS DR8 数据集。

1. UCI 数据集上的实验

UCI 实验数据集包括 census income 数据集、connect-4 数据集、covertype 数据集、statlog 数据集及 localization data for person activity 数据集，详见表 8.1。在实验中，非线性集成函数选用 RBF。

表 8.1　UCI 实验数据集

Dataset	Number of samples	Number of attributes
census income 数据集	48 842	14
connect-4 数据集	67 557	42
covertype 数据集	581 012	54
statlog(shuttle)数据集	58 000	9
localization data for person activity 数据集	164 860	8

在实验中，分别选取上述数据集的 40%、60%、80%用于训练，剩余样本用于测试。将实验数据集等分为 M 份，每份规模为[#Total/M]，其中，#Total 表示数据集规模，[•]表示取整。

NALM 的分类精度与参数密切相关。随机地将训练样本分为 9 个训练集和 1 个验证集，进行 10 倍交叉验证获取实验参数。

参数通过网格搜索策略选择。核宽度参数 h 在网格$\{s^2/8, s^2/4, s^2/2, s^2, 2s^2, 4s^2, 8s^2\}$中搜索选取，其中，$s^2$ 为训练样本平均范数；在 C-SVC 中，惩罚因子 C 在网格{0.1, 0.5, 1, 5, 10}中搜索选取；多项式核函数和 sigmoid 核函数中的参数 c 和 d 在网格{0.01, 0.05, 0.1, 0.5, 1, 5, 10}中搜索选取。在 covertype 数据集上，M=300；在其余数据集上，M=100。分别运行 SVM、KNN、NALM 分类方法，得到的实验结果记录于表 8.2～表 8.6 中。其中，“Accuracy”表示分类精度；“Time”表示训练时间，单位为秒（s）；“—”表示在有限时间内（鉴于实验样本规模，有限时间上限设定为 1 000s）无法求解。

表 8.2　census income 数据集上的对比实验结果

Training Size	Test Size	SVM		KNN		NALM	
		Accuracy	Time	Accuracy	Time	Accuracy	Time
40%	60%	0.779 7	294.30	0.749 9	240.12	0.810 0	30.78
60%	40%	0.800 3	412.31	0.780 0	403.52	0.841 3	52.13
80%	20%	0.820 3	717.90	0.805 0	675.45	0.852 1	100.14

表 8.3　connect-4 数据集上的对比实验结果

Training Size	Test Size	SVM		KNN		NALM	
		Accuracy	Time	Accuracy	Time	Accuracy	Time
40%	60%	0.758 8	610.78	0.715 5	551.09	0.779 6	232.11
60%	40%	0.830 8	891.23	0.830 8	910.03	0.819 2	529.23
80%	20%	—	—	—	—	0.845 8	721.74

表 8.4　covertype 数据集上的对比实验结果

Training Size	Test Size	SVM		KNN		NALM	
		Accuracy	Time	Accuracy	Time	Accuracy	Time
40%	60%	—	—	—	—	0.625 0	295.14
60%	40%	—	—	—	—	0.660 2	618.22
80%	20%	—	—	—	—	0.699 8	994.43

表 8.5　statlog(shuttle)数据集上的对比实验结果

Training Size	Test Size	SVM		KNN		NALM	
		Accuracy	Time	Accuracy	Time	Accuracy	Time
40%	60%	0.910 1	400.03	0.910 1	412.51	0.939 7	59.96
60%	40%	0.954 3	617.10	0.941 4	710.05	0.965 6	112.34
80%	20%	—	—	—	—	0.976 6	203.23

表 8.6　localization data for person activity 数据集上的对比实验结果

Training Size	Test Size	SVM		KNN		NALM	
		Accuracy	Time	Accuracy	Time	Accuracy	Time
40%	60%	0.749 1	976.45	0.719 9	884.87	0.799 9	324.74
60%	40%	—	—	—	—	0.867 4	701.11
80%	20%	—	—	—	—	0.910 2	998.61

由实验结果可以看出，在有限的时间（1 000s）内，上述算法的分类精度随着样本规模的增大呈现上升趋势。具体而言，在 census income 数据集上，SVM 的分类精度由 0.7797 上升到 0.8203，KNN 的分类精度由 0.7499 上升到 0.8050，NALM 的分类精度由 0.8100 上升到 0.8521。从训练时间的角度看，上述算法的训练时间随着样本规模的增大而增加。NALM 的训练时间远小于 SVM 和 KNN 的训练时间。在 connect-4 数据集上，NALM 表现依然优良，特别是当样本数量达到总体样本规模的 80%时，SVM 和 KNN 无法工作。covertype 数据集规模大，SVM 和 KNN 无法工作，但 NALM 可基本完成分类任务。在 statlog (shuttle)数据集和 localization data for person activity 数据集上，当训练样本规模较小时，SVM 和 KNN 能完成分类任务；当训练样本规模较大时，上述方法将无法工作。但 NALM 在上述数据集上均能在较短的时间内完成分类任务。

为了研究非线性集成函数的核函数与分类精度的关系，在 census income 数据集上利用 RBF、多项式核函数及 sigmoid 核函数设计对比实验。上述数据集的 50%用于训练，剩余部分用于测试。实验结果见表 8.7。

表 8.7　核函数与分类精度的关系

Kernel Functions	NALM	
	Accuracy	Time
RBF	0.829 7	45.38
polynomial kernel function	0.810 8	40.52
sigmoid kernel function	0.803 0	52.73

由表 8.7 可以看出，核函数对分类精度有一定的影响。从分类精度的角度看，基于 RBF 的 NALM 比基于其他两种核函数的 NALM 更优。从训练时间的角度看，基于多项式核函数的 NALM 表现最优，而基于 RBF 的 NALM 表现次之。从分类精度和训练时间两方面权衡，后续实验选取 RBF 作为非线性集成函数的核函数。

2. SDSS 数据集上的实验

实验数据包括：①K 型恒星光谱的 K1、K3、K5、K7 四类次型，其 SNR 的范围是（10, 40）；②F 型恒星光谱的 F2、F5、F9 三类次型，其 SNR 的范围是（30, 60）；③G 型恒星光谱的 G0、G2、G5 三类次型，其 SNR 的范围是（10, 60）。在数据预处理中，将所有流量统一插值到 3 800～9 000A。实验数据集见表 8.8～表 8.10。

表 8.8　K 型恒星光谱数量（10<SNR<40）

Stellar Subclass Type	K1	K3	K5	K7
Number	17 558	17 755	13 515	10 103

表 8.9　F 型恒星光谱数量（30<SNR<60）

Stellar Subclass Type	F2	F5	F9
Number	6 412	49 507	56 633

表 8.10　G 型恒星光谱数量（10<SNR<60）

Stellar Subclass Type	G0	G2	G5
Number	10 489	26 886	1 535

实验分别选取 K 型、F 型、G 型恒星光谱的 30%、40%、50%、60%、70%作为训练样本，剩余样本用于测试。在 K 型恒星光谱数据集上，M=200；在 F 型恒星光谱数据集上，M=500；在 G 型恒星光谱数据集上，M=150。对比实验结果记录于表 8.11～表 8.13 中。

表 8.11　K 型恒星数据集上的对比实验结果

Training Size	Test Size	SVM		KNN		NALM	
		Accuracy	Time	Accuracy	Time	Accuracy	Time
30%	70%	0.600 0	523.11	0.570 9	437.18	0.620 3	9.20
40%	60%	0.642 1	903.52	0.650 6	809.17	0.700 1	15.21
50%	50%	—	—	—	—	0.750 0	25.78
60%	40%	—	—	—	—	0.818 0	37.93
70%	30%	—	—	—	—	0.851 5	50.49

表 8.12　F 型恒星数据集上的对比实验结果

Training Size	Test Size	SVM		KNN		NALM	
		Accuracy	Time	Accuracy	Time	Accuracy	Time
30%	70%	0.496 7	896.51	0.509 7	763.06	0.531 4	25.10
40%	60%	—	—	—	—	0.610 3	51.15
50%	50%	—	—	—	—	0.672 8	89.33
60%	40%	—	—	—	—	0.753 6	115.41
70%	30%	—	—	—	—	0.780 7	201.12

表 8.13　G 型恒星数据集上的对比实验结果

Training Size	Test Size	SVM		KNN		NALM	
		Accuracy	Time	Accuracy	Time	Accuracy	Time
30%	70%	0.511 2	579.01	0.520 2	521.47	0.547 9	7.52
40%	60%	0.607 8	788.54	0.599 8	745.81	0.697 8	10.01
50%	50%	—	—	—	—	0.697 6	20.38
60%	40%	—	—	—	—	0.788 6	36.99
70%	30%	—	—	—	—	0.848 5	42.17

由实验结果可以看出，NALM 的分类精度和训练时间随样本规模增大而增加。具体而言，在 K 型恒星光谱数据集上，当训练样本数是 K 型光谱总数的 30%时，SVM 和 KNN 能够完成分类任务，但训练时间较长。随着训练样本数的增加，SVM 和 KNN 将无法工作。但 NALM 在不同训练样本规模下均可较好地完成分类任务，且训练时间较短。在 F 型恒星光谱数据集上，SVM 和 KNN 由于时间复杂度过高而无法工作，但 NALM 能够在较短的时间内完成分类任务。在 G 型恒星光谱数据集上，当训练样本数是 G 型光谱总数的 30%和 40%时，SVM、KNN 和 NALM 均可正常工作，但 NALM 的分类精度优于 SVM 和 KNN，且训练时间最短。当训练样本数超过 G 型光谱总数的 50%时，NALM 也可在较短的时间内得到理想的分

类结果。综上所述，在 K 型、F 型、G 型恒星光谱数据集上，与 SVM 和 KNN 相比，NALM 在分类精度和训练时间上均具有一定的优势。

8.1.3　结论

受管理学中的协同管理思想启发，本书提出了非线性集成学习机（NALM），以期解决大规模恒星光谱分类问题。该方法首先将数据集划分成若干数据子集；其次，分别在各子集上运行 SVM；最后，通过非线性集成函数将各子集上的分类进行集成，得到最终的分类结果。在 UCI 和 SDSS 数据集上的对比实验表明，随着训练样本规模的增大，已有的分类方法无法在有限的时间（如 1 000s）内得到分类结果，但 NALM 能够在不同训练样本规模下高效地完成分类任务。上述实验表明了 NALM 在解决大规模光谱分类问题上的有效性。

8.2　基于 Fisher 准则和流形学习的恒星光谱分类方法

线性判别分析（LDA）是当前主流的特征降维方法之一，目前已被广泛应用于天文数据处理。LDA 的基本思想是保证降维后的样本类内尽可能紧密，而类间尽可能远离。LDA 的最佳投影方向由 $\boldsymbol{S}_{\mathrm{W}}^{-1}\boldsymbol{S}_{\mathrm{B}}$ 的特征向量决定，其中，$\boldsymbol{S}_{\mathrm{W}}$ 和 $\boldsymbol{S}_{\mathrm{B}}$ 分别称为类内离散度和类间离散度。在实际应用中，LDA 往往面临类内离散度 $\boldsymbol{S}_{\mathrm{W}}$ 奇异的问题，我们称此问题为小样本（Small Sample Size，SSS）问题[206]。为了解决上述问题，科学家们提出了众多改进算法：Friedman[207]提出的正则化判别分析（Regularized Discriminant Analysis，RDA）有效地解决了协方差矩阵奇异问题；文献[208]中提出的二维线性判别分析（Two-Dimensional LDA，2DLDA）利用样本矩阵直接提取特征；文献[209]中提出的正交化线性判别分析（Orthogonal LDA，OLDA）通过求解一组正交基解决了广义特征值问题；文献[210]中提出的直接线性判别分析（Direct LDA，D-LDA）通过白化类间离散度矩阵及对角化类内离散度矩阵，有效地解决了小样本问题；文献[211]中提出的最大间隔准则（Maximum Margin Criterion，MMC）通过最大化特征空间中的类间离散度与类内离散度的差，避免了小样本问题。此外，常见的 LDA 改进算法还有伪逆判别分析（Pseudo-inverse LDA，PLDA）[212]、零空间判别分析（Null-space LDA，NLDA）[213]、两级判别分析（Two-stage LDA）[214]、惩罚性判别分析（Penalized Discriminant Analysis，PDA）[215]、增强型 Fisher 线性判别分析（Enhanced Fisher Linear Discriminant Model，EFM）[216]等。近年来，作者也进行了相关研究，先后提出了基于多阶矩阵组合改进的 LDA 算法（Modified LDA Based on Linear Combination of

k-order Matrices，MLDA）[86]、标量化的线性判别分析算法（Scalarized LDA，SLDA）[87]，以及基于矩阵指数的线性判别分析算法（Matrix Exponential LDA，MELDA）[88]。

当面对小样本问题时，上述方法常用的策略是先解决类内离散度奇异性问题，再利用 LDA 算法求解。然而，LDA 算法主要考虑的是样本的全局特性，对于样本的流形结构考虑甚少。另外，当前主流流形学习方法，如局部保持投影（LLP）、局部线性嵌入（LLE）、等距映射（ISOMAP）等，往往关注的是样本的局部结构，忽略了样本的全局特征。

鉴于此，为了能充分利用样本的全局信息和局部信息，进一步提高降维效率，本节提出流形判别分析（MDA）。该方法将 Fisher 准则和局部流形保持有机地结合起来，充分利用样本的已有信息，有效地提高了降维效率。在 SDSS 数据集上的比较实验表明了所提方法的有效性。

8.2.1 基于 Fisher 准则和流形学习的分类方法

基于 Fisher 准则和流形学习的分类方法（Classifier Based on Fisher Criterion and Manifold，CFCM）引入了两个重要概念：基于流形的类内离散度（Manifold-based Within-Class Scatter，MWCS）和基于流形的类间离散度（Manifold-based Between-Class Scatter，MBCS）。在 Fisher 准则的基础上，通过最大化 MBCS 与 MWCS 之比来实现降维。

1. 基于流形的类间离散度

受流形学习的启发，首先创建邻接图 $G_{\mathrm{D}}=\{X,D\}$，其中，X 为样本集合，D 为异类样本间的权重。X 中的任意两个样本 $\boldsymbol{x}_i$ 和 $\boldsymbol{x}_j$，其异类权重函数定义如下：

$$D_{ij}=\begin{cases}\exp(-d/\|\boldsymbol{x}_i-\boldsymbol{x}_j\|^2), & l_i\neq l_j\\ 0, & l_i=l_j\end{cases}\tag{8.2.1}$$

其中，l_i（i=1,2,…,N）表示样本的类别标签，d 为常数。

异类权重函数 D_{ij} 表明：当样本 $\boldsymbol{x}_i$ 和 $\boldsymbol{x}_j$ 异类时，两者间距较大，则两者间的权重较大；当样本 $\boldsymbol{x}_i$ 和 $\boldsymbol{x}_j$ 同类时，两者间的权重为 0。

为了保持异类样本的局部流形结构，在高维空间彼此远离的异类样本 $\boldsymbol{x}_i$ 和 $\boldsymbol{x}_j$ 降维后仍应保持原有特性。基于上述分析，可得最优化表达式如下。

$$\max_{\boldsymbol{W}} \sum_{i,j} (\boldsymbol{y}_i - \boldsymbol{y}_j)^2 D_{ij} \tag{8.2.2}$$

其中，$\boldsymbol{y}_i = \boldsymbol{W}^{\mathrm{T}} \boldsymbol{x}_i$，$\boldsymbol{W}$ 为投影矩阵，$\boldsymbol{x}_i \in \boldsymbol{X}$。

对 $\sum_{i,j} (\boldsymbol{y}_i - \boldsymbol{y}_j)^2 D_{ij}$ 进行代数变换可得

$$\begin{aligned}
& \frac{1}{2} \sum_{i,j} (\boldsymbol{y}_i - \boldsymbol{y}_j)^2 D_{ij} \\
&= \frac{1}{2} \sum_{i,j} (\boldsymbol{W}^{\mathrm{T}} \boldsymbol{x}_i - \boldsymbol{W}^{\mathrm{T}} \boldsymbol{x}_j)^2 D_{ij} \\
&= \sum_{i,j} (\boldsymbol{W}^{\mathrm{T}} \boldsymbol{x}_i D_{ii} \boldsymbol{x}_i{}^{\mathrm{T}} \boldsymbol{W} - \boldsymbol{W}^{\mathrm{T}} \boldsymbol{x}_i D_{ij} \boldsymbol{x}_j{}^{\mathrm{T}} \boldsymbol{W}) \\
&= \boldsymbol{W}^{\mathrm{T}} \boldsymbol{X} \boldsymbol{D}' \boldsymbol{X}^{\mathrm{T}} \boldsymbol{W} - \boldsymbol{W}^{\mathrm{T}} \boldsymbol{X} \boldsymbol{D} \boldsymbol{X}^{\mathrm{T}} \boldsymbol{W} \\
&= \boldsymbol{W}^{\mathrm{T}} \boldsymbol{X} (\boldsymbol{D}' - \boldsymbol{D}) \boldsymbol{X}^{\mathrm{T}} \boldsymbol{W} \\
&= \boldsymbol{W}^{\mathrm{T}} \boldsymbol{S}_{\mathbf{D}} \boldsymbol{W}
\end{aligned} \tag{8.2.3}$$

其中，$\boldsymbol{S}_{\mathbf{D}} = \boldsymbol{X}(\boldsymbol{D}' - \boldsymbol{D})\boldsymbol{X}^{\mathrm{T}}$，$\boldsymbol{D}'$ 为对角阵且 $\boldsymbol{D}' = \sum_j D_{ij}$。

将式（8.2.3）代入式（8.2.2）中，可得

$$\max_{\boldsymbol{W}} \boldsymbol{W}^{\mathrm{T}} \boldsymbol{S}_{\mathbf{D}} \boldsymbol{W} \tag{8.2.4}$$

LDA 的优化问题为 $J(\boldsymbol{W}_{\mathbf{opt}}) = \max_{\boldsymbol{W}} \frac{\boldsymbol{W}^{\mathrm{T}} \boldsymbol{S}_{\mathbf{B}} \boldsymbol{W}}{\boldsymbol{W}^{\mathrm{T}} \boldsymbol{S}_{\mathbf{W}} \boldsymbol{W}}$，其等价于

$$\max_{\boldsymbol{W}} \boldsymbol{W}^{\mathrm{T}} \boldsymbol{S}_{\mathbf{B}} \boldsymbol{W} \tag{8.2.5}$$

且

$$\min_{\boldsymbol{W}} \boldsymbol{W}^{\mathrm{T}} \boldsymbol{S}_{\mathbf{W}} \boldsymbol{W} \tag{8.2.6}$$

由前面的分析可知，式（8.2.5）反映了各类样本的全局特性，式（8.2.4）反映了样本的局部流形结构。为了充分利用样本的全局特性和局部流形结构，综合式（8.2.5）和式（8.2.4）可得

$$\begin{aligned}
& \max_{\boldsymbol{W}} \alpha \boldsymbol{W}^{\mathrm{T}} \boldsymbol{S}_{\mathbf{B}} \boldsymbol{W} + (1-\alpha) \boldsymbol{W}^{\mathrm{T}} \boldsymbol{S}_{\mathbf{D}} \boldsymbol{W} \\
&= \max_{\boldsymbol{W}} \boldsymbol{W}^{\mathrm{T}} [\alpha \boldsymbol{S}_{\mathbf{B}} + (1-\alpha) \boldsymbol{S}_{\mathbf{D}}] \boldsymbol{W} \\
&= \max_{\boldsymbol{W}} \boldsymbol{W}^{\mathrm{T}} \boldsymbol{M}_{\mathbf{B}} \boldsymbol{W}
\end{aligned} \tag{8.2.7}$$

其中，α 为常数；$\boldsymbol{M}_{\mathbf{B}}=\alpha\boldsymbol{S}_{\mathbf{B}}+(1-\alpha)\boldsymbol{S}_{\mathbf{D}}$，称为基于流形的类间离散度。

2. 基于流形的类内离散度

与基于流形的类间离散度类似，首先定义同类权重函数：

$$S_{ij}=\begin{cases}\exp(-\|\boldsymbol{x}_i-\boldsymbol{x}_j\|^2/s), & l_i=l_j\\ 0, & l_i\neq l_j\end{cases} \tag{8.2.8}$$

其中，l_i（i=1,2,⋯,N）表示样本的类别标签，s 为常数。

同类权重函数 S_{ij} 表明：当样本 $\boldsymbol{x}_i$ 和 $\boldsymbol{x}_j$ 同类时，赋予较大的权重；否则，权重为 0。为了保持降维前后相邻样本间的相对关系不变，找到的最佳投影方向应保证满足以下优化问题：

$$\min_{\boldsymbol{W}}\sum_{i,j}(\boldsymbol{y}_i-\boldsymbol{y}_j)^2S_{ij} \tag{8.2.9}$$

其中，$\boldsymbol{y}_i=\boldsymbol{W}^{\mathrm{T}}\boldsymbol{x}_i$，$\boldsymbol{W}$ 为投影矩阵，$\boldsymbol{x}_i\in\boldsymbol{X}$。

对 $\sum_{i,j}(\boldsymbol{y}_i-\boldsymbol{y}_j)^2S_{ij}$ 进行代数变换可得

$$\begin{aligned}&\frac{1}{2}\sum_{i,j}(\boldsymbol{y}_i-\boldsymbol{y}_j)^2S_{ij}\\&=\frac{1}{2}\sum_{i,j}(\boldsymbol{W}^{\mathrm{T}}\boldsymbol{x}_i-\boldsymbol{W}^{\mathrm{T}}\boldsymbol{x}_j)^2S_{ij}\\&=\sum_{i,j}(\boldsymbol{W}^{\mathrm{T}}\boldsymbol{x}_iS_{ii}\boldsymbol{x}_i{}^{\mathrm{T}}\boldsymbol{W}-\boldsymbol{W}^{\mathrm{T}}\boldsymbol{x}_iS_{ij}\boldsymbol{x}_j{}^{\mathrm{T}}\boldsymbol{W})\\&=\boldsymbol{W}^{\mathrm{T}}\boldsymbol{X}\boldsymbol{S}'\boldsymbol{X}^{\mathrm{T}}\boldsymbol{W}-\boldsymbol{W}^{\mathrm{T}}\boldsymbol{X}\boldsymbol{S}\boldsymbol{X}^{\mathrm{T}}\boldsymbol{W}\\&=\boldsymbol{W}^{\mathrm{T}}\boldsymbol{X}(\boldsymbol{S}'-\boldsymbol{S})\boldsymbol{X}^{\mathrm{T}}\boldsymbol{W}\\&=\boldsymbol{W}^{\mathrm{T}}\boldsymbol{S}_{\mathbf{S}}\boldsymbol{W}\end{aligned} \tag{8.2.10}$$

其中，$\boldsymbol{S}_{\mathbf{S}}=\boldsymbol{X}(\boldsymbol{S}'-\boldsymbol{S})\boldsymbol{X}^{\mathrm{T}}$，$\boldsymbol{S}'$ 为对角阵且 $\boldsymbol{S}'=\sum_jS_{ij}$。

将式（8.2.10）代入式（8.2.9）中，可得

$$\max_{\boldsymbol{W}}\boldsymbol{W}^{\mathrm{T}}\boldsymbol{S}_{\mathbf{S}}\boldsymbol{W} \tag{8.2.11}$$

为了有效利用样本的全局特性和局部流形结构，综合式（8.2.6）和式（8.2.11）可得

$$
\begin{aligned}
&\max_{\boldsymbol{W}} \beta \boldsymbol{W}^{\mathrm{T}} \boldsymbol{S}_{\mathrm{W}} \boldsymbol{W} + (1-\beta) \boldsymbol{W}^{\mathrm{T}} \boldsymbol{S}_{\mathrm{S}} \boldsymbol{W} \\
&= \max_{\boldsymbol{W}} \boldsymbol{W}^{\mathrm{T}} [\beta \boldsymbol{S}_{\mathrm{W}} + (1-\beta) \boldsymbol{S}_{\mathrm{S}}] \boldsymbol{W} \\
&= \max_{\boldsymbol{W}} \boldsymbol{W}^{T} \boldsymbol{M}_{\mathrm{W}} \boldsymbol{W}
\end{aligned}
\tag{8.2.12}
$$

其中，β 为常数；$\boldsymbol{M}_{\mathrm{W}} = \beta \boldsymbol{S}_{\mathrm{W}} + (1-\beta) \boldsymbol{S}_{\mathrm{S}}$，称为基于流形的类内离散度。

3. 优化问题

借鉴 LDA，在 Fisher 准则的基础上，通过最大化 MBCS 与 MWCS 之比来实现降维。上述思想可转化为如下优化问题。

$$
J = \max_{\boldsymbol{W}} \frac{\boldsymbol{M}_{\mathrm{B}}}{\boldsymbol{M}_{\mathrm{W}}} = \max_{\boldsymbol{W}} \frac{\boldsymbol{W}^{\mathrm{T}} (\alpha \boldsymbol{S}_{\mathrm{B}} + (1-\alpha) \boldsymbol{S}_{\mathrm{D}}) \boldsymbol{W}}{\boldsymbol{W}^{\mathrm{T}} (\beta \boldsymbol{S}_{\mathrm{W}} + (1-\beta) \boldsymbol{S}_{\mathrm{S}}) \boldsymbol{W}} \tag{8.2.13}
$$

由 Lagrange 乘子法可知，式（8.2.13）中的投影矩阵 $\boldsymbol{W}$ 是满足等式 $\boldsymbol{M}_{\mathrm{B}} \boldsymbol{W} = \lambda \boldsymbol{M}_{\mathrm{W}} \boldsymbol{W}$ 的解。

由式（8.2.13）可以看出，CFCM 不仅充分考虑了样本的全局特性，而且保持了样本的局部流形结构。CFCM 继承了 LDA 和 LPP 的优势，并在一定程度上提高了降维效率。当 $\alpha = \beta = 1$ 或 $d = s = \infty$ 时，CFCM 等价于 LDA；当 $\alpha = \beta = 0$，$d = \infty$ 且 $s < \infty$ 时，CFCM 等价于 LPP。

在实际应用中，$\boldsymbol{M}_{\mathrm{W}}$ 往往奇异，无法通过上述优化问题求解。为了使用方便，采用扰动法解决 $\boldsymbol{M}_{\mathrm{W}}$ 奇异性问题。

基于上述分析，CFCM 算法可简述如下。

Input： 样本集 X 和降维数 d。

Output： 样本集 X 对应的低维嵌入集 $\boldsymbol{Y}=[\boldsymbol{y}_1, \boldsymbol{y}_2, \cdots, \boldsymbol{y}_d]$。

Step1： 创建邻接图 $G_{\mathrm{D}} = \{X, D\}$ 和 $G_{\mathrm{S}} = \{X, S\}$，其中 $X = \{\boldsymbol{x}_1, \boldsymbol{x}_2, \cdots, \boldsymbol{x}_N\}$ 表示样本集，D 和 S 分别表示异类和同类样本间的权重。当两个样本点 $\boldsymbol{x}_i$ 和 $\boldsymbol{x}_j$ 异类时，则在两者之间新增一条边，形成异类邻接图；同理，形成同类邻接图。

Step2： 计算异类权重 D 和同类权重 S。若异类样本点 $\boldsymbol{x}_i$ 和 $\boldsymbol{x}_j$ 之间有边相连，则利用式（8.2.1）计算异类权重 D；若同类样本点 $\boldsymbol{x}_i$ 和 $\boldsymbol{x}_j$ 之间有边相连，则利用式（8.2.8）计算同类权重 S。

Step3： 分别计算类间离散度 $\boldsymbol{S}_{\mathrm{B}}$、类内离散度 $\boldsymbol{S}_{\mathrm{W}}$、基于流形的类间离散度 $\boldsymbol{M}_{\mathrm{B}}$ 及基于流形的类内离散度 $\boldsymbol{M}_{\mathrm{W}}$。

Step4：解决 $\boldsymbol{M}_{\mathrm{W}}$ 奇异性问题。当 $\boldsymbol{M}_{\mathrm{W}}$ 奇异时，采用扰动法解决该问题，即在其主对角线上增加一个很小的正数 δ。设增加扰动后的 $\boldsymbol{M}_{\mathrm{W}}$ 为 $\boldsymbol{M}'_{\mathrm{W}}$。

Step5：计算最佳投影矩阵 $\boldsymbol{W}$。最佳投影矩阵 $\boldsymbol{W}$ 是满足等式 $\boldsymbol{M}_{\mathrm{W}}^{-1}\boldsymbol{M}_{\mathrm{B}}\boldsymbol{W}=\lambda\boldsymbol{W}$ 或 $\boldsymbol{M}'^{-1}_{\mathrm{W}}\boldsymbol{M}_{\mathrm{B}}\boldsymbol{W}=\lambda\boldsymbol{W}$ 的解。上式前 d 个最大非零特征值对应的特征向量构成投影矩阵 $\boldsymbol{W}=[\boldsymbol{w}_1,\cdots,\boldsymbol{w}_d]$。

Step6：对样本进行降维。对于任意样本 $\boldsymbol{x}_i\in X$，经降维后可得 $\boldsymbol{y}_i=\boldsymbol{W}^{\mathrm{T}}\boldsymbol{x}_i$。

8.2.2 CFCM 与传统降维方法的关系

传统降维方法主要有两种思路：一是利用样本的全局特征，保证降维前后样本的全局特征不变，典型代表为 LDA；二是尽量保证相邻样本在降维前后的流形结构不变，典型代表为 LPP。LDA 在 Fisher 准则下选择最优的投影向量，使得样本的类间离散度最大而类内离散度最小。LDA 充分利用样本的类别信息，有效地提高了算法的识别率。由于 LDA 重点考虑的是样本的线性可分性问题，往往忽略样本的局部流形结构，因此降维效率有限。以 LPP 为代表的流形学习方法试图保持流形的局部邻域结构信息并利用这些信息构造全局嵌入。流形学习方法能够有效地探索非线性流形分布数据的内在规律与性质，但在实际应用中，该方法对噪声和离群值较为敏感，这极大地限制了其稳健性及泛化能力的提高。

本节所提方法在 Fisher 准则的基础上，借鉴流形学习思想，通过最大化基于流形的类内离散度（MWCS）与基于流形的类间离散度（MBCS）之比来实现降维。与传统降维方法相比，CFCM 的最大优势在于充分利用了样本的全局和局部信息，不仅保证样本在全局上线性可分，而且使样本的局部流形结构尽量保持不变。

8.2.3 实验分析

通过与 PCA、LDA 和 LPP 等方法的比较实验验证所提方法（CFCM）的有效性。实验环境是 3GHz Pentium4 CPU、1GB RAM、Windows XP 和 MATLAB 7.0。实验数据来自 SDSS DR8。实验数据包括：①K 型恒星光谱的 K1、K3、K5、K7 四类次型，其 SNR 的范围是（5, 10）；②F 型恒星光谱的 F2、F5、F9 三类次型，其 SNR 的范围是（30, 60）；③G 型恒星光谱的 G0、G2、G5 三类次型，其 SNR 的范围是（40, 80）。在数据预处理中，将所有流量统一插值到 3 800～9 000A。MDA 的降维效率与参数选择有关。参数通过 5 倍交叉验证法获取。参数 α 和 β 分别在网格{0.01, 0.05, 0.1, 0.5, 1, 5, 10}中搜索选取。

实验步骤如下。

Step1： 将实验数据集分为训练样本和测试样本。

Step2： 分别利用 PCA、LDA、LPP、CFCM 求最佳投影方向。

Step3： 将测试样本投影到最佳投影方向上。

Step4： 将投影后的测试样本通过最近邻分类器与训练样本进行分类，得到分类结果。

1. 比较实验

分别选取 K 型、F 型、G 型恒星光谱的 30%、40%、50%、60%、70%作为训练样本，剩余样本用于测试。实验数据降维至 5 维。实验数据集见表 8.14～表 8.16，对比实验结果记录于表 8.17～表 8.19 中。

表 8.14　K 型恒星光谱数量（5<SNR<10）

Stellar Subclass Type	K1	K3	K5	K7
Number	2 258	3 104	2 957	3 465

表 8.15　F 型恒星光谱数量（30<SNR<60）

Stellar Subclass Type	F2	F5	F9
Number	6 412	49 507	56 633

表 8.16　G 型恒星光谱数量（40<SNR<80）

Stellar Subclass Type	G0	G2	G5
Number	3 873	10 009	678

表 8.17　K 型恒星光谱数据集上的对比实验结果

Training Size	Test Size	PCA	LDA	LPP	CFCM
(30%)	(70%)	0.580 1	0.550 0	0.609 8	0.580 1
(40%)	(60%)	0.596 6	0.678 9	0.630 1	0.734 2
(50%)	(50%)	0.719 8	0.669 9	0.700 1	0.779 8
(60%)	(40%)	0.789 1	0.740 3	0.780 0	0.800 8
(70%)	(30%)	0.870 4	0.870 4	0.859 9	0.890 2
Average Accuracy		0.711 2	0.701 9	0.716 0	0.757 0

表 8.18　F 型恒星光谱数据集上的对比实验结果

Training Size	Test Size	PCA	LDA	LPP	CFCM
(30%)	(70%)	0.510 2	0.477 8	0.503 4	0.550 0
(40%)	(60%)	0.601 2	0.573 8	0.594 3	0.610 1
(50%)	(50%)	0.633 3	0.625 8	0.625 8	0.641 7
(60%)	(40%)	0.700 3	0.712 4	0.721 2	0.764 1
(70%)	(30%)	0.743 8	0.751 0	0.765 3	0.794 6
Average Accuracy		0.637 8	0.628 2	0.642 0	0.672 1

表 8.19　G 型恒星光谱数据集上的对比实验结果

Training Size	Test Size	PCA	LDA	LPP	CFCM
(30%)	(70%)	0.480 1	0.477 1	0.421 5	0.503 3
(40%)	(60%)	0.651 0	0.571 4	0.554 3	0.614 7
(50%)	(50%)	0.701 3	0.643 0	0.643 0	0.715 4
(60%)	(40%)	0.760 6	0.698 2	0.680 1	0.760 6
(70%)	(30%)	0.811 3	0.765 1	0.710 9	0.850 0
Average Accuracy		0.680 9	0.631 0	0.602 0	0.688 8

由实验结果可以看出，特征提取效率随着训练样本规模的增大而提升。与PCA、LPP、LDA 相比，除训练样本规模为 K 型恒星光谱总数的 30%及 G 型恒星光谱总数的 40%两种情况外，CFCM 的表现均最优。从平均性能的角度看，CFCM 的分类精度明显优于 PCA、LPP、LDA。

2. 恒星金属丰度与分类结果的关系

分别将 50%的 K 型、F 型、G 型恒星光谱作为训练样本，剩余样本用于测试。各类样本降维至 5 维。对恒星金属丰度进行以下分区：[−5,−4)，[−4,−3)，[−3,−2)，[−2,−1)，[−1,0)，[0,0.5]。不同金属丰度区间样本分类正误数见表 8.20，符号“/”前后分别表示正确分类数和错误分类数。

表 8.20　不同金属丰度区间样本分类正误数

Type of Star	[−5,−4)	[−4,−3)	[−3,−2)	[−2,−1)	[−1,0)	[0,0.5]
K 型	643/201	771/197	1 023/277	817/306	712/153	628/164
F 型	5 213/2 916	4 023/3 001	4 211/4 395	6 021/4 343	6 891/3 022	9 753/2 487
G 型	846/305	1 023/463	895/478	1 096/520	953/442	1 241/136

由表 8.20 可以看出，在不同金属丰度区间，样本分类正误数均匀分布。可以得出以下结论：CFCM 的分类能力与恒星的金属丰度无关。

8.2.4　结论

当前主流降维方法基本上围绕两种思路提出：一是保持降维前后样本的全局特征不变，典型代表有 LDA；二是保持降维前后样本的局部流形结构不变，典型代表有 LPP。在分析已有方法不足的基础上，本节提出了基于 Fisher 准则和流形学习的分类方法（CFCM）。该方法充分利用样本的全局特性和局部流形结构，将 Fisher 准则和局部流形保持有机地结合起来，有效地提高了降维效率。在 SDSS 数据集上的比较实验表明了所提方法的有效性。由实验结果可以得出以下结论。

（1）PCA 试图在样本空间中找到最能表征样本特征的主成分，而往往忽略同类样本间的相似度及异类样本间的差异性。

（2）LDA 关注的是样本的全局特性，分别用类内离散度和类间离散度表示同类样本间的相似度和异类样本间的差异性。该方法对样本的局部流形结构重视不够，无法保持降维前后样本的局部特征不变。

（3）LPP 的基本思想是尽量保证相邻样本在降维前后相对关系不变。该方法很好地保持了样本的局部结构，但对全局信息考虑不足，因此在降维过程中易受噪声点或奇异点的影响。

（4）CFCM 充分利用样本的全局信息和局部信息，有机地将 Fisher 准则和局部流形保持结合起来，有效地提高了降维效率。

8.3　利用带无标签数据的双支持向量机对恒星光谱分类

8.3.1　带无标签数据的双支持向量机

假设给定训练数据集 $\tilde{T} = T \cup U = \{(\boldsymbol{x}_1, y_1), (\boldsymbol{x}_2, y_2), \ldots, (\boldsymbol{x}_l, y_l)\} \cup \{\boldsymbol{x}_1^*, \boldsymbol{x}_2^*, \ldots, \boldsymbol{x}_u^*\}$，其中，$T$ 为有标签数据集，U 为无标签数据集。$\boldsymbol{x}_i \in \boldsymbol{R}^n$，$y_i = \{+1, -1\}$，$i$=1,2,…,$l$；$x_m^* \in \boldsymbol{R}^n$，$m$=1,2,…,$u$。$l$ 和 m 分别表示有标签数据和无标签数据规模。

带无标签数据的双支持向量机（Twin Support Vector Machine with Unlabeled Data, TSVMUD）在双支持向量机 TWSVM 的基础上，引入无标签数据，因此，在建立优化问题时，可以将目标函数分为两部分：一部分针对有标签数据分类，另一部分针对无标签数据分类。TSVMUD 的最优化问题表示如下。

$$\begin{aligned}\min_{W_+,b_+,\xi_+,\psi}\quad & \frac{1}{2}\left\|AW_+ + e_+ b_+\right\|^2 + C_1 e_-^{\mathrm{T}}\xi_+ + De_u^{\mathrm{T}}\psi \\ \text{s.t.}\quad & -(BW_+ + e_- b_+) \geqslant e_- - \xi_+ \\ & \left(UW_+ + e_u b_+\right) + \psi \geqslant (\varepsilon - 1)e_u \\ & \xi_+ \geqslant 0,\quad \psi \geqslant 0\end{aligned} \tag{8.3.1}$$

$$\begin{aligned}\min_{W_-,b_-,\xi_-,\psi^*}\quad & \frac{1}{2}\left\|BW_- + e_- b_-\right\|^2 + C_2 e_+^{\mathrm{T}}\xi_- + De_u^{\mathrm{T}}\psi^* \\ \text{s.t.}\quad & (AW_- + e_+ b_-) \geqslant e_+ - \xi_- \\ & -\left(UW_- + e_u b_-\right) + \psi^* \geqslant (\varepsilon - 1)e_u \\ & \xi_- \geqslant 0,\quad \psi^* \geqslant 0\end{aligned} \tag{8.3.2}$$

其中，矩阵 $\boldsymbol{U}$ 用于存放无标签数据；C_1 和 C_2 为针对有标签数据的惩罚因子，D 为针对无标签数据的惩罚因子；$\boldsymbol{\xi}_{(\pm)} = \left[\xi_1^{(\pm)}, \xi_2^{(\pm)}, \xi_3^{(\pm)}, \cdots, \xi_l^{(\pm)}\right]$ 为针对有标签数据的松弛因子，$\boldsymbol{\psi}^{(*)} = \left[\psi_1^{(*)}, \psi_2^{(*)}, \psi_3^{(*)}, \cdots, \psi_u^{(*)}\right]$ 为针对无标签数据的松弛因子；$\boldsymbol{e}_+$、$\boldsymbol{e}_-$ 及 $\boldsymbol{e}_u$ 均表示全 1 列向量。

根据拉普拉斯乘子法，引入拉普拉斯算子 α_+ 和 β_+，可得式（8.3.1）的对偶形式如下。

$$\begin{aligned}\min_{\alpha_+,\beta_+}\quad & \frac{1}{2}\left(G^{\mathrm{T}}\alpha_+ - J^{\mathrm{T}}\beta_+\right)^{\mathrm{T}}\left(H^{\mathrm{T}}H\right)^{-1}\left(G^{\mathrm{T}}\alpha_+ - J^{\mathrm{T}}\beta_+\right) \\ & -e_-^{\mathrm{T}}\alpha_+ - (\varepsilon - 1)e_u^{\mathrm{T}}\beta_+ \\ \text{s.t.}\quad & 0 \leqslant \alpha_+ \leqslant C_1 e_- \\ & 0 \leqslant \beta_+ \leqslant De_u\end{aligned} \tag{8.3.3}$$

同理可得式（8.3.2）的对偶形式：

$$\begin{aligned}\min_{\alpha_-,\beta_-}\quad & \frac{1}{2}\left(H^{\mathrm{T}}\alpha_- - J^{\mathrm{T}}\beta_-\right)^{\mathrm{T}}\left(G^{\mathrm{T}}G\right)^{-1}\left(H^{\mathrm{T}}\alpha_- - J^{\mathrm{T}}\beta_-\right) \\ & -e_+^{\mathrm{T}}\alpha_- - (\varepsilon - 1)e_u^{\mathrm{T}}\beta_- \\ \text{s.t.}\quad & 0 \leqslant \alpha_- \leqslant C_2 e_+ \\ & 0 \leqslant \beta_- \leqslant De_u\end{aligned} \tag{8.3.4}$$

其中，$\boldsymbol{H} = [\boldsymbol{A}, \boldsymbol{e}_+]$，$\boldsymbol{G} = [\boldsymbol{B}, \boldsymbol{e}_-]$，$\boldsymbol{J} = [\boldsymbol{U}, \boldsymbol{e}_u]$。

一个新的样本点 $\boldsymbol{x}$ 的类属判定取决于如式（8.3.5）所示的决策函数：

$$\text{class } i = \arg\min_{k=+,-} \frac{\left|\boldsymbol{W}_{(k)}{}^{\mathrm{T}}\boldsymbol{x} + b_{(k)}\right|}{\left\|\boldsymbol{W}_{(k)}\right\|} \tag{8.3.5}$$

其中，$i=\{-1,+1\}$，$\begin{bmatrix}\boldsymbol{W}_+ \\ b_+\end{bmatrix} = -(\boldsymbol{H}^{\mathrm{T}}\boldsymbol{H})^{-1}(\boldsymbol{G}^{\mathrm{T}}\boldsymbol{\alpha}_+ - \boldsymbol{J}^{\mathrm{T}}\boldsymbol{\beta}_+)$，$\begin{bmatrix}\boldsymbol{W}_- \\ b_-\end{bmatrix} = -(\boldsymbol{G}^{\mathrm{T}}\boldsymbol{G})^{-1}$ $(\boldsymbol{H}^{\mathrm{T}}\boldsymbol{\alpha}_- - \boldsymbol{J}^{\mathrm{T}}\boldsymbol{\beta}_-)$。

8.3.2　算法描述

TSVMUD 的算法流程如下。

Input： 训练数据集 *X_Train*。

Output： 测试数据集 *X_Test* 中样本的类属。

Step1： 将目标光谱分为训练数据集和测试数据集。训练数据集中包含一定比例的有标签数据和无标签数据。

Step2： 利用 Lagrange 乘子法将 TSVMUD 最优化问题转化为如式（8.3.3）和式（8.3.4）所示的对偶形式。

Step3： 在训练数据集 *X_Train* 上运行 TSVMUD 算法，得到分类依据。

Step4： 计算如式（8.3.5）所示的决策函数。

Step5： 利用 **Step4** 得到的决策函数对测试数据集中的任意一个样本 $\boldsymbol{x} \in X\_Test$ 判定类属，从而得到 TSVMUD 算法的分类精度。

8.3.3　实验分析

实验采用美国斯隆巡天发布的 SDSS DR8 的恒星光谱数据作为实验数据集。实验对象是 K 型光谱中信噪比在 50～60 的 3 302 条 K1 次型光谱、3 176 条 K3 次型光谱、3 048 条 K5 次型光谱、1 132 条 K7 次型光谱。其中，随机选取 80%的光谱作为有标签样本，剩余的 20%样本去掉其类别标签，作为无标签样本。实验的软硬件环境包括 3GHz Pentium4 CPU、4GB RAM、Windows 7、MATLAB 7.0。

通过与 SVM、TWSVM、KNN 等传统分类方法的比较来验证所提方法 TSVMUD 的有效性。上述分类方法的性能与所选的参数有关。选用 10 倍交叉验证法获取实验参数，而参数的选择采用网格搜索法。在 SVM 和 TWSVM 中，惩罚因子在网格{0.01, 0.05, 0.1, 0.5, 1, 5, 10}中搜索选取；在 KNN 中，参数 K 在网格{1,5,10,15,20,25,30}中搜索选取。分别选取实验对象的 30%、40%、50%、60%、70%作为训练数据集，而剩余样本作为测试数据集。上述数据集中有标签样本和无标签样本的比例为 4∶1。由于 SVM 和 TWSVM 是经典的有监督学习方法，即上述方法无法对无标签数据进行训练。因此，为了表示方便，需要事先对无标签数据进行随机分类处理。KNN 方法对无标签数据进行 K 近邻计算，即首先找到与无标签数据最近的 K 个有标签的近邻，然后根据“少数服从多数”的原则，确定无标签数据的类属。实验结果如表 8.21～表 8.24 所示，其中，括号前的值表示样本规模，括号中的值表示所占比例。

表 8.21　K1 次型光谱上的实验结果

Training Size	Test Size	SVM	TWSVM	KNN	TSVMUD
991(30%)	2 311(70%)	0.321 1	0.411 9	0.563 4	0.660 8
1 321(40%)	1 981(60%)	0.402 8	0.491 2	0.648 1	0.731 4
1 651(50%)	1 651(50%)	0.503 3	0.530 0	0.702 0	0.791 0
1 981(60%)	1 321(40%)	0.582 1	0.582 1	0.751 7	0.840 3
2 311(70%)	991(30%)	0.650 9	0.689 2	0.797 1	0.891 0
Average Accuracy		0.492 0	0.540 1	0.692 5	0.782 9

表 8.22　K3 次型光谱上的实验结果

Training Size	Test Size	SVM	TWSVM	KNN	TSVMUD
953(30%)	2 223(70%)	0.380 1	0.421 1	0.521 4	0.610 0
1 270(40%)	1 906(60%)	0.450 7	0.501 6	0.581 3	0.691 0
1 588(50%)	1 588(50%)	0.530 2	0.570 5	0.641 1	0.740 6
1 906(60%)	1 270(40%)	0.629 9	0.684 3	0.711 0	0.830 7
2 223(70%)	953(30%)	0.698 8	0.711 4	0.771 2	0.878 3
Average Accuracy		0.537 9	0.577 8	0.645 2	0.750 1

表 8.23　K5 次型光谱上的实验结果

Training Size	Test Size	SVM	TWSVM	KNN	TSVMUD
914(30%)	2 134(70%)	0.402 5	0.472 4	0.560 0	0.671 5
1 219(40%)	1 829(60%)	0.481 1	0.519 9	0.620 6	0.741 4
1 524(50%)	1 524(50%)	0.551 2	0.601 0	0.690 9	0.802 5
1 829(60%)	1 219(40%)	0.648 1	0.760 5	0.784 2	0.851 5
2 134(70%)	914(30%)	0.678 3	0.760 4	0.811 8	0.902 6
Average Accuracy		0.552 4	0.622 8	0.693 5	0.793 9

表 8.24　K7 次型光谱上的实验结果

Training Size	Test Size	SVM	TWSVM	KNN	TSVMUD
340(30%)	792(70%)	0.352 3	0.411 6	0.521 5	0.603 5
453(40%)	679(60%)	0.421 2	0.490 4	0.593 5	0.695 1
566(50%)	566(50%)	0.545 9	0.561 8	0.682 0	0.775 6
679(60%)	453(40%)	0.604 9	0.653 4	0.752 8	0.827 8
792(70%)	340(30%)	0.650 0	0.694 1	0.791 2	0.894 1
Average Accuracy		0.514 9	0.562 3	0.668 2	0.759 2

由表 8.21～表 8.24 可以看出，随着训练样本规模的增大，SVM、TWSVM、KNN、TSVMUD 等分类精度呈上升趋势。在 K1、K3、K5、K7 次型数据集上，与 SVM、TWSVM、KNN 相比，TSVMUD 的分类精度均最优。从平均精度角度看，TSVMUD 的平均分类精度远高于其他 3 种方法。产生上述实验结果的原因是：由于 SVM、TWSVM、KNN 属于监督学习方法，其无法对无标签数据进行学习。本实验为了比较方便，对上述 3 种方法进行了预处理，这种预处理具有一定的随机性和不确定性，并对实验结果有一定的影响。TSVMUD 方法擅长处理混有有标签和无标签数据的分类问题，因此，在不同规模的训练样本上，TSVMUD 均具有最优的分类性能。

8.3.4　结论

针对已有恒星光谱分类方法面临的无法处理无标签光谱的不足，提出带无标签数据的双支持向量机 TSVMUD。该方法在双支持向量机 TWSVM 的基础上，引入无标签数据，以实现对恒星光谱智能分类的目的。该方法在训练集上学习分类模型时，不仅考虑有标记的训练样本，也考虑部分未标记的样本。这样，一方面提高了学习效率，另一方面得到了更优的分类模型。在 SDSS DR8 恒星光谱数据集上与 SVM、TWSVM、KNN 等传统分类方法相比，本节所提方法 TSVMUD 具有更优的分类精度。然而，该方法亦存在无法处理海量光谱数据的不足。接下来，作者将借鉴海量数据随机采样思想，利用大数据处理技术，对所提方法在大数据环境下的适应性展开进一步研究。

第 9 章　天文大数据挖掘

9.1　研究背景

9.1.1　天文大数据

天文学与许多学科类似，正在信息与计算技术等新兴科技的驱动下发生着根本性的变革。地基和空基的望远镜等观测设施的工作波段已经覆盖了整个电磁波谱（从射电一直到γ射线）及多个非电磁窗口（如宇宙线、中微子、引力波等），收集的数据经过规范处理后进入数据库，为下一步的科学分析做好准备。天文学数据正以前所未有的速度发展着。这些丰富的数据资源大大加深了人类对宇宙的认识。

天文学是大数据科学的领头羊，这主要归因于以下三个因素。

第一个因素是天文学最早采用现代数字探测器，如 CCD 和数字相干器，并把科学计算作为数据处理的手段，把数值模拟作为一种科研工具。在国际天文学领域，e-Science 的文化理念早在 20 世纪 80 年代，即在互联网和商业数据库诞生之前，就被培育起来。天文数据集的体量最初为千字节到兆字节，20 世纪 80 年代末发展到千兆字节，90 年代中期发展到万亿字节，如今则达到千万亿字节。天文学家早在 20 世纪 80 年代初就设计了天文领域内通用的数据交换标准，即 FITS（Flexible Image Transport System）。

第二个因素是美国国家航空航天局等空间机构为其空间科学计划建立了一批数据中心，在一定的保护期后把科学数据向全社会开放共享。这种做法不但推动了数据库和数据管理工具的发展，也逐渐培育出科学数据开放共享和重复利用的科学文化。这些数据中心成为今天虚拟天文台的发祥地和重要基础。

第三个因素是大型数字巡天计划相继出现并成为天文数据的主要来源。利用照相底片进行巡天观测，通过扫描实现数字化，这样的传统巡天工作在 20 世纪 90 年代便“寿终正寝”，传统巡天计划造就了第一个万亿字节量级的天文数据集。现代数字巡天计划改变了天文学的研究模式和天文学家的思维模式。基于现代巡天数据库，科研人员不依赖望远镜也能做出漂亮的研究成果。数字巡天时代的天文学发展不但需要天文学家的个人智慧，更需要大型科研团队的协同创新。

大数据时代的天文数据挖掘研究给天文学家和技术专家带来诸多机遇的同时，也带来了非常多的挑战。在大数据环境下，天文学研究所需的资源不但包括数据和文献，更需要数据库、分布式存储、高性能计算、数据挖掘和知识发现工具、创新的可视化环境等。不同波段、时刻、空间尺度的数据融合把这些挑战又提升到一个新的高度。针对数据的采集、归档、管理、访问、处理、挖掘、展现等科研活动环节，在数据量不断增大、数据结构越来越复杂的大数据时代，传统的方式和手段已不能满足天文学研究的需求。

9.1.2　大数据处理技术

1. 大数据的基本定义及技术特点

关于大数据，现有定义都是从数据规模和支持软件处理能力角度进行定性描述的。例如，徐宗本院士在 2016 年中国计算机学会大数据学术会议的主旨演讲中指出：大数据技术需要多学科综合研究，涉及数据的获取与管理、数据的存储与处理、数据的分析与理解，以及结合领域的大数据应用等。维基百科给出的定义是：大数据是指无法使用传统和常用的软件技术和工具在一定时间内完成获取、管理和处理的数据集。麦肯锡咨询公司的大数据报告中给出的定义是：大数据指的是大小超出常规的数据库工具获取、存储、管理和分析能力的数据集。

这些定性化定义无一例外地突出了大数据的规模之“大”。进一步地，《大数据时代的历史机遇》一书中指出，大数据是在多样的或大量的数据中迅速获取信息的能力[217]，这强调了大数据具有深度价值。

实际上，当今“大数据”一词的重点已经远远超出了数据规模的定义，它代表着信息技术发展到了一个新的时代，代表着海量数据处理所需要的新技术和新方法，也代表着大数据应用所带来的新服务和新价值。

2. 大数据的基本特征

大数据具有“5V”特征[218]。

（1）数据规模大（Volume）：从数十 TB 到数百 PB 乃至 EB 的规模。

（2）数据多样性（Variety）：大数据包括结构化、半结构化、非结构化等各种格式的数据，以及数值、文本、图形、图像、流媒体等多种形态的数据。

（3）数据处理时效性（Velocity）：很多大数据应用需要及时进行处理，满足一定响应性能要求。

（4）结果准确性（Veracity）：处理的结果要保证一定的准确性，不能因为大规模数据处理的时效性而牺牲处理结果的准确性。

（5）深度价值（Value）：大数据蕴含很多深度价值，需要对大数据进行分析以挖掘其巨大的价值。

3. 典型大数据处理需求与计算特征

上述大数据的“5V”基本特征给大数据的处理和分析利用带来了很多新的技术要求和挑战。例如，传统的数据库系统主要面向现实世界中一小部分格式较为规整的结构化数据的存储和处理。但据统计，现实世界中80%以上的数据都是非结构化数据，这些大规模非结构化数据在传统数据处理时代大都未能得到充分的处理和利用[219]。

为了有效应对现实世界中复杂多样的大数据处理需求，需要针对不同的大数据应用特征，总结并梳理不同的大数据处理需求和计算特征。可以从多个角度对大数据的处理需求和计算特征进行分类。

（1）从数据存储管理结构特征的角度看，大数据可分为半结构化、非结构化和结构化数据。

（2）从数据分析类型的角度看，大数据处理基本上可分为传统查询分析计算和复杂数据分析挖掘处理。

（3）从数据获取处理方式的角度看，大数据可分为批处理与流式计算。

（4）从大数据处理响应性能的角度看，大数据处理可分为实时/准实时计算与非实时计算，或者联机计算与线下计算；前述的流式计算通常属于实时计算，查询分析类计算通常也要求具有高响应性能，而批处理和复杂数据挖掘计算通常属于非实时或线下计算。

（5）从数据关联性的角度看，大数据可分为简单关联数据和复杂关联数据。

（6）从体系结构特征的角度看，由于需要支持大规模数据的有效存储和高效计算，基于集群的大规模分布式存储与并行化计算是目前大数据处理主要采用的系统和硬件平台。

4. 大数据处理的主要技术特点与难点

（1）技术综合性、交叉性强。大数据处理是一种涉及计算机技术众多层面的综合性计算技术。正如徐宗本院士指出的，大数据技术需要多学科综合研究，涉及数据的获取与管理、数据的存储与处理、数据的分析与理解，以及结合领域的大数据应用。一个完整的大数据处理与应用系统，通常是一个包括并综合大规模硬件资源和基础设施管理、分布式存储管理、并行化计算、分析挖掘、应用服务在内的完整的技术栈[220]。因此，大数据处理具有很强的技术综合性和交叉性。

（2）数据规模大，传统的计算方法和系统失效，计算性能问题突出。大数据给传统的计算技术带来了很多新的挑战。巨大的数据量会导致巨大的计算时间开销，从而使得传统计算方法在面对大规模数据时难以在可接受的时间内完成处理。超大的数据量或计算量在计算性能方面给大数据处理技术提出了巨大挑战。

（3）应用需求驱动特性。大数据应用的很多问题都来自具体的行业，大数据处理具有很强的行业应用需求驱动特性。因此，大数据处理必须紧密结合行业应用的实际场景和需求，只有从行业实际应用需求出发，结合实际应用需求解决大数据处理中的技术难题，才能有效地利用大数据技术提升行业的信息处理与服务水平，挖掘行业的深层价值。由于大数据技术具有典型的行业应用驱动特征，因此需要应用行业与计算机领域进行交叉融合。

9.2　天文大数据处理的关键技术

9.2.1　天文大数据处理框架

天文大数据是多个层面上诸多计算技术的融合，天文大数据处理是涉及软硬件系统各个层面的综合性信息处理技术。一个完整的天文大数据处理系统是一个包括天文大数据存储、计算、分析等多个技术层面的完整的技术栈[220]。自下而上，整个技术栈主要包括天文大数据处理资源层、天文大数据存储层、天文大数据计算层、天文大数据分析算法层及天文大数据分析应用层。

表 9.1 给出了天文大数据处理技术栈的主要技术层面和技术内容。该技术栈的每层都有各自的功能和特点。

表 9.1 天文大数据处理技术栈的主要技术层面

天文大数据分析应用层	天文大数据服务层	服务需求与分析模型
	应用设计开发层	天文大数据开发环境与工具平台
天文大数据分析算法层	综合分析算法层	图像处理、一维光谱处理、二维光谱处理、可视化计算等
	基础算法层	并行化基础分析算法（基础性机器学习算法、数据挖掘算法）
天文大数据计算层	并行计算系统平台	通用并行计算系统 Hadoop、Spark，流式计算系统 Storm 等
	并行计算模式	批处理、流式计算、迭代计算、查询分析、内存计算等计算模式
天文大数据存储层	分布式数据库	分布式数据库存储系统（HBase、Cassandra 等；NoSQL 数据库、NewSQL 数据库、分布式 SQL 数据库）
	分布式文件系统	分布式文件存储系统（HDFS、Alluxio 等）
天文大数据处理资源层	系统架构和硬件资源	分布式集群、多核、众核、混合异构平台（如集群+众核、集群+GPU）、云计算资源与支撑平台

1. 天文大数据处理资源层

天文大数据的发展导致对大规模计算和存储资源需求的迅速增长。因此，天文大数据处理需要基于集群的大规模基础设施和资源来完成。

目前，天文大数据处理采用以通用化集群为主的硬件基础架构，以满足天文大数据处理对计算和存储资源的需求。使用价格不高、性能优良的普通商用服务器构建集群系统以代替昂贵的大规模并行计算系统，已经成为常见的天文大数据处理基础设施和资源构架的选择[219]。为了满足计算密集型任务加速处理的需求，在集群上还可以添加 GPU，以“集群 CPU + GPU”作为天文大数据处理基础设施的基本构架。

使用集群系统面临的一个问题是如何对资源进行高效管理。目前常见的资源管理方式是基于云计算的资源管理技术，该技术可以通过虚拟机或容器技术对资源进行管理和调度，为运行于其上的大数据系统和应用提供弹性可扩展及多租户共享资源的计算环境。虚拟机管理程序（Hypervisor）允许多个操作系统同时共享一台硬件主机。每个操作系统都是在 Hypervisor 管理的虚拟机中运行的，每个虚拟机被分配一部分主机的物理资源。常用的 Hypervisor 包括 Xen 和 Linux 下的一个开源的系统虚拟化模块 KVM（Kernel-based Virtual Machine）。

虚拟机技术需要消耗很多的系统资源。因此，一种基于容器（Container）的虚拟化技术在近几年得到了发展。容器技术提供了非常轻量级的“微服务”式虚拟化，可以高效地将单个操作系统管理的资源切分成多个粒度更细且相互隔离的组，以更好地平衡各个组之间对资源需求的冲突。

在这些容器虚拟化管理技术中，Docker是一个发展迅速、应用广泛、开源的应用容器引擎。Docker将应用及应用所需要的环境依赖打包到一个标准化的容器中，通过创建软件程序可移植的轻量容器，让其可以在任何安装了 Docker 的机器上运行，而不用关心底层操作系统，隔离应用依赖。

2. 天文大数据存储层

在建立了天文大数据处理基础设施和资源平台之后，天文大数据处理首先需要解决的是天文大数据的存储管理问题。在大规模集群环境下，为了提供天文大数据存储和并发访问能力，人们的普遍共识是利用可扩展的分布式存储技术。

首先，底层要有一个分布式文件系统提供对大规模天文数据高效且可靠的分布式存储管理。分布式文件系统能够以可扩展的方式对大规模天文数据文件进行有效的存储管理。分布式文件系统通常只提供基于文件方式的天文大数据存储访问形式，缺少对结构化和半结构化数据的存储管理和访问能力，提供的编程访问接口对于上层很多应用来说也过于底层。因此，人们又提出了面向结构化和半结构化数据存储管理和查询分析的 SQL 与 NoSQL 技术和系统，如 Hadoop 生态下的 HBase 和 Hive 系统。

3. 天文大数据计算层

天文大数据的数据规模之大，使得传统的串行计算方法难以在可接受的计算时间内完成天文大数据的计算处理。因此，需要提供大规模天文数据并行化计算技术方法和系统平台。

第一代主流的天文大数据并行计算框架主要是 Hadoop MapReduce 系统。随着天文大数据的不断涌现，很多实际问题中用到的天文大数据处理模式也不尽相同，包括具有高实时和低延迟要求的流式计算、面向基本数据管理的查询分析类计算，以及面向复杂数据分析挖掘的迭代和交互式分析计算等。

由于其设计之初主要是为了完成大规模数据的线下批处理，Hadoop MapReduce 系统在处理这些复杂计算模式问题时在计算性能上有先天的不足和缺陷，因此，为了提高天文大数据的处理效率，近年来人们研究实现了多种天文大数据并行计算模型与框架。其中，Apache Spark 发展迅猛，受到了工业界和学术界的广泛关注，成为新一代主流的集多种计算模式于一体的天文大数据并行计算系统和平台。

4. 天文大数据分析算法层

为了解决天文大数据分析问题，通常还需要基于大数据并行计算框架设计开发一系列基础的天文大数据分析算法，以及各种综合性分析模型和分析算法，包括基础性机器学习与数据挖掘并行化算法，以及各种综合性复杂分析并行化算法。

很多大数据分析应用算法最终会归结为基础性机器学习和数据挖掘算法。然而，在面对大规模天文数据时，很多现有的串行化机器学习和数据挖掘算法难以在可接受的时间范围内完成模型的训练和数据的处理。因此，需要基于主流的天文大数据并行计算框架进行并行化算法设计。

5. 天文大数据分析应用层

天文大数据分析系统首先需要提供和使用天文大数据应用开发的运行环境和工具平台；进一步地，由于天文大数据应用具有极强的行业特性，还需要相关天文专家归纳行业应用的具体问题和需求，构建行业应用的基本业务模型。这些模型的构建离不开专业的领域或业务知识，没有天文专家的参与很难有效地完成。只有充分了解应用问题和领域业务模型，计算机专业人员才能有效地进行相关天文大数据应用系统的设计与开发[218,219]。天文大数据分析和价值发现要求对天文领域专业知识有很深的了解，这一特征在大数据时代更为突出，这也凸显了大数据分析应用层的重要意义。

9.2.2 天文大数据分布式存储技术

1. 分布式文件系统及其技术特征

天文大数据首先需要解决大规模天文数据的存储管理问题。天文大数据主要包括结构化、半结构化和非结构化格式的数据。根据存储管理数据格式的不同，天文大数据分布式存储管理系统大致可以分为分布式文件系统和分布式数据库系统两大类。前者主要面向非结构化数据的存储管理，后者主要面向半结构化和结构化数据的存储和查询管理。

由于结构化和半结构化数据的底层最终还是通过面向非结构化数据的文件系统进行存储的，所以通常天文大数据分布式数据库也构建在分布式文件系统之上。本节在分布式文件系统的基础上，着重探讨天文大数据分布式数据库的关键技术和发展现状。分布式文件系统是用于在分布式环境下提供可靠的文件存储和共享服务的系统。它为用户和上层应用提供一个统一的命名和查询空间。

分布式文件系统的设计需要考虑诸多因素，包括系统的易用性、计算框架的优化等。总的来说，分布式文件系统的设计需要重点考虑以下几个方面的关键技术：可扩展性、可靠性、性能优化、易用性，以及高效元数据管理等。

（1）可扩展性，即分布式文件系统能够很好地适应大规模的分布式环境。为了实现对大规模天文数据的管理和维护，分布式文件系统通常利用多个存储节点分散文件数据。目前，一个具有良好可扩展性的分布式文件系统能够运行在拥有数百个甚至上千个节点的集群环境中。此外，分布式文件系统的可扩展性还包括支持动态地新增或删除一个或多个存储节点，以达到动态扩容/缩容和平衡负载的目的。

（2）可靠性，即分布式文件系统能够提供可靠的文件存储和管理服务，用户无须担心数据丢失。一个分布式文件系统的运行规模越大，发生故障的概率就越高。因此，不同的分布式文件系统都具有各自的容错机制。首先，要尽可能地降低发生故障的概率；其次，要自动检测故障的发生，并且及时恢复因故障而丢失的文件数据。

（3）性能优化，分布式文件系统在进行数据读写访问时，除了正常的本地磁盘访问时间开销，还涉及网络数据传输，这使得分布式文件系统的读写性能相对于单机文件系统有较大幅度的下降。因此，读写访问性能优化也是分布式文件系统需要重点研究解决的技术问题之一，这对于提升大数据分析应用的处理速度具有重要的作用。为了尽可能地提升分布式文件系统的读写访问性能，除了分布式文件系统自身需要采取各种优化技术，实际应用中的天文大数据存储系统还要针对上层特定的天文大数据应用进行性能优化。针对应用和负载优化存储，就是将天文数据存储和应用耦合，根据特定应用、特定负载、特定计算模型对文件系统进行定制和深度优化，使上层应用达到最佳性能[221,222]。

（4）易用性，即分布式文件系统能够方便不同用户使用。分布式文件系统给用户呈现的是一个统一的文件系统命名空间，隐藏了底层的实现细节。相比于传统的单机文件系统，分布式文件系统具有更为广泛的应用场景，因此它通常为用户和应用提供多种访问方式和接口，以权衡不同场景下的性能和兼容性。进一步地，用户能方便地选择和使用这些访问方式和接口，避免了复杂的学习曲线。

（5）高效元数据管理，在大数据应用中，元数据的访问性能是整个分布式文件系统性能的关键。常见的元数据管理架构可以分为分布式和集中式两种。分布式元数据管理架构是将元数据分布存储在多个节点上，从而解决单一元数据服务器潜在的性能瓶颈问题。其中，有一类分布式元数据管理架构直接采用在线算法或规则组织数据的存储，不需要专门的元数据服务器。分布式元数据管理架构的缺点是实现复杂，对数据一致性的维护比较复杂和困难，而且文件目录遍历操作效率低下，缺乏对文件系统全局监控和管理的功能。集中式元数据管理架构采用单一元数据服务器，其优点是实现简单，缺点是存在单点故障问题。

2. 典型的分布式文件系统

分布式文件系统有很多种类。在科学计算领域应用广泛的GlusterFS、CephFS都是并行文件系统。在天文大数据应用领域，分布式文件系统以Hadoop HDFS[223]为主。由于基于磁盘的HDFS在大数据访问性能上存在不足，目前出现了基于内存的分布式内存文件系统Alluxio（原名Tachyon）。Alluxio在推出后逐渐受到业界的广泛关注，也在很多集群上与HDFS配合使用。

表9.2中对Alluxio、CephFS、GlusterFS及HDFS进行了对比研究。

表9.2　不同分布式文件系统的对比

名　称	Alluxio	CephFS	GlusterFS	HDFS
整体架构	集中式	集中式、多点集中式	分散式	集中式、多点集中式
存储介质	以内存为中心、分层式存储	基于磁盘	基于磁盘	基于磁盘
容错方式	世系关系、备份	多副本、纠删码	基于网络的RAID	多副本、纠删码
I/O优化策略	数据局部性、多级缓存	缓存	缓存	数据局部性
提供的API	原生接口、FUSE接口、Hadoop兼容接口、命令行接口	FUSE接口、REST接口、Hadoop兼容接口	FUSE接口、REST接口	原生接口、FUSE接口、REST接口、命令行接口

当前分布式文件系统的发展趋势包括以下几个方面[219]。

（1）堆外存储内存数据。Hadoop生态圈里开始有一个趋势：越来越多的应用开始使用堆外存储来保存数据。例如，HDFS Cache功能使用堆外存储保存文件缓存，Alluxio把数据存在堆外的RAMDisk里，MapReduce的Native Task通过JNI（Java Native Interface）在Native Buffer中做Map输出数据的排序，HBase社区也已经把BlockCache和Memstore挪到堆外。

（2）层次化存储。现在的数据中心一般都有内存、SSD和硬盘等分层式存储设备，新型NVM（Non-Volatile Memory）即将推出。一方面，这些设备和系统的带宽、延时及存储容量各不相同；另一方面，应用对存储的QoS要求各不相同。因此，HDFS推出新功能Heterogeneous Storages以支持异构的存储设备，满足不同应用的存储需求。

（3）存储空间压缩。相比于HDFS的典型配置（每个文件块需要存3份），纠删码（Erasure Coding）被认为是一种更好的选择：每个文件块只需要1.4份（典型配置下）备份。GFS2 采用了基于 Reed Solomon Code 的纠删码。2012 年，USENTX 的最佳论文提出用 Local Reconstruction Codes 来降低纠删码的计算带宽要求[224]。

（4）更好地支持上层处理。列式存储可以减少磁盘读取，加快分析查询速度，如谷歌的 Dremel。在开源领域，以 ORCFile 和 Parquet 应用最为广泛。这些技术最初只用于 Hive 和 Impala 等项目，近年来它们也被广泛应用于整个 Hadoop 生态系统中的诸多项目，如 Drill、MapReduce、Pig、Spark、Tajo 和 Cascading 等。

（5）存储器特性的优化。随着新型存储器件的发展和成熟，Flash、PCM（Pulse Code Modulation）等存储器逐渐在存储层级中占有一席之地，存储技术栈也随之悄然发生变化。以 Flash 为例，起初各厂商通过闪存转换层 FTL 对新型存储器进行封装，以屏蔽存储器件的特性，适应存储软件栈现有的接口。但是随着 Flash 的普及，产生了许多针对 FTL 的优化[225,226]，以及针对 Flash 特性进行定制的文件系统[227]。

3. 分布式数据库

很多天文数据是结构化和半结构化数据。在数据规模较小时，这类数据的管理和检索都是由传统的关系数据库完成的。在大数据时代，对结构化和半结构化数据的管理、查询的需求变化促进了一些新技术的产生。需求变化主要体现在数据规模的增长、吞吐量的提高、数据类型及应用多样性的变化等方面。

对于结构化和半结构化数据的存储管理，传统的存储系统主要通过数据库系统而不是文件系统解决。但传统的数据库技术主要适用于规模较小的结构化数据的存储管理和查询，在数据规模增大后，传统的数据库技术由于受到单节点性能瓶颈的制约，难以有效地完成对大数据的存储管理。因此，在大数据时代，为了满足大数据存储管理需求，工业界和学术界研究实现了多种支持大规模结构化和半结构化数据管理的分布式数据库系统。这类数据库主要包括 NoSQL 和 NewSQL。

早先，由于大数据平台缺少支持 SQL 查询的大规模结构化和半结构化数据管理能力，因此，人们提出了 NoSQL 数据管理查询模式，以完成对大规模结构化和半结构化数据的管理。NoSQL 系统通过弱化一致性的要求来获得水平扩展性，从而存储和管理大规模数据。按照所管理数据的模式分类，常用的 NoSQL 系统可以分为 3 类：键值对存储系统、文档存储系统及图数据存储系统。其中，键值对存储系统的典型代表有 BigTable、Dynamo、HBase、Redis、Cassandra 等；

文档存储系统的典型代表有 MongoDB 和 Couchbase。

近年来，由于有大量的应用系统基于 SQL 工作，人们希望以统一的 SQL 查询方式来完成对大数据的查询统计分析。因此，研究人员将 NoSQL 和 SQL 这两种查询管理方法统一起来，提出了 NewSQL 的概念和技术。NewSQL 系统指的是那些同时具有近似于 NoSQL 的性能和可扩展性，又可以在一定程度上提供关系事务模型和 SQL 语言接口的新系统。典型的 NewSQL 系统包括 Google Spanner、MemSQL、SAP HANA、TrinityRDF 等。

9.2.3 天文大数据并行化计算技术

天文大数据并行化计算系统是整个天文大数据处理过程中的计算核心层。Hadoop MapReduce 在早期几乎是处理天文大数据的唯一平台。随着天文大数据技术的发展，人们意识到天文大数据处理的需求复杂多样，很难有能够覆盖不同天文大数据计算特征的单一计算模式。

研究发现，Hadoop MapReduce 主要适用于天文大数据的线下批处理，但不适用于解决要求低延迟和复杂数据关系的天文大数据问题。因此，根据天文大数据处理多样性的需求和不同的特征维度，近几年出现了多种不同的典型大数据计算模式，如批处理计算、流式计算、迭代计算、内存计算等。相应地，涌现了一批适应这些计算模式的天文大数据计算系统。表 9.3 中对典型的天文大数据计算模式及其系统进行了总结。

表 9.3 典型的天文大数据计算模式及其系统

天文大数据计算模式	典型系统
查询分析计算	Apache Hive、Impala、Apache Spark SQL、Apache Kylin 等
批处理计算	Apache Hadoop MapReduce、Apache Spark 等
流式计算	Storm、Apache Spark Streaming、S4 等
迭代计算	Apache Spark、HaLoop、iMapReduce、Twister 等
内存计算	Dremel、Apache Spark、Apache Flink 等

（1）查询分析计算模式与典型系统。大数据查询分析模式是大数据计算中一种提供实时或准实时的数据查询分析的计算模式。天文大数据查询分析计算的典型系统包括 Hadoop 生态系统中的 Apache Hive、Pig，Cloudera 公司的实时查询引擎 Impala，中国社区主导开发的 Apache Kylin，以及基于 Apache Spark 构建的查询系统 Apache Spark SQL 等。

（2）批处理计算模式与典型系统。MapReduce 是一种典型的大数据批处理计算模式[228]。两个阶段（Map 和 Reduce）的数据处理过程使其成为主流的并行计算模式。Apache Spark 也是一个批处理系统，其性能比 Apache Hadoop MapReduce 有很大的提升。

（3）流式计算模式与典型系统。流式计算是一种需要对一定时间窗口内的数据完成计算处理的高实时性计算模式。流式计算模式的一个显著的特点是数据流动、运算固定。典型的流式计算系统有 Scribe、Apache Flume、Storm、S4 及 Apache Spark Streaming。

（4）迭代计算模式与典型系统。为了弥补 MapReduce 缺乏对迭代计算模式支持的缺陷，很多工作对 Hadoop MapReduce 进行了改进。例如，HaLoop 在 MapReduce 作业执行的框架内部控制迭代过程[229]，并通过循环敏感的调度器保证迭代计算的 Reduce 任务和 Map 任务的数据本地性，减少迭代间的数据传输开销；类似的工作还有 iMapReduce[230]和 Twister[231]。目前，在迭代计算方面，Apache Spark 是应用最为广泛的一个基于分布式内存的弹性数据集模型的高效迭代计算系统。

（5）内存计算模式与典型系统。随着众多需要高响应性能的大数据查询分析计算问题的出现，MapReduce 在计算性能上往往难以满足需求。因此，使用内存计算进行高速大数据处理成为大数据计算的重要发展趋势。Apache Spark 是最有代表性的集多个计算模式于一体的天文大数据处理系统。它在同一个平台上实现了交互式查询（Spark SQL）、流式处理（Spark Streaming）和复杂分析处理。基于多计算模式，在 Spark 之上可以形成不同的应用场景，如流查询 Spark Streaming 与 Spark SQL 融合成 StreamSQL，以及实时系统与数据仓库的结合、“实时+批量”（类似于 Lambda 结构）、“Spark Streaming + Spark Core”“流处理+机器学习”等。

9.2.4　天文大数据分析方法

天文大数据的一个重要特点是具有深度价值，而天文大数据的分析方法是挖掘天文大数据深度价值的重要手段。在天文大数据分析方法中，天文大数据机器学习和数据挖掘算法是广为应用的一大类基础算法，得到了天文领域广泛和持续的关注与研究。

1. 天文大数据机器学习与分析挖掘并行化算法

很多传统的串行化机器学习算法难以在可接受的时间内完成对天文大数据的

处理计算。因此，需要对现有的串行化机器学习算法进行并行化设计。常见的机器学习算法的并行化思路包括数据并行化和模型并行化。

数据并行化是一种常见的大数据分析并行化思路，被广泛应用在成熟的开源并行化机器学习算法库中，如 Hadoop 中的 Mahout 和 Spark 中的 MLlib[232]。数据并行化的思路是切分大规模训练数据，每个计算节点负责一个子数据集的训练，在训练过程中采用一定的同步模型对各个计算节点上的模型进行同步更新。具体而言，首先，在整个算法开始之前将初始模型分配到各个计算节点上，并完成训练数据集的切分；其次，每个计算节点根据本节点的数据更新自己的模型；最后，在全局范围内对各计算节点的结果进行收集，并在控制节点上完成模型的同步更新，这部分是并行化机器学习算法的关键。其中，第二步和第三步需要不断地迭代执行，直到满足终止条件。常见的机器学习并行算法背后一般都有比较复杂的数学证明，确保合理的局部模型的更新和全局模型的规约过程能获得全局收敛的结果。

数据并行化能很好地解决大数据带来的训练数据规模过大的问题。如果待训练的天文数据模型规模较小，可以采用上述方法在计算节点和控制节点直接同步训练模型。然而，当待训练的模型较大时，每次进行模型同步将非常耗时。为了提升并行化算法的训练效率，需要进行模型划分，以完成模型的并行化训练[233]。

参数服务器（Parameter Server）[234,235]是实现模型并行化的一种常见手段，它可以对大规模模型参数进行统一管理和同步控制。参数服务器对外提供一个统一的模型参数访问接口，程序可以读取或更新参数服务器内的全部或部分模型参数。在参数服务器内部，大规模模型参数会被切分为多个分区，以分布式的方式进行存储管理。较早采用参数服务器的是 Google 的 DistBelief 系统。2013 年，卡耐基梅隆大学的一些学者在 DistBelief 系统中提出的参数服务器的基础上，进一步提出了一种不均等延迟同步的模型 SSP（Stale Synchronous Parallel）及相应的系统，以实现模型的高效迭代训练。

2. 天文大数据机器学习系统

传统的大数据机器学习算法是基于一个大数据系统实现的，算法和系统大多采用紧耦合、定制化的方法构建。这种实现方法虽然可以较好地利用系统资源获取较好的性能，但是也存在很多缺点，包括实现难度大、系统和算法难以维护和调试等。

近年来，随着天文大数据分析浪潮的来临，能同时支持机器学习算法设计及大数据处理的天文大数据机器学习系统成为研究热点。天文大数据机器学习系统是一个涉及机器学习算法设计和大规模系统的交叉性研究课题。一方面，它需要研究机器学习算法本身，如研究提升分析预测结果准确性的改进的机器学习模型；另一方面，由于数据规模巨大，天文大数据机器学习系统还要采用分布式和并行化的大数据处理技术，以便在可接受的时间内完成计算。因此，天文大数据机器学习系统是一种兼具机器学习和大规模并行处理能力的一体化系统[236]。

9.2.5 天文大数据处理技术存在的问题与不足

近十年来，在工业界和学术界的积极推动下，天文大数据处理技术在技术栈的各个层次都得到了长足的发展。但是，面对快速增长的天文大数据需求，天文大数据处理技术还存在以下几个方面有待解决的问题。

（1）分布式存储系统性能优化和功能增强。大数据存储系统处于天文大数据处理软件系统的底层，对于上层天文大数据应用有很大的性能影响，是进行后续天文大数据计算分析和提供应用服务的重要基础。第一，存储硬件发展迅速，天文大数据存储应用场景复杂多变。因此，现有的天文大数据存储系统，尤其是应用日益广泛的层次化存储系统，需要不断地进行性能提升和功能增强，以满足天文大数据对大规模数据快速读写和访问的性能需求。第二，众多分布式文件系统的性能特性和配置参数对上层应用的性能影响较大，分布式文件系统的用户也要求能够定量和定性地分析选择最为合适的分布式文件系统和配置参数。

（2）天文大数据计算平台的性能提升和功能增强。目前，以 Apache Hadoop 和 Apache Spark 为主的大数据技术框架已经成为主流的天文大数据处理平台，并得到了广泛的应用。然而，天文大数据并行计算系统在设计与实现的过程中通常只重点考虑天文大数据应用的共性问题，该系统在处理上层天文大数据应用时，还需要进一步进行性能优化和功能增强，以提升上层应用的计算性能。

（3）天文大数据分析应用算法的并行化设计。大数据的核心价值体现在应用，然而，当数据规模增长到 TB 或 PB 级时，现有的串行化算法将带来令人难以接受的时间开销，导致应用算法失效。因此，除了寻找计算复杂度较低的新算法及降低数据尺度等方法，一个重要的方法是研究应用相关核心算法的并行化。天文大数据应用分析算法的并行化设计并无标准且统一的方法，要根据具体的算法进行特定的并行化优化设计。一般性且较为简单的机器学习和数据分析算法的并行化设计较为容易，但复杂的机器学习和数据挖掘算法的并行化设计较为困难。

（4）天文大数据平台的可编程性和易用性的提升。天文大数据处理技术涉及诸多复杂的分布式和并行计算背景知识，这给天文领域的技术分析人员带来了诸多学习和使用上的困难。因此，除了解决大数据的计算性能问题，还需要解决天文大数据平台的可编程性和易用性问题，以保证天文领域的分析技术人员能够方便地使用天文大数据处理技术和平台，从而推动天文大数据分析应用的发展。

9.3 天文大数据机器学习

9.3.1 研究背景和问题

众所周知，机器学习和数据分析是将数据转换成有用知识的关键性技术。然而，在大数据时代，机器学习和数据分析算法在传统的单机串行平台上难以在可接受的时间内完成对大规模数据的处理。因此，大数据机器学习的实现通常还需要利用分布式大数据处理技术，需要构建一个能同时支持大数据机器学习算法设计与大数据处理的一体化系统支撑平台。为此，近年来出现了“大数据机器学习系统”（Big Data Machine Learning System）这一新的研究方向。也有人将大数据机器学习称为“分布式机器学习”（Distributed Machine Learning）或“大规模机器学习”（Large-Scale Machine Learning）。

大数据机器学习，不仅是机器学习和算法设计的问题，还是一个大规模系统的问题。一方面，它需要研究机器学习算法本身，如研究提升分析预测结果准确性的改进的机器学习模型；另一方面，由于数据规模巨大，大数据机器学习系统还要采用分布式和并行化的大数据处理技术，以便在可接受的时间内完成计算。因此，大数据机器学习系统是一种兼具机器学习和大规模并行处理能力的一体化系统。

9.3.2 天文大数据机器学习系统的特征

一个大数据机器学习系统会同时涉及机器学习和大数据处理两个方面的诸多复杂技术问题，包括机器学习方面的模型结构、训练算法、模型精度问题，以及大数据处理方面的分布式存储、并行化计算、网络通信、本地化计算、任务调度、系统容错等诸多问题。这两组因素互相影响，增加了大数据机器学习系统设计的难度和复杂性。

天文大数据机器学习系统通常具备以下几个特征[237]。

（1）天文大数据机器学习系统应当从整个机器学习的生命周期/流水线来考虑，包括大规模训练数据的存储、特征的提取、学习算法的设计实现、训练模型参数的查询管理、并行化训练计算过程等，都应在一体化的学习系统平台上完成。

（2）天文大数据机器学习系统应提供支持不同的机器学习模型和训练算法的多种并行训练模式。

（3）天文大数据机器学习系统需要提供对底层系统的抽象，以实现对底层通用大数据存储和技术平台的支持。

（4）机器学习系统应该拥有广泛的应用和快速的进化能力，以及开放和丰富的生态系统环境。

9.3.3　主要研究问题

天文大数据机器学习和数据分析面临着如下两大基本问题。

1. 天文大数据复杂分析的计算性能问题

在计算性能方面，当数据集较小时，很多复杂度在 $O(n\log n)$、$O(n^2)$ 甚至 $O(n^3)$ 的传统串行机器学习和数据分析挖掘算法都可以工作。然而，天文大数据复杂应用经常需要对包含十亿至千亿级别的样本的大数据集进行分析[238,239]。当数据规模极大时，现有的串行化算法将花费令人难以接受的时间开销。因此，天文大数据机器学习算法和系统需要研究解决大规模场景下高效的分布式和并行化算法及计算问题。

2. 现有天文数据处理技术和系统存在的可编程性和易用性问题

除了计算性能问题，对普通的数据分析人员而言难以掌握和使用现有天文大数据处理技术和系统。在天文大数据并行编程模型和平台上设计并行化算法，需要掌握很多分布式系统知识和并行化程序设计技巧，这对普通的数据分析人员而言难度很大，导致在数据分析人员与现有的天文大数据处理平台之间存在一个难以逾越的鸿沟[239]。

9.3.4　研究进展

为了解决天文大数据机器学习的计算性能问题，目前普遍基于主流大数据处理技术对天文大数据机器学习进行研究。此外，为了尽可能地提高天文大数据机器学习系统的可编程性和易用性，天文领域也在不断探索各种有效的技术方法。

为了让数据分析人员能够相对容易地在天文大数据系统平台上使用并行化机器学习算法，目前一种常见的做法是由专业的机器学习算法开发者设计并提供并行化机器学习算法工具包，供上层数据分析人员直接调用，如基于 Hadoop MapReduce 开发的 Mahout，以及基于 Spark 开发的 MLlib。并行算法库很好地解决了天文大数据机器学习算法的计算性能问题，并且在一定程度上减轻了数据分析人员进行机器学习算法设计的负担。然而，并行化机器学习算法工具包里能提供的算法数量有限，而且通用算法在学习精度和计算性能上可能无法满足实际分析应用的需求，需要数据分析人员定制和改进某个并行化机器学习算法，这对数据分析人员仍是很大的挑战。

另外，在提供的编程语言和环境方面，现有的并行化机器学习算法库（如 Hadoop Mahout、Spark MLlib）提供 Java 和 Scala 接口，这对于非计算机专业的数据分析人员而言有较大的使用难度。因此，现有的并行化大数据机器学习算法库仍然不能满足天文领域专家的易用性需求。为此，还需要进一步研究解决天文大数据机器学习系统的可编程性和易用性问题。

从可编程性和易用性方面来看，调查显示，R、Python、MATLAB 等语言和系统是数据分析人员最熟悉的分析语言和环境。为了尽可能地缩小 R 语言环境与天文大数据平台之间的鸿沟，研究人员已经尝试在 R 语言中利用分布式并行计算引擎来处理天文大数据。这种 R/Python 语言绑定的方案（如 RHadoop 和 SparkR）在易用性方面存在另一个较大的问题：仍然要求用户熟悉 MapReduce 或 Spark 的并行编程框架和系统架构，然后将 MapReduce 或 Spark 语义的并行化程序翻译式实现到 R 语言的编程接口上。对于不具备分布式系统基本概念的众多行业分析人员而言，掌握 Hadoop 和 Spark 并行化编程技巧的难度极大。此外，上述并行化机器学习算法库和 R/Python 语言绑定的方案都是基于单一平台的工作，无法解决跨平台统一大数据机器学习算法设计问题。理想的天文大数据机器学习系统还要能支持现有和未来可能出现的不同的大数据平台，达到“Write Once，Run Anywhere”的跨平台算法设计和运行目标。

参 考 文 献

[1] 黄晓霞，肖蕴诗. 数据挖掘应用研究及展望[J]. 计算机辅助工程，2001，10(4)：23-29.

[2] 刘君强. 海量数据挖掘技术研究[D]. 杭州：浙江大学，2003.

[3] HAN J W, KAMBER M. Data mining: concepts and techniques [M]. Morgan Kaufmann Publishers, 2001.

[4] WILLIAM J F, GREGORY P S, CHRISTOPHER J M. Knowledge discovery in databases: an overview [J]. AI Magazine, 1992, 13(3): 213-228.

[5] MANNILA H. Methods and problems in data mining [C]. In Proc. of the 7th Int. Conf. on Database Theory. Delphi, Greece, 1997: 41-45.

[6] MEHTA M, AGRAWAL R, RISSANEN J. SLIQ: a fast scalable classifier for data mining [C]. In Proc. of the 1996 Int. Conf. on Extending Database Technology. Avignon, France, 1996: 18-32.

[7] GEHRKE J. BOAT: optimistic decision tree construction [C]. In Proc. of the 1999 ACM-SIGMOD Int. Conf. on Management of Data. Philadelphia, USA, 1999: 169-180.

[8] AGRAWAL R, SRIKANT R. Fast algorithms for mining association rules in large databases [C]. In Proc. of the 20th Int. Conf. on Very Large Data Bases. Santiago de Chile, Chile, 1994: 487-499.

[9] KLEINBERG L. A micro economic view of data mining [J]. Data Mining and Knowledge Discovery, 1998, 2: 311-324.

[10] CHAKRABARTI S. Mining surprising pattern using temporal description length [C]. In Proc. of the 1998 Int. Conf. on Very Large Data Bases. New York, USA, 1998: 606-617.

[11] IMIELINSKI T. A database perspective on knowledge discovery [J]. Communications of ACM, 1996, 36: 58-64.

[12] KEIM D A. Visual techniques for exploring databases [C]. In Proc. of the 1997 Int. Conf. on Knowledge Discovery and Data Mining. Newport, USA, 1997.

[13] 黄绍君，杨炳儒，谢永红. 知识发现及其应用研究回顾[J]. 计算机应用研究，2001，4:1-5，8.

[14] 邱均平，周倩雯. 数据挖掘与知识发现比较研究[J]. 情报科学，2010，28(12)：1862-1865.

[15] BRANDWAJN A, BEGIN T. Breaking the dimensionality curse in multi-server queues [J]. Computers & Operations Research, 2016, 73: 141-149.

[16] 刘建伟，刘媛，罗雄麟. 半监督学习方法[J]. 计算机学报，2015，38(8)：1592-1617.

[17] SUN Y J. Iterative RELIEF for feature weighting: algorithms, theories and applications [J]. IEEE Trans. on Pattern Analysis and Machine Intelligence, 2007, 29(6): 1035-1051.

[18] BHARTI K K, SINGH P K. Hybrid dimension reduction by integrating feature selection with feature extraction method for text clustering [J]. Expert Systems with Applications, 2015, 42(6): 3105-3114.
[19] GEOL K, VOHARA R, BAKSHI A. A novel feature selection and extraction technique for classification [C]. In Proc. of the 2014 IEEE Int. Conf. on Systems, Man, and Cybernetics. San Diego, USA, 2014: 4033-4034.
[20] SOLORIO-FERNÁNDEZ S, CARRASCO-OCHOA A, MARTÍNEZ-TRINIDAD J F. A new hybrid filter-wrapper feature selection method for clustering based on ranking [J]. Neurocomputing, 2016, 214: 866-880.
[21] APOLLONI J, LEGUIZAMÓN G, ALBA E. Two hybrid wrapper-filter feature selection algorithms applied to high-dimensional microarray experiments [J]. Applied Soft Computing, 2016, 38: 922-932.
[22] GHAEMI M, FEIZI-DERAKHSHI M. Feature selection using Forest Optimization Algorithm [J]. Pattern Recognition, 2016, 60: 121-129.
[23] LIN Y J, HU Q H, ZHANG J, et al. Multi-label feature selection with streaming labels [J]. Information Sciences, 2016, 372: 256-275.
[24] KIRA K, RENDELL L. The feature selection problem: Traditional methods and a new algorithm [C]. In Proc. of the 9th Conf. on Artificial Intelligence. New Orleans, USA, 1992: 129-134.
[25] NAKARIYAKUI S, CASASENT D P. Adaptive branch and bound algorithm for selecting optimal features [J]. Pattern Recognition Letters, 2007, 28(12): 1415-1427.
[26] DY J G, BRODLEY C E. Feature subset selection and order identification for unsupervised learning [C]. In Proc. of the 17th Int. Conf. on Machine Learning. San Francisco, USA, 2000: 88-97.
[27] WHITESON S, STONE P, STANLEY K O, et al. Automatic feature selection in neuroevolution [C]. In Proc. of the Conf. on Genetic and Evolutionary Computation. New York, USA, 2005: 1225-1232.
[28] JENKE R, PEER A, BUSS M. Feature extraction and selection for emotion recognition from EEG [J]. IEEE Trans. on Affective Computing, 2014, 5(3): 327-339.
[29] LIU F D, YANG X J, GUAN N Y, et al. Online graph regularized non-negative matrix factorization for large-scale datasets [J]. Neurocomputing, 2016, 204: 162-171.
[30] YANG B, FU X, Sidiropoulos N D. Learning from hidden traits: Joint factor analysis and latent clustering [J]. IEEE Trans. on Signal Processing, 2017, 65(1): 256-269.
[31] CHEN Y H, TONG S G, CONG F Y, et al. Symmetrical singular value decomposition representation for pattern recognition [J]. Neurocomputing, 2016, 214: 143-154.
[32] WILLIAMS J H. Principal component analysis of production data [J]. Radio and Electronic Engineer, 1974, 44(9): 437-480.

[33] ANISHCHENKO L N. Independent component analysis in bioradar data processing [C]. In Proc. of the 2016 Progress in Electromagnetic Research Symposium. Shanghai, China, 2016: 2206-2210.

[34] PETER N B, JOAO P H, DAVID J K. Eigenfaces vs. Fisherfaces: recognition Using Class Specific Linear Projection [J]. IEEE Trans. on Pattern Analysis and Machine Intelligence, 1997, 19(7): 711-720.

[35] LOPEZ M M, RAMIREZ J, ALVAREZ I, et al. SVM-based CAD system for early detection of the Alzheimer's disease using kernel PCA and LDA [J]. Neuroscience Letters, 2009, 464(3): 233-238.

[36] MIKA S, RATSCH G, WESTON J, et al. Constructing descriptive and discriminative nonlinear features: rayleigh coefficients in kernel feature spaces [J]. IEEE Trans. on Pattern Analysis and Machine Intelligence, 2003, 25(3): 623-628.

[37] YANG M H. Kernel eigenfaces vs. kernel fisherfaces: face recognition using kernel methods [C]. In Proc. of the 5th IEEE Int. Conf. on Automatic Face and Gesture Recognition. Washington D C, USA, 2002: 215-220.

[38] HU Y H, HE S H. Integrated evaluation method [M]. Beijing: Scientific Press, 2000.

[39] ROWEIS S T, SAUL L K. Nonlinear dimensionality reduction by locally linear embedding [J]. Science, 2000, 290: 2323-2326.

[40] BELKIN M, NIYOGI P. Laplacian eigenmaps and spectral techniques for embedding and clustering [J]. Advances in Neural Information Processing Systems, 2002, 14(6): 585-591.

[41] ZHANG Z, ZHA H. Principal manifolds and nonlinear dimensionality reduction via tangent space alignment [J]. SIAM Journal on Scientific Computing, 2005, 26(1): 313-338.

[42] DONOHO D, GRIRNES C. Hessian eigenmaps: new tools for nonlinear dimensionality reduction [J]. Proc. of National Academy of Science, 2003: 5591-5596.

[43] HE X F, NIYOGI P. Locality Preserving Projections [C]. In Proc. of the Advances in Neural Information Processing Systems. Vancouver, Canada, 2003: 153-160.

[44] HE X, CAI D, YAN S, et al. Neighborhood preserving embedding [C]. In Proc. of the 10th IEEE Int. Conf. on Computer Vision. Beijing, China, 2005: 1208-1213.

[45] ZHANG W, XUE X, LU H, et al. Discriminant neighborhood embedding for classification [J]. Pattern Recognition, 2006, 39(1): 2240-2243.

[46] HE X, CAI D, HAN J. Learning a maximum margin subspace for image retrieval [J]. IEEE Trans. on Knowledge and Data Engineering, 2008, 20(2): 189-201.

[47] 杨琬琪. 多视图特征选择与降维方法及其应用研究[D]. 南京：南京大学，2015.

[48] QUINLAN J R. Introduction of decision trees [J]. Machine Learning, 1986, 1(1): 81-106.

[49] QUINLAN J R. C4.5: Programs for Machine Learning [M]. Morgan Kaufmann Publishers, 1993.

[50] RASTOGI R, SHIM K. Public: a decision tree classifier that integrates building and pruning [C].

In Proc. of the Very Large Database Conference. New York, USA, 1998: 404-415.

[51] ZHANG H T, QIU H Z. Sensitivity degree based fuzzy SLIQ decision tree [C]. In Proc. of the 2nd Int. Conf. on Information Engineering and Computer Science. Wuhan, China, 2010: 1-4.

[52] GEHRKE J, RAMAKRISHNAN R, GANTI V. Rainforest: a framework for fast decision tree construction of large datasets [J]. Data Mining and Knowledge Discovery, 2000, 4(2-3): 127-162.

[53] LIU B, HSU W, MA Y. Integrating Classification and Association Rule [C]. In Proc. of the 4th Int. Conf. on Knowledge Discovery and Data Mining. New York, USA, 1998. 80-86.

[54] LI W M, HAN J, JIAN P. CMAR: accurate and efficient classification based on multiple class association rules [C]. In Proc. of the IEEE Int.Conf. on Data Mining. California, USA, 2001: 369-376.

[55] YIN X, HAN J. Classification based on predictive association rules [C]. In Proc. of the SIAM Int. Conf. on Data Mining. San Francisco, USA, 2003: 331-335.

[56] VAPNIK V. The nature of statistical learning theory [M]. New York: Springer-Verlag, 1995.

[57] 邓乃扬，田英杰. 支持向量机——理论、算法与拓展[M]. 北京：科学出版社，2009.

[58] PAL M , FOODY G M. Feature selection for classification of hyper spectral data by SVM [J]. IEEE Trans. on Geoscience and Remote Sensing, 2010, 48 (5): 2297-2307.

[59] SCHOLKOPF B, SMOLA A, BARTLET P. New support vector algorithms [J]. Neural Computation, 2000, 12: 1207-1245.

[60] SCHOLKOPF B, PLATT J, SHAWE-TAYLOR J, et a1. Estimating the support of high-dimensional distribution [J]. Neural Computation, 2001, 13: 1443-1471.

[61] TAX D M J , DUIN R P W. Support vector data description [J]. Machine Learning, 2004, 54: 45-66.

[62] TSANG I W, KWOK J T , CHEUNG P M. Core vector machines: fast SVM training on very large data sets [J]. Journal of Machine Learning Research, 2005, 6: 363-392.

[63] SUYKENS J A, VANDEWALLE J. Least squares support vector machines classifiers [J]. Neural Processing Letters, 1999, 19 (3): 293-300.

[64] MANGASARIAN O, MUSICANT D. Lagrange support vector machines [J]. Journal of Machine Learning Research, 200l, 1: 161-177.

[65] LIN K M, LIN C J. A study on reduced support vector machines [J]. IEEE Trans. on Neural Networks, 2003, 14(4): 1449-1459.

[66] LEE Y J, MANGASARIAN O. SSVM: A smooth support vector machines [J]. Computational Optimization and Applications, 2001, 20 (1): 5-22.

[67] KONONENKO I. Semi-naive Bayesian classifier [C]. In Proc. of the European Conf. on Artificial Intelligence. Porto, Springer, 1991: 206-219.

[68] LANGLEY P, SAGE S. Introduction of selective Bayesian classifier [C]. In Proc. of the 10th

Conf. on Uncertainty in Artificial Intelligence. Seattle, USA, 1994: 339-406.

[69] KOHAVI R. Scaling up the accuracy of naive-Bayes classifiers: a decision-tree hybrid [C]. In Proc. of the 2nd Int. Conf. on Knowledge Discovery and Data Mining. Menlo Park, USA, 1996: 202-207.

[70] ZHENG Z H, WEBB G I. Lazy Bayesian rules [J]. Machine Learning, 2000, 32(1): 53-84.

[71] FRIEDMAN N, Geiger D, Goldszmidt M. Bayesian network classifiers [J]. Machine Learing, 1997, 29(2): 131-163.

[72] GELBARD R, GOLDMAN O, SPIEGLER I. Investigating diversity of clustering methods: An empirical comparison [J]. Data & Knowledge Engineering, 2007, 63(1): 155-166.

[73] KUMAR P, KRISHNA P R, BAPI R S, et al. Rough clustering of sequential data [J]. Data & Knowledge Engineering, 2007, 3(2): 183-199.

[74] GOLDBERGER J, TASSA T. A hierarchical clustering algorithm based on the Hungarian method [J]. Pattern Recognition Letters, 2008, 29(1): 1632-1638.

[75] CILIBRASI R L, VITÁNYI P M B. A fast quartet tree heuristic for hierarchical clustering [J]. Pattern Recognition, 2011, 44(3): 662-677.

[76] HUANG Z. Extensions to the k-means algorithm for clustering large data sets with categorical values [J]. Data Mining and Knowledge, Discovery II, 1998, 2: 283-304.

[77] HUANG Z, NG MA. Fuzzy k-modes algorithm for clustering categorical data [J]. IEEE Trans. on Fuzzy Systems, 1999, 7(4): 446-452.

[78] CHATURVEDI A D, GREEN P E, CARROLL J D. K-modes clustering [J]. Journal of Classification, 2001,18(1): 35-56.

[79] GOODMAN L A. Exploratory latent structure analysis using both identifiable and unidentifiable models [J]. Biometrika, 1974, 61(2): 215-231.

[80] DING C, HE X. K-Nearest-Neighbor in data clustering: Incorporating local information into global optimization [C]. In Proc. of the ACM Symp. on Applied Computing. Nicosia, Cyprus, 2004: 584-589.

[81] ZHAO Y C, SONG J. GDILC: A grid-based density isoline clustering algorithm [C]. In Proc. of the Int. Conf. on Info-Net. Beijing, China, 2001: 140-145.

[82] MA W M, CHOW E, TOMMY W S. A new shifting grid clustering algorithm [J]. Pattern Recognition, 2004, 37(3): 503-514.

[83] PILEVAR A H, SUKUMAR M. GCHL: A grid-clustering algorithm for high-dimensional very large spatial data bases [J]. Pattern Recognition Letters, 2005, 26(7): 999-1010.

[84] NANNI M, PEDRESCHI D. Time-Focused clustering of trajectories of moving objects [J]. Journal of Intelligent Information Systems, 2006, 27(3): 267-289.

[85] TSAI C F, TSAI C W, WU H C, et al. ACODF: A novel data clustering approach for data

mining in large databases [J]. Journal of Systems and Software, 2004,73(1): 133-145.
[86] 刘忠宝，王士同. 多阶矩阵组合 LDA 及其在人脸识别中的应用[J]. 计算机工程与应用，2011，47(12)：152-155.
[87] 刘忠宝，王士同. 改进的线性判别分析算法[J]. 计算机应用，2011，31(1)：250-253.
[88] 刘忠宝，王士同. 一种改进的线性判别分析算法在人脸识别中的应用[J]. 计算机工程与科学，2011，33(7)：89-93.
[89] 刘忠宝. 一种基于图的人脸特征提取方法[J]. 计算机应用，2013，33(5)：1432-1434，1455.
[90] 张雅清，刘忠宝. 融合全局和局部特征的图像特征提取方法[J]. 华侨大学学报（自然科学版），2015，36(4)：406-411.
[91] 郝伟，刘忠宝. 基于 Fisher 准则的半监督特征提取方法[J]. 计算机工程与设计，2017，38(1)：238-241.
[92] 刘忠宝，王士同. 从 Parzen 窗核密度估计到特征提取方法：新的研究视角[J]. 智能系统学报，2012，7(6)：471-480.
[93] BERNSTEIN D S , SO W. Some explicit formulas for the matrix exponential [J]. IEEE Trans. on Automatic Control, 1993, 38 (8): 1228-1232.
[94] GUO G, LI S Z, KAPLUK C. Face recognition by support vector machines [C]. In Proc. of the 4th Int. Conf. on Automatic Face and Gesture Recognition. Grenoble, France, 2000: 196-201.
[95] 边肇祺，张学工. 模式识别[M]. 2 版. 北京：清华大学出版社，2004.
[96] GUO Q C, CHANG X J, CHU H X. Mean-shift of variable window based on the epanechnikov kernel [C]. In Proc. of the IEEE International Conf. on Mechatronics and Automation. Piscataway, USA, 2007: 2314-2319.
[97] 张静，刘忠宝. 基于流形判别分析的全局保序学习机[J]. 电子科技大学学报（自然科学版），2015，44(6)：911-916.
[98] 郝伟，刘忠宝. 基于最大散度差的保序分类算法[J]. 西安石油大学学报（自然科学版），2017，32(4)：123-126.
[99] 高艳云，刘忠宝. 最小流形类内离散度支持向量机[J]. 计算机应用研究，2015，32(9)：2639-2642.
[100] 刘忠宝，王士同. 基于熵理论和核密度估计的最大间隔学习机[J]. 电子与信息学报，2011，33(9)：2187-2191.
[101] 刘忠宝，潘广贞，赵文娟. 流形判别分析[J]. 电子与信息学报，2013，35(9)：2047-2053.
[102] LIN C F, WAN S D. Fuzzy support vector machines [J]. IEEE Trans. on Neural Networks, 2002, 13(2): 464-471.
[103] 孙名松，高庆国，王宣丹. 基于双隶属度模糊支持向量机的邮件过滤[J]. 计算机工程与应用，2010，46(2)：93-95.
[104] ZHANG H, XIE W. Improvement of SLIQ algorithm and its application in evaluation [C]. In

Proc. of the 3rd Int. Conf. on Genetic and Evolutionary Computing. Guilin, China, 2009: 77-80.

[105] GEHRKE J, RAMAKRISHNAN R, GANTI V. Rainforest: a framework for fast decision tree construction of large datasets [J]. Data Mining and Knowledge Discovery, 2000, 4(2-3): 127-162.

[106] LIU B, HSU W, MA Y. Integrating Classification and Association Rule [C]. In Proc. of the 4th Int. Conf. on Knowledge Discovery and Data Mining. New York, USA, 1998: 80-86.

[107] LI W M, HAN J, JIAN P. CMAR: accurate and efficient classification based on multiple class association rules [C]. In Proc. of the IEEE Int. Conf. on Data Mining. California, USA, 2001: 369-376.

[108] YIN X, HAN J. Classification based on predictive association rules [C]. In Proc. of the SIAM Int. Conf. on Data Mining. San Francisco, USA, 2003: 331-335.

[109] VAPNIK V. The nature of statistical learning theory [M]. New York: Springer-Verlag, 1995.

[110] 邓乃扬，田英杰. 数据挖掘中的新方法：支持向量机[M]. 北京：科学出版社，2004.

[111] PAL M , FOODY G M. Feature selection for classification of hyper spectral data by SVM [J]. IEEE Trans. on Geoscience and Remote Sensing, 2010, 48 (5): 2297-2307.

[112] SCHOLKOPF B, SMOLA A, BARTLET P. New support vector algorithms [J]. Neural Computation, 2000, 12: 1207-1245.

[113] SCHOLKOPF B, PLATT J, SHAWE-TAYLOR J, et a1. Estimating the support of high-dimensional distribution [J]. Neural Computation, 2001, 13: 1443-1471.

[114] TAX D M J , DUIN R P W. Support vector data description [J]. Machine Learning, 2004, 54: 45-66.

[115] TSANG I W, KWOK J T, CHEUNG P M. Core vector machines: fast SVM training on very large data sets [J]. Journal of Machine Learning Research, 2005, 6: 363-392.

[116] MANGASARIAN O, MUSICANT D. Lagrange support vector machines [J]. Journal of Machine Learning Research, 2001, 1: 161-177.

[117] SUYKENS J A, VANDEWALLE J. Least squares support vector machines classifiers [J]. Neural Processing Letters, 1999, 19 (3): 293-300.

[118] LEE Y J, MANGASARIAN O. SSVM: A smooth support vector machines [J]. Computational Optimization and Applications, 2001, 20 (1): 5-22.

[119] LANGLEY P, SAGE S. Introduction of selective Bayesian classifier [C]. In Proc. of the 10th Conf. on Uncertainty in Artificial Intelligence. Seattle, USA, 1994: 339-406.

[120] ZHENG Z H, WEBB G I. Lazy Bayesian rules [J]. Machine Learning, 2000, 32(1): 53-84.

[121] FRIEDMAN N, GEIGER D, GOLDSZMIDT M. Bayesian network classifiers [J]. Machine Learing, 1997, 29(2): 131-163.

[122] ZAFEIRIOU S, TEFAS A, PITAS I. Minimum class variance support vector machine [J]. IEEE Trans. on Image Processing, 2007, 16(10): 2551-2564.

[123] 文传军，詹永照，陈长军. 最大间隔最小体积球形支持向量机[J]. 控制与决策，2010，25 (1)：79-83.
[124] SHIVASWAMY P K, JEBARA T. Maximum relative margin and data-dependent regularization [J]. Journal of Machine Learning Research, 2010 (11): 747-788.
[125] ODIOWEI P P, CAO Y. Nonlinear dynamic process monitoring using canonical variate analysis and kernel density estimations [J]. IEEE Trans. on Industrial Informatics, 2010, 6 (1): 36-45.
[126] PENALVER B A, ESCOLANO R F, SAEZ J M. Learning Gaussian mixture models with entropy-based criteria [J]. IEEE Trans. on Neural Networks, 2009, 20 (11): 1756-1771.
[127] WAND M P, JONES M C. Kernel Smoothing [M]. Chapman & Hall, 1995.
[128] 刘忠宝，裴松年. 具有 N-S 磁极效应的最大间隔模糊分类器[J]. 电子科技大学学报（自然科学版），2016，45(2)：227-232, 239.
[129] 刘忠宝，王士同. 基于光束角思想的最大间隔学习机[J]. 控制与决策，2012，27(12)：1870-1875.
[130] 刘忠宝，赵文娟. 面向大规模数据的模糊支持向量数据描述[J]. 广西大学学报（自然科学版），2012，37(6)：1254-1260.
[131] 裴松年，杨秋翔，刘忠宝. 基于信度的 BP 神经网络[J]. 微电子学与计算机，2015，32(9)：148-152.
[132] LAUCKRIET G R G, GHAOUI L E, JORDAN M. Robust novelty detection with single-class MPM [C]. In Proc. of the Advances in Neural Information Processing Systems. Vancouver, Canada, 2002: 929-936.
[133] WEI X K, HUANG G B, LI Y H. Mahalanobis ellipsoidal learning machine for one class classification [C]. In Proc. of the 6th Int. Conf. on Machine Learning and Cybernetics. Los Alamitos, USA, 2007: 3528-3533.
[134] DOLIA A, HARRIS C, SHAWE-TAYLOR J. Kernel ellipsoidal trimming [J]. Computational statistics and data analysis, 2007, 52(1): 309-324.
[135] JUSZCZAK P. Learning to recognize: A study on one-class classification and active learning [D]. Delft: Delft University of Technology, 2006.
[136] ALSAADI F E, ELMIRGHANI J M H. High-speed spot diffusing mobile optical wireless system employing beam angle and power adaptation and imaging receivers [J]. Journal of Lightwave Technology, 2010, 28(16): 2191-2206.
[137] BISHOP C M. Neural networks for pattern recognition [M]. NewYork: Oxford University Press, 1995.
[138] 朱大奇，史慧. 人工神经网络原理及应用[M]. 北京：科学出版社，2006.
[139] 王玲芝，王忠民. 动态调整学习速率的 BP 改进算法[J]. 计算机应用，2009，29(7)：

1894-1896.

[140] 张雨浓，曲璐，陈俊维. 多输入 Sigmoid 激励函数神经网络权值与结构确定法[J]. 计算机应用研究，2012，29(11): 4113-4151.

[141] AZAMAT A, OLGA G, DMITRY D. Medical data processing system based on neural network and genetic algorithm [J]. Procedia Social and Behavioral Sciences, 2014, 131: 149-155.

[142] REN C, AN N, WANG J Z. Optimal parameters selection for BP neural network based on particle swarm optimization: A case study of wind speed forecasting [J]. Knowledge-Based Systems, 2014, 56: 226-239.

[143] HUANG H X, LI J C, XIAO C L. A proposed iteration optimization approach integrating backpropagation neural network with genetic algorithm [J]. Expert Systems With Applications, 2015, 42(1): 146-155.

[144] NG S C, LEUNG S H, LUCK A. The generalized back-propagation algorithm with convergence analysis [C]. In Proc. of the 1999 IEEE Int. Symp. on Circuits & Systems. Orlando, USA, 1999: 612-615.

[145] 张国翊，胡铮. 改进 BP 神经网络模型及其稳定性分析[J]. 中南大学学报（自然科学版），2011，42(1)：115-124.

[146] VOGL T P, MANGIS J K, RIGLER A K. Accelerating the convergence of the back-propagation method [J]. Biological Cybernetics, 1988, 59(4): 257-263.

[147] WANG C H, KAO C H, LEE W H. A new interactive model for improving the learning performance of back propagation neural network [J]. Automation in Construction, 2007, 16(6): 745-758.

[148] DPOSS [OL]. http://www.astro.caltech.edu/~george/dposs.

[149] UHRICH P, VALAT D. GPS receiver relative calibration campaign preparation for Galileo In-Orbit Validation [C]. In Proc. of the 24th European Frequency and Time Forum. Noordwijk, Netherlands, 2010: 1-8.

[150] NOAO [OL]. http://www.noao.edu.

[151] ESO [OL]. http://www.eso.org/public.

[152] YORK D G, ADELMAN J, ANDRESON J E, et al. The Sloan Digital Sky Survey: Technical summary [J]. The Astronomical Journal, 2000, 120: 1579-1587.

[153] CONDON J J, COTTON W D, GREISEN E W, et al. The NRAO VLA sky survey [J]. The Astronomical Journal, 1998, 115: 1693-1716.

[154] BECKER R H, HELFAND D J, WHITE R L, et al. A catalog of 1.4 GHz radio sources from the FIRST survey [J]. The Astronomical Journal, 1997, 475: 479-493.

[155] 2MASS [OL]. http://www.ipac.caltech.edu/2mass/.

[156] LAWRENCE A, WARREN S J, ALMAINI O. The UKIRT Infrared Deep Sky Survey

(UKIDSS) [J]. Monthly Notices of the Royal Astronomical Society, 2007, 379: 1599-1617.

[157] LSST [OL]. http://www.lsst.org/lsst.

[158] International Virtual Observatory Alliance [OL]. http://www.ivoa.net.

[159] GOEBEL J, STUTZ J, VOLK K, et al. A Bayesian classification of the IRAS LRS Atlas [J]. Astronomy and Astrophysics, 1989, 222(1-2): 5-8.

[160] GULATI R K, GUPTA R, GOTHOSKAR P. A comparison of synthetic and observed spectra for G-K dwarfs using artificial neural networks [J]. Astronomy and Astrophysics, 1997, 322(3): 933-937.

[161] BAILER-JONES C A L. Stellar parameters from very low resolution spectra and medium band filters. T_eff, log g and [M/H] using neural networks [J]. Astronomy and Astrophysics, 2000, 357(1): 197-205.

[162] STARK P B, HERRON M M, MATTESON A. Empirically minimax affine mineralogy estimates from Fourier transform infrared spectrometry using a decimated wavelet basis [J]. Applied Spectroscopy, 1993, 47(11): 1820-1829.

[163] MAHDI B. Application of self-organizing map to stellar spectral classifications [J]. Astrophysics and Space Science, 2012, 337(1): 93-98.

[164] NAVARRO S G, CORRADI R L M, MAMPASO A. Automatic spectral classification of stellar spectra with low signal-to-noise ratio using artificial neural networks [J]. Astronomy and Astrophysics, 2012, 538(A76): 1-14.

[165] ADAM S B, DAVID J S, ERIC A, et al. Spectral classification and redshift measurement for the SDSS-III Baryon Oscillation Spectroscopic Survey [J]. The Astronomical Journal, 2012, 144(5): 144.

[166] GALAZ G, LAPPARENT V. The ESO-Sculptor Survey: spectral classification of galaxies with Z < 0.5 [J]. Astronomy and Astrophysics, 1998, 332 (2): 459-478.

[167] CONNOLITY A J, SZALAY A S. Spectral classification of galaxies: an orthogonal approach [J]. The Astronomical Journal, 1995, 110(3): 1071.

[168] BAILER-JONES C A L, IRWIN M, HIPPEL T. Automated classification of stellar spectra-II. Two-dimensional classification with neural networks and principal components analysis [J]. Monthly Notice of the Royal Astronomical Society, 1998, 298(2): 361-377.

[169] GULATI R K, GUPTA R, GOTHOSKAR P. Stellar spectral classification using automated schemes [J]. Astrophysical Journal, 1994, 426 (1): 340-344.

[170] ALEJANDRA R, BERNARDINO A, CARLOS D, et al. Automated knowledge-based analysis and classification of stellar spectra using fuzzy reasoning [J]. Expert Systems with Applications, 2004, 27: 237-244.

[171] MALYUTO V. Simulated stellar classification combining the minimum distance method with a maximum likelihood procedure [J]. New Astronomy, 2002, 7: 461-470.

[172] BU Y D, CHEN F Q, PAN J C. Stellar spectral subclasses classification based on Isomap and SVM [J]. New Astronomy, 2014, 28: 35-43.
[173] LUO A L, ZHAO Y H. Astronomical spectral lines auto-searching using wavelet technology [J]. Acta Astrophys. Sinica, 2000, 20(4): 427-436.
[174] 李乡儒，卢瑜，周建明，等. 基于最近邻方法的类星体与正常星系光谱分类[J]. 光谱学与光谱分析，2011，31(9)：2582-2585.
[175] LI X R, HU Z Y. Rejecting mismatches by correspondence functionInternational [J]. Journal of Computer Vision, 2010, 89(1): 1-17.
[176] 覃冬梅，胡占义，赵永恒. 一种基于主分量分析的恒星光谱快速分类法[J]. 光谱学与光谱分析，2003，23(1)：182-186.
[177] 刘中田，李乡儒，吴福朝，等. 基于小波特征的 M 型星自动识别方法[J]. 电子学报，2007，35(1)：67-70.
[178] 许馨，杨金福，吴福朝，等. 基于广义判别分析的光谱分类[J]. 光谱学与光谱分析，2006，26(10)：1960-1964.
[179] 杨金福，许馨，吴福朝，等. 核覆盖算法在光谱分类问题中的研究[J]. 光谱学与光谱分析，2007，27(3)：602-605.
[180] 赵梅芳，吴潮，罗阿理，等. 基于 *K* 近邻方法的窄线与宽线活动星系核的自动光谱分类[J]. 天文学报，2007，48(1)：1-10.
[181] 蔡江辉，杨海峰，赵旭俊，等. 一种恒星光谱分类规则后处理方法[J]. 光谱学与光谱分析，2013，33(1)：237-240.
[182] XUE J Q, LI Q B, ZHAO Y H. Automatic classification of stellar spectra using the SOFM method [J]. Chinese Astronomy and Astrophysics, 2001, 25(1): 120-131.
[183] DU C D, LUO A L, YANG H F. Adaptive stellar spectral subclass classification based on Bayesian SVMs [J]. New Astronomy, 2017, 51: 51-58.
[184] 李乡儒，胡占义，赵永恒，等. RVM 有监督特征提取与 Seyfert 光谱分类[J]. 光谱学与光谱分析，2009，29(6)：1702-1706.
[185] 刘蓉，靳红梅，段福庆. 基于 Bayes 决策的光谱分类[J]. 光谱学与光谱分析，2010，30(3)：838-841.
[186] 李乡儒，胡占义，赵永恒. 基于 Fisher 判别分析的有监督特征提取和星系光谱分类[J]. 光谱学与光谱分析，2007，27(9)：1898-1901.
[187] 屠良平，魏会明，王志衡，等. 基于局部均值的 K-近质心近邻光谱分类[J]. 光谱学与光谱分析，2015，35(4)：1103-1106.
[188] 刘蓉，段福庆，刘三阳，等. 基于小波特征的星系光谱分类[J]. 电子学报，2005，33 (11)：2059-2062.
[189] 杨金福，吴福朝，罗阿理，等. 基于覆盖算法的天体光谱自动分类[J]. 模式识别与人工智

能，2006，19 (3)：368-374.

[190] 孙士卫，罗阿理，张继福. 基于数据仓库的星系光谱分类[J]. 天文研究与技术，2007，4(3)：276-282.

[191] 张怀福，赵瑞珍，罗阿理. 基于小波包与支撑矢量机的天体光谱自动分类方法[J]. 北京交通大学学报，2008，32(2)：30-34.

[192] 张继福，马洋. 一种基于约束概念格的恒星光谱数据自动分类方法[J]. 光谱学与光谱分析，2010，30(2)：559-562.

[193] 潘景昌，王杰，姜斌，等. 一种基于 Map/Reduce 分布式计算的恒星光谱分类方法[J]. 光谱学与光谱分析，2016，36(8)：2651-2654.

[194] 刘忠宝，王召巴，赵文娟. 基于流形判别分析和支持向量机的恒星光谱数据自动分类方法[J]. 光谱学与光谱分析，2014，34(1)：263-266.

[195] LIU Z B. Stellar spectral classification with locality preserving projections and support vector machine [J]. Journal of Astrophysics and Astronomy, 2016, 37(2): 1-7.

[196] 刘忠宝，高艳云，王建珍.基于流形模糊双支持向量机的光谱分类方法[J]. 光谱学与光谱分析，2015，35(1)：263-266.

[197] LIU Z B. Stellar spectral classification with minimum within-class and maximum between-class scatter support vector machine [J]. Journal of Astrophysics and Astronomy, 2016, 37(2): 1-6.

[198] LIU Z B, SONG W A, ZHANG J, et al. Classification of stellar spectra with fuzzy minimum within-class support vector machine [J]. Journal of Astrophysics and Astronomy, 2017, 38(2): 21.

[199] LIU Z B, SONG L P. Stellar spectral subclasses classification based on fisher criterion and manifold learning [J]. Publications of the Astronomical Society of the Pacific, 2015, 127(954): 789-794.

[200] 刘忠宝，赵文娟. 基于模糊大间隔最小球分类模型的恒星光谱离群数据挖掘方法[J]. 光谱学与光谱分析，2016，36(4)：1245-1248.

[201] LIU Z B, REN J J, KONG X. Distinguishing the rare spectra with the unbalanced classification method based on mutual information [J]. Spectroscopy and Spectral Analysis, 2016, 36 (11): 3746-3751.

[202] LIU Z B, ZHAO W J. An unbalanced spectra classification method based on entropy [J]. Astrophysics and Space Science, 2017, 362(5): 98.

[203] LIU Z B, SONG L P, ZHAO W J. Classification of large-scale stellar spectra based on the non-linearly assembling learning machine [J]. Monthly Notices of the Royal Astronomical Society, 2016, 455(4): 4289-4294.

[204] LIU Z B, REN J J, SONG W A, et al. Stellar spectra classification with entropy-based learning machine [J]. Spectroscopy and Spectral Analysis, 2018, 38(2): 660-664.

[205] JAYADEVA R K, KHEMCHANDANI R, CHANDRA S. Twin support vector machines for

pattern classification [J]. IEEE Trans. on Pattern Analysis and Machine Intelligence, 2007, 29 (5): 905-910.

[206] ALIBEIGI M, HASHEMI S , HAMZEh A. DBFS: an effective density based feature selection scheme for small sample size and high dimensional imbalanced data sets [J]. Data & Knowledge Engineering, 2012, 81-82: 67-103.

[207] FRIEDMAN H. Regularized discriminant analysis [J]. Journal of the American Statistical Association, 1989, 84 (405): 165-175.

[208] LI M , YUAN B. 2D-LDA: a novel statistical linear discriminant analysis for image matrix [J]. Pattern Recognition Letters, 2005, 26 (5): 527-532.

[209] YE J P , XIONG T. Computational and theoretical analysis of null space and orthogonal linear discriminant analysis [J]. Journal of Machine Learning Research, 2006, 7: 1183-1204.

[210] YU H , YANG J. A direct LDA algorithm for high-dimensional data with application to face recognition [J]. Pattern Recognition, 2001, 34 (11): 2067-2070.

[211] WAN M H, LAI Z H , JIN Z. Feature extraction using two-dimensional local graph embedding based on maximum margin criterion [J]. Applied Mathematics and Computation, 2011, 217 (23): 9659-9668.

[212] JI S W , YE J P. Generalized linear discriminant analysis: a unified framework and efficient model selection [J]. IEEE Transactions on Neural Networks, 2008, 19 (10): 1768-1782.

[213] CHEN L F, LIAO H Y M, KO M T, et al. A new LDA-based face recognition system which can solve the small sample size problem [J]. Pattern Recognition, 2000, 33(10): 1713-1726.

[214] BELHUMEUR P N, HESPANHA J P, KRIEGMAN D J. Eiegnfaces vs. fisherfaces: recognition using class specific linear projection [J]. IEEE Trans. on Pattern Analysis and Machine Intelligence, 1997, 19(7): 711-720.

[215] HASTLE T, RUJA A, TIBSHIRANI R. Penalized discriminant analysis [J]. The Annals of Statistics, 1995, 23(1): 73-102.

[216] LIU C J, WECHSLER H. Gabor feature based classification using the enhanced fisher linear discriminant model for face recognition [J]. IEEE Trans. on Image Proceedings, 2002, 11(4): 267-276.

[217] 赵国栋，易欢欢，糜万军，等. 大数据时代的历史机遇：产业变革与数据科学[M]. 北京：清华大学出版社，2013.

[218] 黄宜华，苗凯翔. 深入理解大数据：大数据处理与编程实践[M]. 北京：机械工业出版社，2014.

[219] 梁吉业，冯晨娇，宋鹏. 大数据相关分析综述[J]. 计算机学报，2016，39(1)：1-18.

[220] 程学旗，靳小龙，杨婧，等. 大数据技术进展与发展趋势[J]. 科技导报，2016，34(14)：49-59.

[221] GHEMAWAT S, GOBIOII H, LEUNG S T. The Google file system [J]. ACM Special Interest Group on Operating Systems Review, 2003, 37(5): 29-43.

[222] BEAVER D, KUMAR S, LI H C, et al. Finding a needle in haystack: Facebook's photo storage [C]. In Proc. of the 9th Symp. on Operating Systems Design and Implementation. Vancouver, Canada, 2010: 1-8.

[223] SHVACHKO K, KUANG H, RADIA S, et al. The hadoop distributed file system [C]. In Proc. of the 2010 IEEE Symp. on MASS Storage Systems and Technologies. Nevada, USA, 2010: 1-10.

[224] HUANG C, SIMITCI H, XU Y, et al. Erasure coding in windows azure storage [C]. In Proc. of the 2012 USENIX Annual Technical Conference. Boston, USA, 2012: 15-26.

[225] GUPTA A, KIM Y, URGAONKAR B. DFTL: a flash translation layer employing demand-based selective caching of page-level address mappings [C]. In Proc. of the 2009 Int. Conf. on Architectural Support for Programming Languages and Operating Systems. Washington D C, USA, 2009: 229-240.

[226] MA D, FENG J, LI G. LazyFTL: a page-level flash translation layer optimized for NAND flash memory [C]. In Proc. of the 2011 ACM SIGMOD Int. Conf. on Management of data. Athens, Greece, 2011: 1-12.

[227] HARDOCK S, PETROV I, GOTTSTEIN R, et al. NoFTL: Database systems on ftl-less flash storage [J]. Proceedings of the VLDB Endowment, 2013, 6(12): 1278-1281.

[228] DEAN J, GHEMAWAT S. MapReduce: simplified data processing on large clusters [J]. Communications of the ACM, 2008, 51(1): 107-113.

[229] BU Y, HOWE B, BALAZINSKA M, et al. HaLoop: efficient iterative data processing on large clustersf [J]. Proceedings of the VLDB Endowment, 2010, 3(1-2): 285-296.

[230] ZHANG Y, GAO Q, GAO L, et al. iMapReduce: a distributed computing framework for iterative computation [J]. Journal of Grid Computing, 2012, 10(1): 47-68.

[231] EKANAYAKE J, LI H, ZHANG B, et al. Twister: a runtime for iterative MapReduce [C]. In Proc. of the 2010 ACM Int. Symp. on High Performance Distributed Computing. Chicago, USA, 2010: 810-818.

[232] MENG X, BRADLEY J, YAVUZ B, et al. MLlib: machine learning in apache spark [J]. Journal of Machine Learning Research, 2015, 17(1): 1235-1241.

[233] DEAN J, CORRADO G, MONGA R, et al. Large scale distributed deep networks [C]. In Proc. of the 2012 Advances in Neural Information Processing Systems. Nevada, USA, 2012: 1223-1231.

[234] LI M, ANDERSEN D G, PARK J W, et al. Scaling distributed machine learning with the parameter server [C]. In Proc. of the 11th USENIX Symp. on Operating Systems Design and Implementation. Broomfield, USA, 2014: 583-598.

[235] HO Q, CIPAR J, CUI H, et al. More Effective Distributed ML via a Stale Synchronous Parallel

Parameter Server [C]. In Proc. of the 2013 Advances in Neural Information Processing Systems. Montreal, Canada, 2013: 1223-1231.

[236] 黄宜华. 大数据机器学习系统研究进展[J]. 大数据，2015，1(1)：35-54.

[237] BOEHM M, TATIKONDA S, REINWALD B, et al. Hybrid parallelization strategies for large-scale machine learning in systemML [J]. Proc. of the VLDB Endowment, 2014, 7(7): 553-564.

[238] FAN W, GEERTS F, NEVEN F. Making queries tractable on big data with preprocessing: (through the eyes of complexity theory) [J]. Proc. of the VLDB Endowment, 2013, 6(9): 685-696.

[239] WANG Y, ZHAO X, SUN Z, et al. Peacock: learning long-tail topic features for industrial applications [J]. ACM Trans. on Intelligent Systems and Technology, 2015, 6(4): 47:1-23.